液压与气动系统组建与维修

活页式教材

主　编　罗洪波
副主编　苏　磊　刘方平
　　　　黄许来　范然然
参　编　谭　琛　强　壮

北京理工大学出版社
BEIJING INSTITUTE OF TECHNOLOGY PRESS

内容简介

本教材包括"液压传动系统组建""液压传动系统原理图的识读""液压传动系统故障诊断与维修""气压传动系统组建""气压传动系统原理图的识读""气压传动系统故障分析与改进"六大教学项目。

项目"液压传动系统组建"包括"手动液压千斤顶液压传动系统""工件推出装置控制系统的构建""汽车起动机支腿液压传动系统的构建"等9个教学任务;项目"气压传动系统组建"包括"机械手抓取机构气压传动系统的组建""自动送料装置气压传动系统的组建"等8个教学任务。这两个教学项目以通用液压与气压传动实训平台为教学载体,把"流体动力学""流体静力学""液压与气压传动元件结构及工作原理""液压与气动基本回路""液压与气压传动综合回路""继电器控制回路""PLC控制"等方面的知识融入各教学任务中。

项目"液压传动传动系统原理图的识读""气压传动系统原理图的识读"旨在通过对典型设备的液压与气压传动系统进行学习和分析,进一步加深对各个液压与气动元件和回路综合应用的认识,并学会对设备液压与气压传动系统的分析方法,为设备液压与气压传动系统的调整、使用、维修打下基础。

项目"液压传动系统故障诊断与维修""气压传动系统故障分析与改进"系统性地介绍了机电设备常见液压与气压传动系统的故障原因及解决办法;介绍了多个典型的液压与气压传动系统故障诊断与维修以及改造的案例。通过这些案例,读者可以积累初步的液压与气压传动系统故障诊断与维修经验,掌握故障分析方法,培养解决问题的能力。

版权专有　侵权必究

图书在版编目(CIP)数据

液压与气动系统组建与维修/罗洪波主编. ——北京:北京理工大学出版社,2021.9(2024.12重印)

ISBN 978-7-5763-0379-7

Ⅰ.①液… Ⅱ.①罗… Ⅲ.①液压传动-高等学校-教材 ②气压传动-高等学校-教材　Ⅳ.①TH137 ②TH138

中国版本图书馆 CIP 数据核字(2021)第 191330 号

责任编辑 / 孟祥雪	**文案编辑** / 孟祥雪
责任校对 / 周瑞红	**责任印制** / 李志强

出版发行 / 北京理工大学出版社有限责任公司
社　　址 / 北京市丰台区四合庄路 6 号
邮　　编 / 100070
电　　话 /（010）68914026（教材售后服务热线）
　　　　　　（010）68944437（课件资源服务热线）
网　　址 / http://www.bitpress.com.cn
版 印 次 / 2024 年 12 月第 1 版第 3 次印刷
印　　刷 / 河北盛世彩捷印刷有限公司
开　　本 / 787 mm×1092 mm　1/16
印　　张 / 19.5
字　　数 / 458 千字
定　　价 / 59.80 元

图书出现印装质量问题,请拨打售后服务热线,负责调换

前　言

为贯彻落实党的二十大精神，基于当前经济社会对大批德才兼备的高素质人才的需要，根据国家科教兴国的战略，以体现立德树人为根本目的，引导学生建立文化自信，建立社会主义核心价值观，争当"大国工匠"。教材充分体现了制造业自动化产业的最新发展需求。

本教材包含"液压传动系统组建""液压传动系统原理图的识读""液压传动系统故障诊断与维修""气压传动系统组建""气压传动系统原理图的识读""气压传动系统故障分析与改进"六大教学项目。每个教学模块包括若干教学任务。在项目的选择上，本教材遵循以应用能力和综合素质培养为主线的指导思想，以任务为引领，精选企业一线的真实任务作为学习项目，并加以教学法上的迁移和简化，对教学内容进行了重组和整合。教材的内容来源于实践，经过系统归纳、分析，得出系统化理论后，又应用于实践、指导实践。

教材把"流体动力学""流体静力学""液压与气动元件结构及工作原理""液压与气动基本回路""液压与气动综合回路""继电器控制回路""PLC控制"等方面的知识以及"电气液系统组建""液压与气动回路识读""液压与气动安装与维护""电气液系统故障诊断与维修"等技能融入各教学项目中。在完成渐次复杂的教学项目的过程，学生的知识和技能得到逐渐提升。

教材在内容的选择上始终贯穿实用性原则，理论知识以"必需""够用"为度，不片面追求理论知识的系统和完整性，力求做到理论与实践的统一。

教材采用"知识库""工作页"分开的方式排版。其中"工作页"采用活页式装订，方便在教学的过程中进行"六步法"教学。"知识库"涵盖每个教学任务所必需的知识技能点，以"工作页"为脉络，配合"知识库"的使用。学生在完成项目任务的过程中，不仅积累了知识，培养了技能，学习能力也得到了提高。

本书由柳州职业技学院的罗洪波担任主编，柳州职业技术学院的苏磊、刘方平、范然然，德兴铜矿大山选矿厂的黄许来担任副主编，柳州职业技术学院的谭琛、强壮参与编写。广西汽车集团有限公司、柳州五菱汽车印度有限公司、柳州工程机械股份有限公司提供了大量素材，在此表示衷心感谢。

本书适合中高职院校机电一体化、机械制造及自动化、自动化控制、工业机器人技术、机电设备类、汽车类、工程机械运用与维护类相关专业学生使用，也可作为企业技术培训资料。

由于编者水平有限，书中错漏及不足之处在所难免，恳请读者批评指正。

编　者

目 录

项目一 液压传动系统组建 ... 1

任务1.1 认识液压传动系统 ... 1
1.1.1 液压传动系统的组成 ... 1
1.1.2 液压传动系统的工作原理 ... 1
1.1.3 液压传动系统图中的图形符号 ... 3
1.1.4 液压传动系统的优缺点 ... 3
1.1.5 液压传动的应用 ... 4
1.1.6 液压缸 ... 4

任务1.2 手动液压千斤顶液压传动系统 ... 6
1.2.1 压力和流量 ... 6
1.2.2 流体静力学基本原理 ... 7
1.2.3 流体动力学基本原理 ... 8
1.2.4 液压油 ... 11
1.2.5 手动液压千斤顶的工作原理 ... 12
1.2.6 液压泵 ... 14

任务1.3 工件推出装置控制系统的构建 ... 20
1.3.1 液压油箱 ... 20
1.3.2 液压辅助元件 ... 20
1.3.3 换向阀 ... 22
1.3.4 直动式溢流阀 ... 30
1.3.5 换向回路 ... 31
1.3.6 工件推出装置控制系统的构建参考方案 ... 32

任务1.4 汽车起动机支腿液压传动系统的构建 ... 33
1.4.1 单向阀 ... 33
1.4.2 锁紧回路 ... 35
1.4.3 汽车起重机支腿液压控制回路参考方案 ... 36

任务1.5 粘压机液压传动系统的构建 ... 37
1.5.1 压力的调整对液压传动系统的作用 ... 37

  1.5.2 先导式溢流阀 ·········· 38
  1.5.3 溢流阀的应用 ·········· 39
  1.5.4 调压回路 ·········· 40
  1.5.5 粘压机液压传动系统的构建参考方案 ·········· 41
 任务1.6 喷漆室传动带装置液压传动系统的构建 ·········· 41
  1.6.1 流量控制阀 ·········· 41
  1.6.2 调速回路 ·········· 44
  1.6.3 喷漆室传动带装置液压传动系统参考方案 ·········· 49
 任务1.7 夹紧装置液压传动系统的构建 ·········· 49
  1.7.1 减压阀 ·········· 49
  1.7.2 蓄能器 ·········· 52
  1.7.3 减压回路 ·········· 54
  1.7.4 卸荷回路 ·········· 55
  1.7.5 保压回路 ·········· 56
  1.7.6 夹紧装置液压传动系统的构建参考方案 ·········· 57
 任务1.8 专用刨削设备液压传动系统的构建 ·········· 59
  1.8.1 单活塞杆液压缸的控制 ·········· 59
  1.8.2 速度换接回路 ·········· 60
  1.8.3 专用刨削设备液压传动系统的构建 ·········· 64
 任务1.9 钻床液压传动系统的构建 ·········· 65
  1.9.1 顺序阀 ·········· 65
  1.9.2 压力继电器 ·········· 66
  1.9.3 顺序动作回路 ·········· 67
  1.9.4 同步回路 ·········· 70
  1.9.5 多缸快慢速互不干涉回路 ·········· 71
  1.9.6 钻床液压传动系统的构建项目参考方案 ·········· 73

项目二 液压传动系统原理图的识读 ·········· 74
 任务 注塑机液压传动系统原理图的识读 ·········· 74
  2.1.1 液压机的液压传动系统 ·········· 74
  2.1.2 汽车起重机液压传动系统 ·········· 77
  2.1.3 MJ-50型数控车床液压传动系统 ·········· 81
  2.1.4 注塑机液压传动系统 ·········· 83

项目三 液压传动系统故障诊断与维修 ·········· 85
 任务 组合机床动力滑台液压传动系统故障诊断与维修 ·········· 85
  3.1.1 液压传动系统故障产生的原因 ·········· 85

3.1.2　液压传动系统常见的故障分析与排除 ········· 85
　　3.1.3　液压传动系统典型故障分析及排除案例 ········· 87

项目四　气压传动系统组建

任务 4.1　认识气压传动系统 ········· 93
　　4.1.1　气压传动系统的组成 ········· 93
　　4.1.2　气压传动系统的工作原理 ········· 93
　　4.1.3　气源装置 ········· 95
　　4.1.4　气动辅助元件 ········· 98
　　4.1.5　气压传动系统的优缺点 ········· 100
　　4.1.6　气压传动的应用 ········· 100

任务 4.2　机械手抓取机构气压传动系统的组建 ········· 101
　　4.2.1　任务解析 ········· 101
　　4.2.2　气动执行元件 ········· 101
　　4.2.3　方向控制阀 ········· 102
　　4.2.4　溢流阀 ········· 109
　　4.2.5　真空发生器 ········· 110
　　4.2.6　真空吸盘 ········· 111
　　4.2.7　方向控制回路 ········· 111
　　4.2.8　直接控制与间接控制 ········· 113

任务 4.3　剪切装置气压传动系统的组建 ········· 114
　　4.3.1　任务解析 ········· 114
　　4.3.2　逻辑控制元件 ········· 114
　　4.3.3　双手同时操作回路 ········· 116
　　4.3.4　参考方案 ········· 116

任务 4.4　自动送料装置气压传动系统的组建 ········· 117
　　4.4.1　任务解析 ········· 117
　　4.4.2　位置控制元件 ········· 117
　　4.4.3　位置控制回路（参考回路） ········· 121

任务 4.5　剪板机气压传动系统的组建 ········· 123
　　4.5.1　任务解析 ········· 123
　　4.5.2　流量控制阀 ········· 123
　　4.5.3　速度调节回路 ········· 124
　　4.5.4　参考方案 ········· 127

任务 4.6　压模机气压传动系统的组建 ········· 127
　　4.6.1　任务解析 ········· 127

4.6.2　时间控制 ·· 127
　4.6.3　参考回路 ·· 129
任务4.7　压印机气压传动系统的组建 ·· 130
　4.7.1　任务解析 ·· 130
　4.7.2　压力顺序阀 ·· 130
　4.7.3　压力开关 ·· 130
　4.7.4　压力控制回路 ··· 131
　4.7.5　参考方案 ·· 133
任务4.8　钻床夹紧与钻孔装置气压传动系统的组建 ······································· 134
　4.8.1　任务解析 ·· 134
　4.8.2　调压阀（减压阀） ··· 134
　4.8.3　二位三通杠杆滚轮式机控换向阀 ··· 135
　4.8.4　障碍信号的分析与解决 ·· 136

项目五　气压传动系统原理图的识读 ·· 138
任务　气动机械手气压传动系统原理图的识读 ··· 138
　5.1.1　气液动力滑台气压传动系统 ··· 138
　5.1.2　气动夹紧控制系统 ·· 140
　5.1.3　拉门自动开闭控制系统 ·· 141
　5.1.4　公共汽车车门开闭控制气压传动系统 ··· 142
　5.1.5　气动钻床气压传动系统 ·· 143
　5.1.6　数控加工中心气压换刀系统 ··· 143

项目六　气压传动系统故障分析与改进 ·· 146
任务　气压传动系统的安装、使用、维修及改进 ·· 146
　6.1.1　气压传动系统的安装 ··· 146
　6.1.2　气压传动系统的调试 ··· 146
　6.1.3　气压传动系统的使用及维护 ··· 147
　6.1.4　气压传动系统主要元件的常见故障及其排除方法 ························· 148
　6.1.5　气压传动系统分析、维修与改进案例 ·· 151

项目一 液压传动系统组建

任务 1.1 认识液压传动系统

1.1.1 液压传动系统的组成

液压传动是以液体作为工作介质进行工作的,一个完整的液压传动系统由以下 5 部分组成:

(1) 动力元件:供给液压传动系统压力油,把机械能转换成液体压力能的元件,为系统提供动力。最常见的形式是液压泵。

(2) 执行元件:把液体压力能转换成机械能,以驱动工作机构的元件,如做直线运动的液压缸和做回转运动的液压马达。

(3) 控制元件:控制和调节系统中油液的压力、流量和流动方向,以保证执行元件达到所要求的输出力(或力矩)、运动速度和运动方向,如各种压力、方向、流量控制阀。

(4) 辅助元件:保证系统正常工作所需要的辅助装置,如管道、管接头、油箱、滤油器等。

(5) 工作介质:传递能量的流体,即液压油等。

1.1.2 液压传动系统的工作原理

下面以磨床为例,介绍液压传动的工作原理。

图 1-1-1 所示为 M1432A 型万能外圆磨床外形。它是应用最普遍的外圆磨床,主要用于磨削外圆柱面和圆锥面,还可以磨削内孔和台阶面等。机床工作台纵向往复运动、砂轮架快速进退运动和尾座套筒缩回运动都是以油液为工作介质,使用了液压传动系统来传递动力的。那么什么是液压传动系统?它是如何工作的呢?

图 1-1-2 所示为磨床工作台液压传动系统工作原理。液压泵在电动机(图中未画出)的带动下旋转,油液由油箱经过滤器被吸入液压泵,然后压力油将通过节流阀和换向阀,如果换向阀此时处于图 1-1-2(b)所示的状态(P 与 A 口连通),油液将进入液压缸的左腔,推动活塞和工作台向右移动,液压缸右腔的油液经换向阀(B 与 T 口连通)排回油箱。如果将换向阀转换成如图 1-1-2(c)所示的状态(P 与 B 口连通),则压力油进入液压缸的右腔,推动活塞和工作台向左移动,液压缸左腔的油液经换向阀(A 与 T 口连通)排回油箱。工作台的移动速度由节流阀来调节。当节流阀开度增大时,进入液压缸的油液增多,工

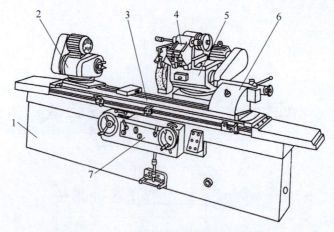

图 1-1-1 M1432A 型万能外圆磨床外形
1—床身；2—工件头架；3—工作台；4—内磨装置；5—砂轮架；6—尾座；7—控制箱

作台的移动速度增大；当节流阀关小时，工作台的移动速度减小。液压泵输出的压力油除了进入节流阀外，其余的打开溢流阀流回油箱。如果将手动换向阀转换成如图（a）所示的状态（P 与 T 相通，与 A、B 均不相通），液压泵输出的油液经手动换向阀流回油箱，这时工作台停止运动。

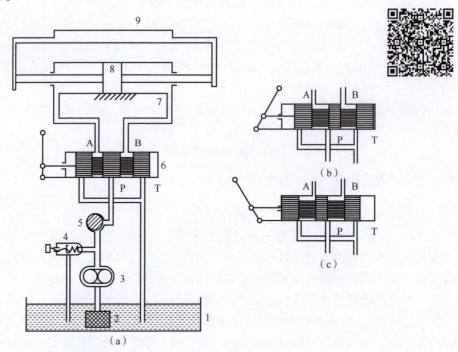

图 1-1-2 磨床工作台液压传动系统工作原理
（a）换向阀处于中位；（b）换向阀处于右腔；（c）换向阀处于左腔
1—油箱；2—过滤器；3—液压泵；4—溢流阀；5—节流阀；
6—换向阀；7—液压缸；8—活塞；9—工作台

1.1.3 液压传动系统图中的图形符号

图 1-1-2 所示的液压传动系统图是一种半结构式的工作原理图。它直观容易理解，但难以绘制。在实际工作中，除少数特殊情况外，一般采用国标 GB/T 786.1—2009 所规定的液压图形符号来绘制，如图 1-1-3 所示。图形符号表示元件的功能，而不表示元件的具体结构和参数；反映各元件在油路连接上的相互关系，不反映其空间安装位置；只反映静止位置或初始位置的工作状态，不反映其过渡过程。使用图形符号既便于绘制，又可使液压传动系统简单明了。

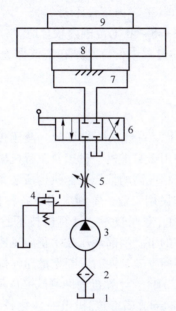

图 1-1-3　使用图形符号表示的磨床工作台液压传动系统
1—油箱；2—过滤器；3—液压泵；4—溢流阀；5—节流阀；
6—手动换向阀；7—液压缸；8—活塞；9—工作台

1.1.4 液压传动系统的优缺点

与机械传动、电气传动系统相比，液压传动系统主要有以下优缺点。

优点：

（1）在同等功率情况下，液压执行元件体积小、结构紧凑。

（2）液压传动系统的各种元件，可根据需要方便、灵活地布置。

（3）液压装置工作比较平稳，由于质量轻，惯性小反应快，液压装置易于实现快速启动、制动和频繁的换向。

（4）操纵控制方便，可实现大范围的无级调速（调速范围达 2 000∶1），它还可以在运行的过程中进行调速。

（5）一般采用矿物油为工作介质，相对运动面可自行润滑，使用寿命长。

（6）容易实现直线运动。

（7）既易实现机器的自动化，又易实现过载保护，当采用电液联合控制甚至计算机控制后，可实现大负载、高精度的自动控制。

(8) 液压元件实现了标准化、系列化、通用化，便于设计、制造与使用。

缺点：

(1) 系统存在泄漏，油液有可压缩性，不能保证准确的传动比。

(2) 使用液压传动对维护的要求高，工作油要始终保持清洁。

(3) 为了减少泄漏和满足某些性能上的要求，液压元件的配合件制造精度要求较高，加工工艺较复杂，成本较高。

(4) 液压元件维修较复杂，且需有较高的技术水平。

(5) 油液黏度受温度影响，其工作稳定性不易保证。因此液压传动不宜在很高或很低的温度下工作，一般工作温度在-15~60 ℃范围内较合适。

(6) 液压传动在能量转化的过程中，特别是在节流调速系统中，其压力大、流量损失大，故系统效率较低。

1.1.5 液压传动的应用

自18世纪末英国制成世界上第一台水压机算起，液压传动技术已有二三百年的历史，直到20世纪30年代才较普遍应用于起重机、机床及工程机械。第二次世界大战期间，由于战争需要，出现了由响应迅速、精度高的液压控制机构所装备的各种军事武器。第二次世界大战结束后，液压技术迅速转向民用工业，不断应用于各种自动机及自动生产线。20世纪60年代后，液压技术随着原子能、空间技术、计算机技术的发展而迅速发展。因此，液压传动真正的发展也只是近几十年的事。当前液压技术正向迅速、高压、大功率、高效、低噪声、经久耐用、高度集成化的方向发展。同时，新型液压元件和液压传动系统的计算机辅助设计（Computer Aided Design，CAD）、计算机辅助测试（Computer Aided Test，CAT）、计算机直接控制（Computer Direct Control，CDC）、机电一体化技术、可靠性技术等方面也是当前液压传动及控制技术发展和研究的方向。我国的液压技术最初应用于机床和锻压设备，后来又用于拖拉机和工程机械。现在，我国的液压元件已形成系列，并在各种机械设备上得到广泛使用。

1.1.6 液压缸

按结构不同，液压缸可分为活塞缸、柱塞缸和摆动缸三类；按作用方式的不同，液压缸可分为单作用式液压缸和双作用式液压缸。

单作用式液压缸：液压力只能使活塞（或柱塞）单方向运动，反方向运动必须靠外力（如弹簧力或自重等）实现；双作用式液压缸：可由液压力实现两个方向的运动。

1. 双活塞杆液压缸

双活塞杆液压缸的活塞两端都带有活塞杆，两端活塞杆的直径通常是相等的，如图1-1-4所示。图1-1-4（a）所示为缸体固定式液压缸。当缸左腔进油，右腔回油时，活塞带动工作台向右移动；当缸右腔进油，左腔回油时，工作台向左移动。图1-1-4（b）所示为活塞杆固定式液压缸。当压力油经空心活塞杆的中心孔及活塞处的径向孔进入缸的左腔，右腔回油时，则推动缸体带动工作台向左移动；当右腔进压力油，左腔回油时，工作台向右移动。图1-1-4（c）所示为双活塞杆液压缸的图形符号。

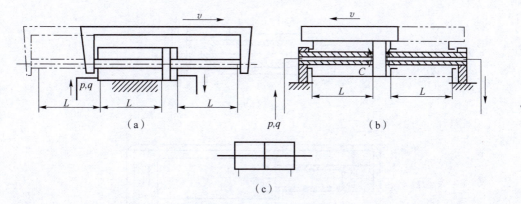

图 1-1-4 双活塞杆液压缸

(a) 缸体固定式液压缸；(b) 活塞杆固定式液压缸；(c) 双活塞杆液压缸的图形符号

由于两边活塞杆直径相同，所以活塞两端的有效作用面积相同。若左、右两端分别输入相同压力和流量的油液，则活塞上产生的推力和往复速度也相同。这种液压缸常用于往返速度相同且推力不大的场合，如用来驱动外圆磨床的工作台等。

2. 单活塞杆液压缸

单活塞杆液压缸的活塞仅一端带有活塞杆，活塞两端的有效作用面积不等，如果以相同流量的压力油分别进入液压缸的左、右腔，活塞移动速度和在活塞上产生的推力是不一样的。其结构图及图形符号如图 1-1-5 所示。

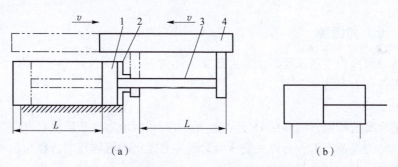

图 1-1-5 单活塞杆液压缸

(a) 单活塞杆液压缸结构图；(b) 单活塞杆液压缸的图形符号

3. 柱塞式液压缸

图 1-1-6 所示为柱塞式液压缸的结构简图。柱塞缸由缸筒、柱塞、导向套、密封圈和压盖等零件组成。柱塞和缸筒内壁不接触，因此缸筒内孔无须精加工，工艺性好，成本低。柱塞式液压缸是单作用的，它的回程需要借助自重或弹簧等外力来完成。如果要获得双向运动，可将两柱塞式液压缸成对使用。柱塞缸的柱塞端面是受压面，其面积大小决定了柱塞缸的输出速度和推力。为保证柱塞缸有足够的推力和稳定性，一般柱塞较粗，质量较大，水平安装时易产生单边磨损，故柱塞缸适宜垂直安装使用。为减轻柱塞的质量，有时制成空心柱塞。

柱塞缸结构简单，制造方便，常用于工作行程较长的场合，如大型拉床、矿用液压支架等。

项目一 液压传动系统组建 **5**

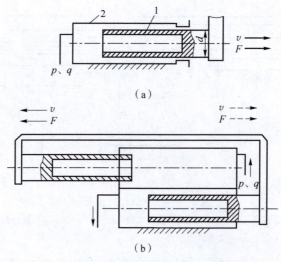

图 1-1-6　柱塞式液压缸的结构简图

(a) 结构简图；(b) 成对使用

1—柱塞；2—缸筒

任务1.2　手动液压千斤顶液压传动系统

1.2.1　压力和流量

物理学将单位面积上所承受的法向力定义为压强，在液压技术中习惯称之为压力。用符号 P 来表示压力。

1. 压力的表示

根据度量标准的不同，液体压力分为绝对压力和相对压力。若以绝对真空为基准来度量的液体压力，称为绝对压力；若以大气压力为基准来度量的液体压力，称为相对压力。相对压力也称表压力。它们与大气的关系为：

$$绝对压力 = 相对压力 + 大气压力$$

在一般的液压传动系统中，某点的压力通常是指表压力；凡是用压力表测出的压力，都是表压力，如图1-2-1所示。

若某液压传动系统中绝对压力小于大气压力，则称该点出现了真空，其真空的程度用真空度表示：

$$真空度 = 大气压力 - 绝对压力$$

2. 流速与流量

油液在管道中流动时，与其流动方向垂直的截面称为过流断面（或通流截面）。

液压传动是靠流动着的有压油液来传递动力的，油液在油管或液压缸内流动的快慢称为流速。因为液体有黏度，流动的液体在油管或液压缸截面上每一点的速度并不完全相等，因此通常说的流速都是平均值。流速用 v 表示，其单位为 m/s。

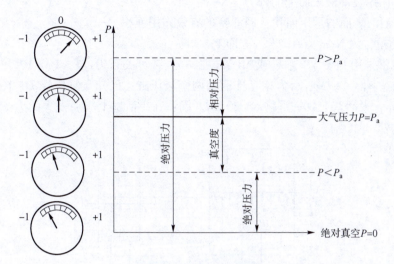

图 1-2-1 压力的度量

单位时间内流过某通流截面的液体的体积称为流量，用 q 表示，其单位为 m^3/s。

$$q = \frac{V}{t}$$

1.2.2 流体静力学基本原理

流体静力学是研究流体处于相对平衡状态下的力学规律和这些规律的实际应用。

这里所说的相对平衡是指流体内部质点与质点之间没有相对位移；至于流体整体，可以是处于静止状态，也可以如刚体一样随同容器做各种运动。

在相对平衡的状态下，外力作用于静止流体内的力是法向的压应力，称为静压力。

在密闭容器中，由外力作用在流体表面上的压力可以等值地传递到流体内部的所有各质点，这就是著名的帕斯卡原理，或称为静压力传递原理。如图 1-2-2 所示密闭连通器中，各容器上压力表指示的数值都相同。

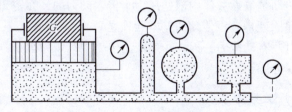

图 1-2-2 密闭连通器

油液单位面积上承受的作用力称为压强，在工程上习惯称为压力，单位为 Pa（帕），用符号 P 表示。即

$$P = \frac{F}{A} \tag{1-2-1}$$

式中，P——油液的压力，Pa；

F ——作用在油液表面上的外力，N；

A ——油液表面的承压面积，即活塞的有效作用面积，m^2。

压力 P 的单位为 N/m^2（牛/米²），即 Pa。

工程中也常采用 kPa（千帕）或 MPa（兆帕）。换算关系为：$1\ MPa = 10^3\ kPa = 10^6\ Pa$。

例 1-2-1 图 1-2-3 所示为相互连通的两个液压缸，已知大缸内径 $D = 100\ mm$，小缸内径 $d = 30\ mm$，大活塞上放一重物 $G = 20\ kN$。问：在小活塞上应加多大的力 F_1，才能使大活塞顶起重物？

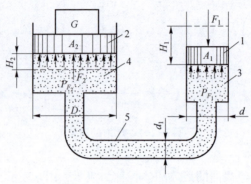

图 1-2-3 例 1-2-1 图

解：根据帕斯卡原理，由外力产生的压力在两缸中相等，即

$$\frac{4F_1}{\pi d^2} = \frac{4G}{\pi D^2}$$

故顶起重物时在小活塞上应加的力为

$$F_1 = \frac{d^2}{D^2}G = \frac{30^2}{100^2} \times 20\ 000 = 1\ 800(N)$$

分析：如果 $G = 0$，不论怎样推动小活塞，也不能在液体中形成压力，即 $P = 0$；反之，G 越大，液压缸中压力也越大，推力也就越大，这说明了液压传动系统的工作压力取决于外负载。

综上所述，液压传动是依靠液体内部的压力来传递动力的，在密闭容器中压力是以等值传递的。所以静压传递原理是液压传动的基本原理之一。

此外，液体流动时还有动压力，但在一般液压传动中动压力很小，可以不计。所以在液体流动时，主要是考虑静压力。

1.2.3 流体动力学基本原理

在工程应用中，必须知道一些常识：

（1）管径粗流速低，管径细流速快。

（2）泵的吸油管径要大，尽可能减小管路长度，并限制泵的安装高度，一般控制在 0.5 m 范围内。

（3）根据经过阀芯的流量情况，合理选择换向阀的控制方式。

理解这些常识，将涉及在流体动力学中的三个基本方程式：流量连续性方程、伯努利方程和动量方程。

1. 流量连续性方程

流量连续性方程是质量守恒定律在流体力学中的一种表达形式。理想液体（不可压缩的液体）在无分支管路中稳定流动时，流过任一通流截面的流量相等，称为流量连续性原理。油液的可压缩性极小，通常可视作理想液体。

如图 1-2-4 所示的管路中，截面 1 和截面 2 的流量分别为 q_1 和 q_2，根据流量连续性原理，可知

$$q_1 = q_2 \quad (1-2-2)$$

通过前面的介绍可知，流量与速度以及管道面积的关系为：$q = Av$，代入式（1-2-2）则可得

$$A_1 v_1 = A_2 v_2 \quad (1-2-3)$$

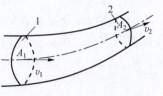

图 1-2-4　流量连续性原理

式中，A_1，A_2——截面 1 和截面 2 的面积，m^2；

v_1，v_2——流经截面 1 和截面 2 时的平均流速，m/s。

式（1-2-3）也称为流量连续性方程，表明液体在无分支管路中稳定流动时，流经管路不同截面时的平均流速与其截面面积大小成反比。管路截面面积小（管径细）的地方平均流速大，管路截面面积大（管径粗）的地方平均流速小。液量连续性原理是液压传动的基本原理之一。

以上公式的前提都是连续流动，即流体质点间无间隙。如果液流中出现了气泡，油液的可压缩性会明显增加，这种连续性就破坏了，当然连续性方程也就不适用了。因此，为了保证执行元件速度的准确，液压传动系统采取密封等措施，尽量避免在油液中混入空气。

2. 伯努利方程

伯努利方程是能量守恒定律在流体力学中的一种表达形式。如图 1-2-4 所示，密度为 ρ 的理想液体在管道内流动，重力加速度为 g，现任取两通流截面 1 和 2 作为研究对象，两截面至水平参考面的距离分别为 h_1 和 h_2，流速分别为 v_1 和 v_2，压力分别为 P_1 和 P_2。此时液流在截面 1 和 2 的能量构成如表 1-2-1 所示。

表 1-2-1　截面 1 和 2 的能量构成

能量类型 截面	截面 1	截面 2
压力因素（表征压力能的大小）	P_1	P_2
位置因素（表征位能的大小）	$\rho g h_1$	$\rho g h_2$
速度因素（表征动能的大小）	$\frac{1}{2}\rho v_1^2$	$\frac{1}{2}\rho v_2^2$

根据能量守恒定律：

$$P_1 + \rho g h_1 + \frac{1}{2}\rho v_1^2 = P_2 + \rho g h_2 + \frac{1}{2}\rho v_2^2 = 常数 \quad (1-2-4)$$

式（1-2-4）就是伯努利方程，由此方程可知，在重力作用下，在管道内做流动的液体具有三种形式的能量，即压力能、位能和动能。这三种形式的能量在液体流动过程中可以相互转化，但其总和在各个截面处均为定值。实际液体在管道内流动时因液体内摩擦力作用会造成能量损失；管道局部形状和尺寸的骤然变化会引起液流扰动，相应也会造成能量损失。

实际液体的伯努利方程需考虑能量的损失。

$$P_1 + \rho g h_1 + \frac{1}{2}\rho v_1^2 = P_2 + \rho g h_2 + \frac{1}{2}\rho v_2^2 + \Delta p_w \tag{1-2-5}$$

式中，Δp_w——液体从截面 1 流动到截面 2 的过程中所产生的能量损失。

3. 动量方程

动量方程是动量定理在流体力学中的具体应用，它用于分析计算液流作用在固体壁面上作用力的大小。动量定理指出，作用在物体上的外力等于物体在单位时间内的动量变化量，即

$$\sum F = \frac{mv_2}{\Delta t} - \frac{mv_1}{\Delta t} \tag{1-2-6}$$

将 $m = \rho V$ 和 $\dfrac{V}{\Delta t} = q$ 代入上式得

$$\sum F = \rho q v_2 - \rho q v_1 = \rho q \beta_2 v_{a2} - \rho q \beta_1 v_{a1} \tag{1-2-7}$$

工程上往往通过动量方程求液流体对通道固体壁面的作用力（稳态液动力）。例如阀芯上所受的稳态液动力都有使滑阀阀口关闭的趋势，流量越大，流速越大，则稳态液动力越大。这将增大操纵滑阀所需的力，所以对大流量的换向阀要求采用液动控制或电-液动控制。

综上所述，前两个方程描述了压力、流速与流量之间的关系，以及液体能量相互间的转换关系，后者描述了流动液体与固体壁面之间作用力的关系。

4. 管道内压力损失

由于黏性，液体在流动时存在阻力，为了克服阻力就要消耗一部分能量，从而产生能量损失。在液压传动中，能量损失主要表现为压力损失。液压传动系统中的压力损失分为两类，一类是油液沿等直径直管流动时所产生的压力损失，称之为沿程压力损失。这类压力损失是由液体流动时的内、外摩擦力所引起的。另一类是油液流经局部障碍（如弯头、接头、管道截面突然扩大或收缩）时，由于液流的方向和速度突然变化，在局部形成旋涡引起油液质点间，以及质点与固体壁面间相互碰撞和剧烈摩擦而产生的压力损失，称之为局部压力损失。压力损失过大即液压传动系统中功率损耗的增加，将导致油液发热加剧，泄漏量增加，效率下降和液压传动系统性能变坏。

5. 气穴现象

在液压传动系统中，如果某处的压力低于空气分离压，原来溶解在液体中的空气就会分离出来，导致液体中出现大量气泡的现象，称为气穴现象，也称为空穴现象。

这些气泡随着液流流到下游压力较高的部位时，会因承受不了高压而破灭，产生局部的液压冲击，发出噪声并引起振动，当附着在金属表面上的气泡破灭时，它所产生的局部高温和高压会使金属剥落，使表面粗糙，或出现海绵状的小洞穴。气穴对金属物造成的腐蚀、剥蚀现象称为气蚀。

气穴多发生在阀口和液压泵的进口处。由于阀口的通道狭窄，流速增大，压力大幅度下降，以致产生气穴。当泵的安装高度过大或油面不足，吸油管直径太小，吸油阻力大，滤油器阻塞，造成进口处真空度过大，亦会产生气穴。为减少气穴和气蚀的危害，一般采取下列措施：

（1）减少液流在阀口处的压力降，一般希望阀口前后的压力比 $\dfrac{P_1}{P_2} < 3.5$。

（2）降低吸油高度（一般 $H<0.5$ m），适当加大吸油管内径，限制吸油管的流速（一般 $v_a<1$ m/s）。及时清洗吸油过滤器。对高压泵可采用辅助泵供油。

（3）吸油管路要密封良好，防止空气进入。

6. 液压冲击

在液压传动系统中，由于某种原因，液体压力在一瞬间会突然升高，产生很高的压力峰值，这种现象称为液压冲击。

液压冲击产生的原因有很多，如当阀门瞬间关闭时，管道中便产生液压冲击。液压冲击会引起振动和噪声，导致密封装置、管路及液压元件的损失，有时还会使某些元件，如压力继电器、顺序阀产生误动作，影响系统的正常工作。因此，必须采取有效措施来减轻或防止液压冲击。

避免产生液压冲击的基本措施是尽量避免液流速度发生急剧变化，延缓速度变化的时间，其具体方法是：

（1）缓慢开关阀门。

（2）限制管路中液流的速度。

（3）系统中设置蓄能器和安全阀。

（4）在液压元件中设置缓冲装置（如节流孔）。

1.2.4 液压油

液压传动是以液体作为工作介质进行能量传递的。液压工作介质一般称为液压油（有部分液压介质已不含油的成分）。

液压传动的工作介质是液体，最常用的是液压油。此外还有乳化型传动液和合成型传动液等。

1. 液体的黏性

液体在外力作用下流动（或有流动趋势）时，分子间的内聚力要阻止分子相对运动而产生一种内摩擦力，这种现象叫液体的黏性。液体只有在流动（或有流动趋势）时才会呈现出黏性，黏性使流动液体内部各处的速度不相等，静止液体不呈现黏性。

液体的黏度有动力黏度、运动黏度和相对黏度三种，我们常用的是动力黏度，又称为绝对黏度，它是表征液体黏性的内摩擦系数，单位为 $Pa \cdot s$（帕·秒）。

液压油黏度对温度的变化十分敏感，温度升高，黏度下降。这种油液黏度随温度变化的性质称为黏温特性。

2. 液压介质的选用

1）液压介质种类的选择（表1-2-2）

表1-2-2　液压介质种类的选择

使用工况 工作环境	压力：<6.3 MPa 温度：<50 ℃	压力：6.3~16 MPa 温度：<50 ℃	压力：6.3~16 MPa 温度：50~80 ℃	压力：>16 MPa 温度：80~120 ℃
室内-固定液压设备	HH、HL、HM	HL、HM	HM	高压HM
露天-寒区和严寒区	HH、HR、HM	HV、HS	HV、HS	高压HV、HS
高温热源或明火附近	HFAE、HFAS	HFB、HFC	HFDR	HFDR

2)液压介质黏度的选择(表1-2-3)

表1-2-3 液压介质黏度的选择

液压泵类型	工作压力	黏度等级(40 ℃)	
		工作温度<50 ℃	工作温度50~80 ℃
叶片泵	<6.3 MPa	32、46	46、68
	>6.3 MPa	46、68	68、100
齿轮泵	<6.3 MPa	32、46	46、68
	>6.3 MPa	46、68	68、100
径向柱塞泵	<6.3 MPa	32、46、68	100、150
	>6.3 MPa	68、100	100、150
轴向柱塞泵	<6.3 MPa	32、46	68、100
	>6.3 MPa	46、68	100、150

3)液压介质的牌号

液压介质采用它在40 ℃时运动黏度的平均值来标号,例如M1432A型平面磨床采用N32号液压油,其指这种油在40 ℃时的运动黏度平均为32cSt。我国液压油的旧牌号则采用按50 ℃时运动黏度的平均值表示。

1.2.5 手动液压千斤顶的工作原理

液压与气压传动的工作原理基本相似,图1-2-5所示为手动液压千斤顶的工作原理,以此为例说明液压与气压传动的工作原理。千斤顶中由大缸体和大活塞组成举升液压缸;由手动杠杆、小缸体、小活塞、进油单向阀和排油单向阀组成手动液压泵。

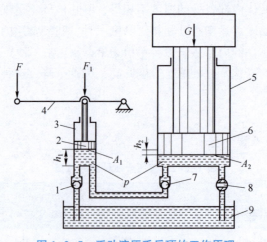

图1-2-5 手动液压千斤顶的工作原理

1—进油单向阀;2—小活塞;3—小缸体;4—手动杠杆;5—大缸体;6—大活塞;
7—排油单向阀;8—截止阀;9—油箱

摇动手动杠杆，使小活塞做往复运动。小活塞上移时，泵腔内的容积扩大而形成真空，油箱中的油液在大气压力的作用下，经进油单向阀进入泵腔内；小活塞下移时，泵腔内的油液顶开排油单向阀进入液压缸内使大活塞带动重物一起上升。反复上下摇动杠杆，重物就会逐步升起。手动泵停止工作，大活塞停止运动；打开截止阀，油液在重力的作用下排回油箱，大活塞落回原位。这就是液压千斤顶的工作原理。

下面分析液压千斤顶两活塞之间力的关系、运动关系和功率关系，说明液压传动的基本特征。

1. 力的关系

当大活塞上有重物负载时，其下腔的油液将产生一定的液体压力 p，即

$$p = \frac{G}{A_2} \tag{1-2-8}$$

在千斤顶工作中，从小活塞到大活塞之间形成了密封的工作容积，根据帕斯卡原理"在密闭容器中由外力作用在液体表面上的压力可以等值地传递到液体内部各点"，因此要顶起重物，在小活塞下腔就必须产生一个等值的压力 p，即小活塞上施加的力为

$$F_1 = pA_1 = \frac{A_1}{A_2}G \tag{1-2-9}$$

2. 运动关系

由于小活塞到大活塞之间为密封工作容积，根据质量守恒定律，小活塞向下压出油液的体积必然等于大活塞向上升起时流入的油液体积，即

$$V = A_1 h_1 = A_2 h_2 \tag{1-2-10}$$

上式两端同除以活塞移动时间 t 得

$$q = v_1 A_1 = v_2 A_2 \tag{1-2-11}$$

或

$$v_2 = \frac{A_1}{A_2} v_1 = \frac{q}{A_2} \tag{1-2-12}$$

式中，$q = v_1 A_1 = v_2 A_2$，表示单位时间内液体流过某截面的体积。由于活塞面积 A_1、A_2 已定，所以大活塞的移动速度 v_2 只取决于进入液压缸的流量 q。这样，进入液压缸的流量越大，大活塞的移动速度 v_2 也就越高。液压传动的这一特性可以简略地表述为"速度取决于流量"。

这里要指出的是，以上两个特征是独立存在的，互不影响。不管液压千斤顶的负载如何变化，只要供给的流量一定，活塞推动负载上升的运动速度就一定；同样，不管液压缸的活塞移动速度怎样，只要负载一定，推动负载所需的液体压力确定不变。

3. 功率关系

若不考虑各种能量损失，手动泵的输入功率等于液压缸的输出功率，即

$$F_1 v_1 = G v_2 \tag{1-2-13}$$

或

$$P = pA_1 v_1 = pA_2 v_2 = pq \tag{1-2-14}$$

可见，液压传动的功率 P 可以用液体压力 p 和流量 q 的乘积来表示，压力 p 和流量 q 是液压传动中最基本、最重要的两个参数。

上述千斤顶的工作过程，就是将手动机械能转换为液体压力能，又将液体压力能转换为机械能输出的过程。

综上所述，可归纳出液压传动的基本特征是：以液体为工作介质，依靠处于密封工作容

积内的液体压力能来传递能量；压力的高低取决于负载；负载速度的传递是按容积变化相等的原则进行的，速度的大小取决于流量；压力和流量是液压传动中最基本、最重要的两个参数。

1.2.6 液压泵

1. 液压泵的性能参数

1）液压泵的压力

工作压力 p：泵工作时输出油液的实际压力，其大小由工作负载决定。

额定压力 p_n：泵在使用中允许达到的最高工作压力。液压泵的压力分为几个等级，见表 1-2-4。

表 1-2-4 压力等级

压力等级	低压	中压	中高压	高压	超高压
压力/MPa	≤2.5	>2.5~8	>8~16	>16~32	>32

2）液压泵的排量和流量

排量 V：泵每转一转理论上应排出油液的体积。常用单位为 cm^3/r 或 mL/r。排量的大小取决于泵的密封腔的几何尺寸。

流量：泵在单位时间内排出油液的体积。

理论流量 q_t：泵在不计泄漏的情况下，单位时间内排出油液的体积。它等于排量 V 和转速 n 的乘积，即 $q_t = Vn$。

实际流量 q：泵在实际工作压力下排出的流量。由于泵存在泄漏，所以泵的实际流量小于理论流量。

额定流量 q_n：泵在额定转速和额定压力下输出的流量。

额定流量用来评价液压泵的供油能力，可以在产品铭牌上查到。

3）液压泵的功率

输入功率 P_i：输入功率是驱动液压泵的机械功率，由电动机或柴油机给出。

$$P_i = T_i 2\pi n \tag{1-2-15}$$

式中，T_i——泵轴上的实际输入转矩。

输出功率 P_o：输出功率是液压泵输出的液压功率，即泵的实际流量 q_v 与泵的进、出口压差 Δp 的乘积：$P_o = \Delta p q_v$。 $\tag{1-2-16}$

4）液压的效率

实际上，液压泵在工作中是有能量损失的，这种损失分为容积损失和机械损失。

（1）容积损失和容积效率 η_v。容积损失主要是液压泵内部泄漏造成的洗流量损失。容积损失的大小用容积效率表征，即

$$\eta_v = q/q_t \tag{1-2-17}$$

（2）机械损失和机械效率 η_m。由于泵内各种摩擦（机械摩擦、液体摩擦），泵的实际输入转矩 T_i 总是大于其理论转矩 T，这种损失称为机械损失。机械损失的大小用机械效率表征，即

$$\eta_m = T/T_r \tag{1-2-18}$$

（3）液压泵的总效率 η。泵的总效率是泵输入功率之比，即

$$\eta = \frac{P_o}{P_i} = \eta_v \eta_m \qquad (1-2-19)$$

2. 容积式液压泵的工作原理

图 1-2-6 所示为液压泵的工作原理。电动机带动凸轮旋转时，柱塞在凸轮和弹簧的作用下，在缸体的柱塞孔内左右往复移动，缸体与柱塞之间构成了容积可变的密封工作腔。柱塞向右移动时，工作腔容积变大，形成局部真空，油液中的油便在大气压力作用下通过单向阀 5 流入泵体内，单向阀 6 关闭，防止系统油液回流，这时液压泵吸油。柱塞向左移动时，工作腔容积变小，油液受挤压，便经单向阀压入系统，单向阀 5 关闭，避免油液流回油箱，这时液压泵压油。若凸轮不停地旋转，泵就不断地吸油和压油。

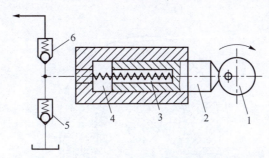

图 1-2-6　液压泵的工作原理

1—凸轮；2—柱塞；3—弹簧；4—密封工作腔；5，6—单向阀

根据工作腔的容积变化而进行吸油和排油是液压泵的共同特点，因而这种泵又称为容积泵。液压泵正常工作必备的条件是：

（1）有周期性变化的密封容积。密封容积由小变大时吸油，由大变小时压油。

（2）有配流装置。配流装置的作用是保证密封容积在吸油过程中与油箱相通，同时关闭供油通路；压油时与供油管路相通而与油箱切断。如图 1-2-6 中的单向阀 5 和单向阀 6 就是配流装置，配流装置的形式随着泵的结构差异而不同，它是液压泵工作必不可少的部分。

（3）吸油过程中，油箱必须和大气相通。这是吸油的必要条件。

3. 液压泵的常用种类和图形符号

（1）按泵的结构可分为：齿轮泵、叶片泵及柱塞泵等。

（2）按泵的输油方向能否改变可分为：单向泵和双向泵。

（3）按其输出的排量能否调节可分为：定量泵和变量泵。

（4）按额定压力的高低又可分为：低压泵、中压泵和高压泵等。

液压泵的图形符号如表 1-2-5 所示。

表 1-2-5　液压泵的图形符号

单向定量泵	双向定量泵	单向变量泵	双向变量泵	双联泵

4. 齿轮泵的工作原理

齿轮泵按啮合形式的不同，可分为内啮合和外啮合两种，其中外啮合齿轮泵应用更广泛，而内啮合齿轮泵则多为辅助泵。

1) 外啮合齿轮泵的工作原理

图 1-2-7 所示为外啮合齿轮泵的工作原理。在壳体内有一对外啮合齿轮，即主动齿轮和从动齿轮。齿轮的两端面靠泵端盖密封。泵体、端盖和齿轮的各齿槽组成了密封容积。靠两齿轮沿齿宽方向的啮合线把密封容积分成吸油腔和压油腔。当齿轮按图示箭头方向旋转时，右侧油腔由于轮齿逐渐脱开啮合，使密封容积逐渐增大而形成局部真空，油箱中的油液被吸进来，将齿槽充满，并随着齿轮旋转被带到左腔。而左边的油腔，由于轮齿逐渐进入啮合，使密封容积逐渐减小，齿槽中的油液受到挤压，从排油口排出。

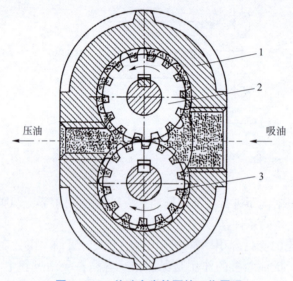

图 1-2-7 外啮合齿轮泵的工作原理
1—壳体；2—主动齿轮；3—从动齿轮

优点：齿轮泵结构简单，尺寸小，质量轻，制造方便，价格低廉，工作可靠，自吸能力强（允许的吸油真空度大），对油液污染不敏感，维护容易。

缺点：一些机件受不平衡径向力，磨损严重，泄漏大，工作压力的提高受到限制；此外，它的流量脉动大，因而压力脉动和噪声都较大。

应用：外啮合齿轮泵主要用于低压或对噪声污染要求不高的场合。

2) 齿轮泵的泄漏

在液压泵中，运动件间是靠微小间隙密封的，这些微小间隙从运动学上形成摩擦副，同时，高压腔的油液通过间隙向低压腔的泄漏是不可避免的；齿轮泵压油腔的压力油可通过三条途经泄漏到吸油腔去：一是通过齿轮啮合线处的间隙——齿侧间隙，二是通过泵体定子环内孔和齿顶间的径向间隙——齿顶间隙，三是通过齿轮两端面和侧板间的间隙——端面间隙。在这三类间隙中，端面间隙的泄漏量最大，压力越高，由间隙泄漏的液压油就越多。

为了提高齿轮泵的压力和容积效率,实现齿轮泵的高压化,需要从结构上采取措施,对端面间隙进行自动补偿。通常采用的自动补偿端面间隙装置有浮动轴套式和弹性侧板式两种,其原理都是引入压力油使轴套或侧板紧贴在齿轮端面上,压力越高,间隙越小,可自动补偿端面磨损和减小间隙。齿轮泵的浮动轴套是浮动安装的,轴套外侧的空腔与泵的压油腔相通,当泵工作时,浮动轴套受油压的作用而压向齿轮端面,将齿轮两侧面压紧,从而补偿了端面间隙。

5. 叶片泵的工作原理

叶片泵按其排量是否可变分为定量叶片泵和变量叶片泵,按叶片泵吸、压油液次数又分为双作用叶片泵和单作用叶片泵。

1) 双作用叶片泵的工作原理

图1-2-8所示为双作用叶片泵的工作原理。它主要由定子、转子、叶片、配油盘、转动轴和泵体等零件组成。定子内表面由4段圆弧和4段过渡曲线组成,形似椭圆,且定子和转子是同心安装的,泵的供油流量无法调节,所以属于定量泵。

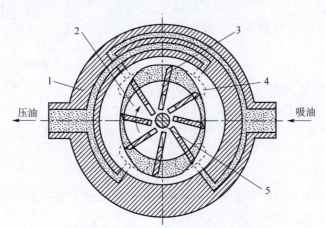

图1-2-8 双作用叶片泵的工作原理

1—定子;2—转子;3—叶片;4—配油盘;5—轴

转子旋转时,叶片靠离心力和根部油压作用伸出,并紧贴在定子的内表面上,两叶片之间和转子的外圆柱面、定子内表面及前后配油盘形成了若干个密封工作容腔。

当图1-2-8中转子顺时针方向旋转时,密封工作腔的容积在左上角和右下角处逐渐增大,形成局部真空而吸油,为吸油区;在左下角和右上角处逐渐减小而压油,为压油区。吸油区和压油区之间有一段封油区将吸、压油区隔开。这种泵的转子每转一转,每个密封工作腔完成吸油和压油各两次,所以称为双作用叶片泵。泵的两个吸油区和两个压油区是径向对称的,因而作用在转子上的径向液压力平衡,所以又称为平衡式叶片泵。

特点:(1) 结构紧凑,体积小,密封可靠。

(2) 流量均匀,压力脉动很小,运转平稳,噪声小。

(3) 制造要求高。

(4) 对油液污染敏感。

用途:广泛应用于各种中、低压液压传动系统。

2）单作用叶片泵的工作原理

图 1-2-9 所示为单作用叶片泵的工作原理。与双作用叶片泵的不同之处是，单作用叶片泵的定子内表面是一个圆形，转子与定子之间有一偏心量 e，两端的配油盘上只开有一个吸油口和一个压油口。当转子旋转一周时，每一叶片在转子槽内往复滑动一次，每相邻两叶片间的密封腔容积发生一次增大和缩小的变化，容积增大时通过吸油窗口吸油，容积缩小时则通过压油窗口压油。由于这种泵在转子每转一转过程中吸油、压油各一次，故称单作用叶片泵。又因这种泵的转子受到不平衡的径向液压力，故又称为非卸荷式叶片泵，也因此使泵工作压力的提高受到限制，如果改变定子和转子间的偏心距 e，就可以改变泵的排量，故单作用叶片泵常做成变量泵。

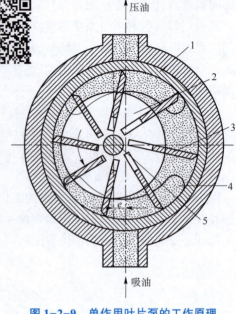

图 1-2-9 单作用叶片泵的工作原理
1—定子；2—转子；3—叶片；4—配油盘；5—轴

特点：

（1）只要改变转子和定子的偏心距 e 和偏心方向，就可以改变输油量和输油方向，成为变量叶片泵。

（2）由于转子受有不平衡的径向液压作用力，所以这种泵不宜用于高压。

3）限压式变量叶片泵

单作用叶片泵的变量方法有手调和自调两种。自调变量泵又根据其工作特性的不同分为限压式、恒压式和恒流式三类，其中限压式应用较多。

图 1-2-10 所示为限压式变量叶片泵的工作原理及变量特性曲线。转子的中心 O_1 是固定的，定子可以左右移动，在限压弹簧的作用下，定子被推向右端，使定子中心 O_2 和转子中心 O_1 之间有一初始偏心量 e_0，它决定了泵的最大流量。e_0 的大小可用调节螺钉调节。泵的出口压力为 p，经泵体内通道作用于有效面积为 A 的反馈缸柱塞上，使柱塞对定子产生一作用力 p_A。泵的限定压力 p_B 可通过调节螺钉改变弹簧的压缩量来获得，设弹簧的预紧力为 F_S，当泵的工作压力小于限定压力 p_B 时，则 $p_A<F_S$，此时定子不做移动，最大偏心量 e_0 保持不变，泵输出流量基本上维持最大；当泵的工作压力升高而大于限定压力 p_B 时，$p_A \geqslant F_S$，定子左移，偏心量减小，泵的流量也减小。泵的工作压力越高，偏心量就越小，泵的流量也就越小；当泵的压力达到极限压力 p_C 时，偏心量接近零，泵就不再有流量输出。

6. 柱塞泵的工作原理

柱塞泵按柱塞排列方向的不同，分为径向柱塞泵和轴向柱塞泵。轴向柱塞泵的柱塞都平行于缸体中心线；径向柱塞泵的柱塞与缸体中心线垂直。

径向柱塞泵输油量大，压力高，性能稳定，耐冲击性能好，工作可靠；但其径向尺寸大，结构较复杂，自吸能力差，且配油轴受到不平衡液压力的作用，柱塞顶部与定子内表面为点接触，容易磨损，这些都限制了它的应用，已逐渐被轴向柱塞泵替代。因

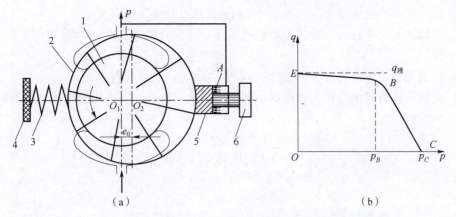

图 1-2-10 限压式变量叶片泵的工作原理及变量特性曲线
（a）工作原理；（b）特性曲线
1—转子；2—定子；3—弹簧；4,6—调节螺钉；5—反馈柱塞；A—有效面积

此，这里只介绍轴向柱塞泵的结构与工作原理。

图 1-2-11 所示为轴向柱塞泵的工作原理。轴向柱塞泵的柱塞平行于缸体轴心线。它主要由斜盘、柱塞、缸体、配油盘、轴和弹簧等零件组成。斜盘和配油盘固定不动，斜盘法线和缸体轴线间的夹角为 γ。缸体由轴带动旋转，缸体上均匀分布了若干个轴向柱塞孔，孔内装有柱塞，柱塞在弹簧力作用，下头部和斜盘靠牢。

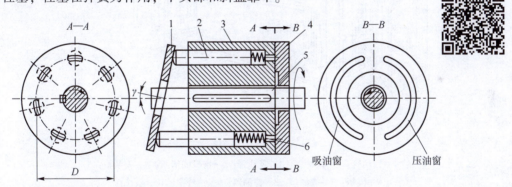

图 1-2-11 轴向柱塞泵的工作原理
1—斜盘；2—柱塞；3—缸体；4—配油盘；5—轴；6—弹簧

当缸体按如图 1-2-11 所示方向转动时，由于斜盘和压板的作用，柱塞在缸体内做往复运动，使各柱塞与缸体间的密封容积做增大或缩小变化，通过配油盘的吸油窗和压油窗进行吸油和压油。当缸孔自最低位置向前上方转动（前面半周）时，柱塞在转角 $0\sim\pi$ 范围内逐渐向右压入缸体，柱塞与缸体内孔形成的密封容积减小，经配油盘压油窗而压油；柱塞在转角 $\pi\sim2\pi$（里面半周）范围内，柱塞右端缸孔内密封容积增大，经配油盘吸油窗而吸油。

改变斜盘倾角 γ 的大小，就能改变柱塞的行程长度，也就改变了泵的排量；改变斜盘的倾斜方向，就能改变泵的吸油方向，而成为双向变量轴向柱塞泵。

7. 液压泵类型的选用

（1）轻载小功率的液压设备，可选用齿轮泵、双作用叶片泵。

(2) 精度较高的机械设备（磨床），可用双作用叶片泵、螺杆泵。

(3) 负载较大，并有快、慢速进给的机械设备（组合机床）可选用限压式变量叶片泵、双联叶片泵。

(4) 负载大、功率大的设备（刨床、拉床、压力机），可用柱塞泵。

(5) 机械设备的辅助装置，如送料、夹紧等不重要场合，可选用价格低廉的齿轮泵。

任务1.3 工件推出装置控制系统的构建

1.3.1 液压油箱

图1-3-1所示为油箱结构示意图与职能符号。油箱的功用主要是储存系统所需的足够油液，散发系统工作中产生的部分热量，沉淀油液中的杂质，释出混在油液中的气体等。油箱有开式、隔离式和压力式三种。开式油箱液面直接和大气相通。

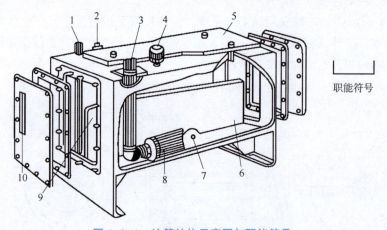

图1-3-1 油箱结构示意图与职能符号
1—回油管；2—泄油管；3—吸油管；4—空气滤清器；5—安装板；
6—隔板；7—放油口；8—滤油器；9—清洗窗；10—液位计

1.3.2 液压辅助元件

1. 滤油器

滤油器作为液压传动系统不可缺少的辅助元件，其功用是过滤混在油液中的杂质，降低进入系统中油液的污染度，保证系统正常工作。

1）滤油器的职能符号

滤油器的职能符号如图1-3-2所示。

2）滤油器的选用

滤油器按过滤精度不同分为粗过滤器、普通过滤器、精密过滤器和特精过滤器4种，它们分别能滤去大于100 μm、10~100 μm、5~10 μm和1~5 μm大小的杂质。

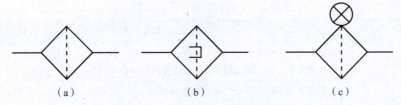

图 1-3-2　滤油器的职能符号

(a) 一般符号；(b) 带磁性滤油器；(c) 带污染指示器滤油器

选用滤油器时，要考虑下列几点：
(1) 过滤精度应满足预定要求。
(2) 能在较长时间内保持足够的通流能力。
(3) 滤芯具有足够的强度，不因液压力的作用而损坏。
(4) 滤芯抗腐蚀性能好，能在规定的温度下持久工作。
(5) 滤芯清洗或更换方便。

因此，滤油器应根据液压传动系统的技术要求，按过滤精度、通流能力、工作压力、油液黏度、工作温度等条件选定其型号。

3) 滤油器的安装

滤油器在液压传动系统中的安装位置通常有以下几种：

(1) 安装在泵的吸油口处，如图 1-3-3 (a) 所示。泵的吸油路上一般安装有表面型滤油器，目的是滤去较大的杂质颗粒以保护液压泵，此外滤油器的过滤能力应为泵流量的两倍以上，压力损失小于 0.02 MPa。

(2) 安装在压力油路上，如图 1-3-3 (b) 所示。精滤油器可用来滤除可能侵入阀类等元件的污染物。其过滤精度应为 10~15 μm，且能承受油路上的工作压力和冲击压力，压力降应小于 0.35 MPa。同时应安装安全阀以防滤油器堵塞。

(3) 安装在系统的回油路上，如图 1-3-3 (c)、图 1-3-3 (d) 所示。这种安装起间接过滤作用。一般与滤油器并联安装一背压阀，当滤油器堵塞达到一定压力值时，背压阀打开。

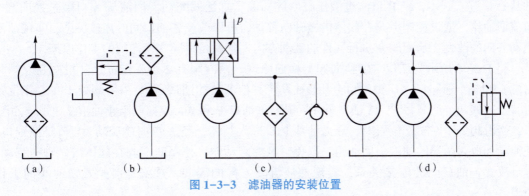

图 1-3-3　滤油器的安装位置

2. 管道元件

液压传动系统中使用的油管种类很多，有钢管、铜管、尼龙管、塑料管和橡胶管等，需按照安装位置、工作环境和工作压力来正确选用。油管的特点及其适用范围见表 1-3-1。

表 1-3-1　油管的特点及其适用范围

种类		特点和适用场合
硬管	钢管	能承受高压，价格低廉，耐油，抗腐蚀，刚性好，但装配时不能任意弯曲；常在装拆方便处用作压力管道，中、高压用无缝管，低压用焊接管等
	紫铜管	易弯曲成各种形状，但承压能力一般不超过 6.5~10 MPa，抗振能力较弱，又易使油液氧化；通常用在液压装置内配接不便处
908908 软管	尼龙管	乳白色半透明，加热后可以随意弯曲成形或扩口，冷却后又能定形，承压能力因材质而异，自 2.5~8 MPa 不等
	塑料管	质轻耐油，价格便宜，装配方便，但承压能力低，长期使用会变质老化，只宜用作压力低于 0.5 MPa 的回油管、泄油管等
	橡胶管	高压管由耐油橡胶夹几层钢丝编织网制成，钢丝网层数越多，耐压越高，价昂，用作中、高压系统中两个相对运动件之间的压力管道； 低压管由耐油橡胶夹帆布制成，可用作回油管道

1.3.3　换向阀

换向阀利用阀芯相对于阀体的相对运动，使与阀体相连的几个油路之间接通、关断，或变换油流的方向，从而使液压执行元件启动、停止或变换运动方向。

1. 工作原理

常用的换向阀阀芯在阀体内做往复滑动，称为滑阀。滑阀是一个有多段环形槽的圆柱体，其直径大的部分称为凸肩，凸肩与阀体内孔相配合。阀体内孔中加工有若干段环形槽，阀体上有若干个与外部相通的通路口，并与相应的环形槽相通。

图 1-3-4 所示为二位四通换向阀的换向原理。换向阀有 2 个工作位置（滑阀在左端和右端）和 4 个通路口（压力油口 P、回油口 T，通往液压缸的油口 A 和 B）。当滑阀处于左工作位置时，P 口和 A 口相通，油液从 P 口经换向阀 A 口通往液压缸左腔，推动液压缸伸出，液压缸右腔的回油从 B 口经过换向阀 T 口流回油箱。当滑阀处于右工作位置时，压力油从 P 口进入阀体，经 B 口流进液压缸右腔，液压缸活塞缩回。回油从 A 口经过换向阀 T 口流回油箱。通过控制滑阀在阀体内做轴向移动，可以改变各油口间的连接关系，实现油液流动方向的改变，从而改变执行元件的运动方向，这就是滑阀式换向阀的工作原理。

图 1-3-5 所示为二位二通换向阀的换向原理。换向阀有 2 个工作位置（滑阀在左端和右端）和 2 个通路口（压力油口 P、通往系统其他部分的油口 A）。当滑阀处于右工作位置时，滑阀的两个凸肩将 P、A 油口封死，隔断进油口 P 和 A，换向阀阻止油液从 P 口流到 A 口；当滑阀处于左工作位置时，压力油从 P 口进入阀体，经 A 口向前流动。L 口是泄油口，把泄漏到滑阀两端的油液引回油箱，以免影响滑阀动作。控制时滑阀在阀体内做轴向移动，通过改变各油口间的连接关系，实现油液流动方向的改变，这就是滑阀式换向阀的工作原理。

图 1-3-6 所示为三位四通换向阀的换向原理。换向阀有 3 个工作位置（滑阀在中间和左右两端）和 4 个通路口（压力油口 P、回油口 T 和通往执行元件两端的油口 A 和 B）。当滑阀处于中间位置时，如图 1-3-6（b）所示，阀的两个凸肩将 A、B 油口封死，并接通进回油口 P 和 T，换向阀阻止向执行元件供压力油，执行元件不工作，滑阀处于左位时

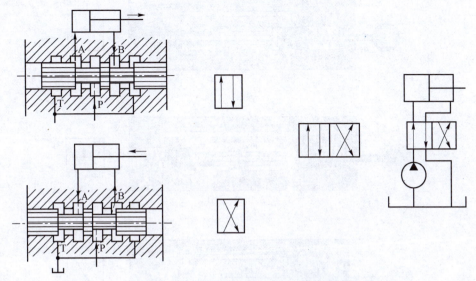

图 1-3-4　二位四通换向阀的换向原理

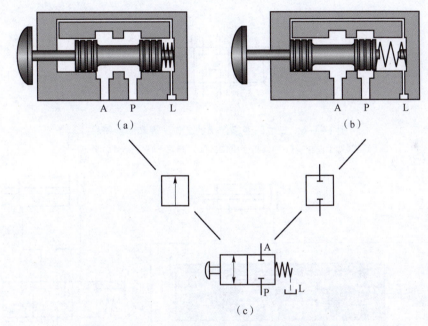

图 1-3-5　二位二通换向阀的换向原理和职能符号
(a) 滑阀处于左位；(b) 滑阀处于右位；(c) 职能符号

[图 1-3-6（a）]，压力油从 P 口进入阀体，经 A 口通向执行元件，而从执行元件流回的油液经 B 口进入阀体，并由回油口 T 流回油箱，执行元件在压力油作用下向某一规定方向运动；当阀处于右位时 [图 1-3-6（c）]，压力油经 P、B 口通向执行元件，回油则经 A、T 口流回油箱，执行元件在压力油作用下反向运动。该阀的职能符号如图 1-3-6（d）所示。

三位四通换向阀在回路中的安装位置及应用，如图 1-3-7 所示。

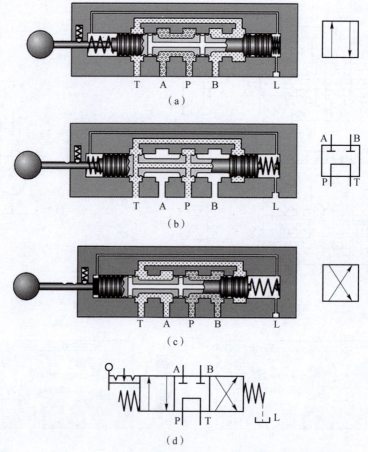

图 1-3-6 三位四通换向阀的工作原理和职能符号

（a）阀处于左位；（b）阀处于中位；（c）阀处于右位；（d）职能符号

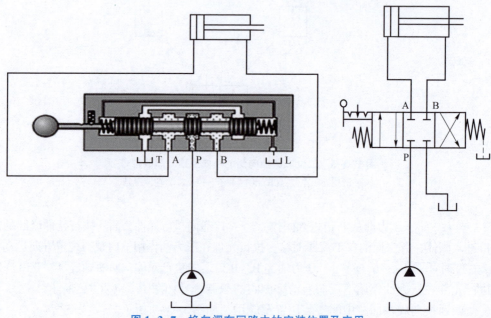

图 1-3-7 换向阀在回路中的安装位置及应用

2. 换向阀的职能符号

一个换向阀的完整图形符号应具有表明工作位置数、油口数和在各工作位置上油口的连通关系、控制方法以及复位、定位方法的符号。其中工作位置数、油口数和在各工作位置上油口的连通关系见表 1-3-2。控制方法以及复位、定位方法的符号稍后介绍。

表 1-3-2　常用换向阀的结构原理和图形符号

名称	结构原理	图形符号
二位二通阀		
二位三通阀		
二位四通阀		
三位四通阀		
二位五通阀		
三位五通阀		

（1）换向阀的符号是由若干个连接在一起排成一行的方框组成的。每一个方框表示换向阀的一个工作位置，方框数即"位"数；位数是指阀芯可能实现的工作位置数目。

（2）箭头表示两油口连通，并不表示流向，"⊥"或"⊤"表示此油口不通流。

（3）在一个方框内，箭头或符号"⊥"与方框的交点数为油口的通路数，即"通"数，指阀所控制的油路通道（不包括控制油路通道）。

（4）一个换向阀完整的图形符号应表示出操纵方式、复位方式和定位方式，方框两端的符号是表示阀的操纵方式及定位方式等。

（5）P 表示压力油的进口，T 表示与油箱连通的回油口，A、B 表示连接其他工作油路的油口。

（6）三位阀的中位及二位阀侧面画有弹簧的那一方框为常态位。在液压传动系统原理图中，换向阀的符号与油路的连接一般应画在常态位上。

（7）控制方式和复位弹簧的符号画在方框的两侧。

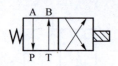

图 1-3-8 二位四通换向阀

如图 1-3-8 所示的弹簧复位电磁铁控制的二位四通换向阀，当电磁铁不通电时，阀芯在左边复位弹簧的作用下向右移动，此时称阀处于左位，此时 P 口与 A 口相通，B 口与 T 口相通。

当电磁铁得电时，阀芯在电磁铁的作用下向左移动，称阀处于右位，此时 P 口与 B 口相通，A 口与 T 口相通（电磁换向阀的工作原理，稍候介绍）。

3. 换向阀的操纵方式

控制滑阀移动的方法常用的有人力、机械、电气、液压力控制等。

1）手动换向阀

手动换向阀是用人力控制方法改变阀芯工作位置的换向阀，有二位二通、二位四通和三位四通等多种形式。图 1-3-9（a）所示为一种三位四通弹簧自动复位手动换向阀。

当手柄上端向左扳时，阀芯向右移动，进油口 P 和油口 A 接通，油口 B 和回油口 T 接通。当手柄上端向右扳时，阀芯左移，这时进油口 P 和油口 B 接通，油口 A 通过环形槽、阀芯中心通孔与回油口 T 接通，实现换向。松开手柄时，右端的弹簧使阀芯恢复到中间位置，断开油路。这种换向阀不能定位在左、右两端位置上。如需滑阀在左、中、右三个位置上均可定位，可将弹簧换成定位装置，如图 1-3-9（b）所示。

2）机动换向阀

机动换向阀又称行程阀，主要用来控制机械运动部件的行程，借助于安装在工作台上的挡铁或凸轮来迫使阀芯移动，从而控制油液的流动方向。其中二位二通机动阀又分常闭和常开两种。图 1-3-10 所示为滚轮式二位三通机动换向阀，在图示位置阀芯被弹簧压向上端，油腔 P 和 A 接通，B 口关闭。当挡铁或凸轮压住滚轮，使阀芯移动到下端时，就使油腔 P 和 A 断开，P 和 T 接通，A 口关闭。

机动换向阀结构简单，换向平稳、可靠，位置精度高，常用于控制运动部件的行程，或实现快、慢速度的转换。但它必须安装在运动部件附近，油液管路较长。

3）电磁换向阀

电磁换向阀是利用电磁铁的吸力（通电吸合与断电释放）推动阀芯动作，进而控制液流方向的换向阀。

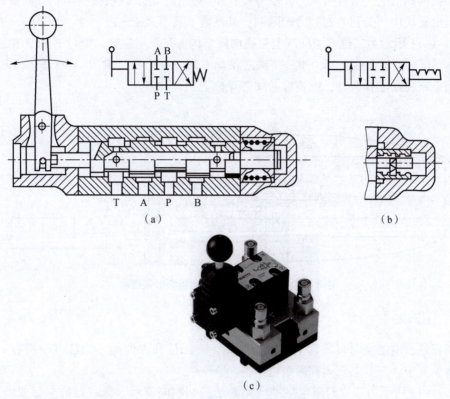

图 1-3-9 三位四通自动复位手动换向阀
(a) 弹簧自动复位式；(b) 钢球定位式；(c) 外形

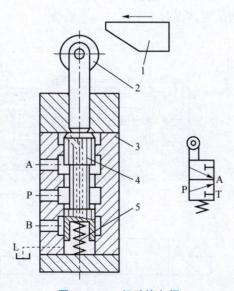

图 1-3-10 机动换向阀
1—挡铁；2—滚轮；3—阀体；4—阀芯；5—弹簧

电磁换向阀由电气信号操纵，控制方便，布局灵活，在实现机械自动化方面得到广泛的应用。但电磁换向阀受到电磁吸力的限制，其流量一般不大。

图 1-3-11 所示为二位三通交流电磁换向阀结构，在图示位置，油口 P 和 A 相通，油口 B 断开；当电磁铁通电吸合时，推杆将阀芯推向右端，这时油口 P 和 A 断开，而 P 与 B 相通。而当电磁铁断电释放时，弹簧推动阀芯复位。

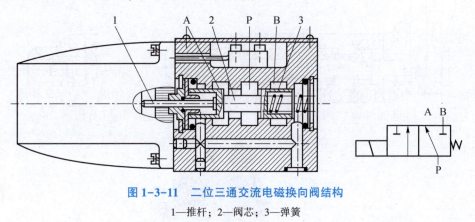

图 1-3-11　二位三通交流电磁换向阀结构

1—推杆；2—阀芯；3—弹簧

如前所述，电磁换向阀就其工作位置来说，有二位和三位等。二位电磁阀有一个电磁铁，靠弹簧复位；三位电磁阀有两个电磁铁。

图 1-3-12 所示为二位四通电磁换向阀的结构和职能符号。当右侧的电磁线圈通电时，吸合衔铁将阀芯推向左位，这时进油口 P 和油口 B 接通，油口 A 与回油口 T 相通；当左侧的电磁铁通电时（右侧电磁铁断电），阀芯被推向右位，这时进油口 P 和油口 A 接通，油口 B 经阀体内部管路与回油口 T 相通，实现执行元件换向；当两侧电磁铁都不通电时，阀芯在两侧弹簧的作用下处于中间位置，这时 4 个油口均不相通。

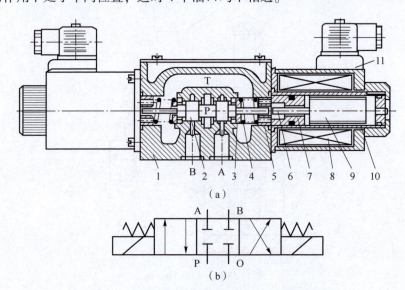

图 1-3-12　二位四通电磁换向阀的结构和职能符号

（a）二位四通电磁换向阀的结构；（b）职能符号

1—阀体；2—阀芯；3—弹簧；4—电磁线圈；5—衔铁；6—顶杆；7—衬套；8—电磁线圈；9—衔铁；10—端盖；11—线圈连接头

电磁换向阀的电磁铁可用按钮开关、行程开关、压力继电器等电气元件控制，无论位置远近，控制均很方便，且易于实现动作转换的自动化，因而得到广泛的应用。根据使用电源的不同，电磁换向阀分为交流和直流两种。电磁换向阀用于流量不超过 $1.05\times10^{-4}\mathrm{m^3/s}$ 的液压传动系统中。

4）液动换向阀

液动换向阀是利用控制油路的压力油来改变阀芯位置的换向阀，图 1-3-13 所示为三位四通液动换向阀的结构和职能符号。阀芯是在其两端密封腔中油液的压差作用下来回移动的。当两端控制油口 K_1、K_2 均不通入压力油时，阀芯在两端弹簧和定位套作用下回到中间位置，P 口被封闭，A、B 和 T 三口相通；当控制油路的压力油从阀右边的控制油口 K_2 进入滑阀右腔，且 K_1 接通回油时，阀芯向左移动，使压力油口 P 与 B 相通，A 与 T 相通；当 K_1 接通压力油，K_2 接通回油时，阀芯向右移动，使得 P 与 A 相通，B 与 T 相通。

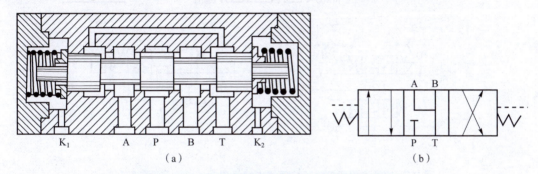

图 1-3-13 三位四通液动换向阀的结构和职能符号

(a) 结构；(b) 职能符号

液动换向阀结构简单，动作可靠、平稳，由于液压驱动力大，故可用于流量大的液压传动系统中，但它不如电磁阀控制方便。

5）电液换向阀

电液换向阀是由电磁滑阀和液动滑阀组合而成的复合阀。其中电磁换向阀起先导作用，液动换向阀起主阀作用。由于操纵液动滑阀的液压推力可以很大，所以主阀芯的尺寸可以做得很大，允许有较大流量的油液通过。这样用较小的电磁铁就能控制较大的液流。因此电液换向阀综合了电磁阀和液动阀的优点，具有控制方便、流量大的特点。

图 1-3-14 所示为弹簧复位式三位四通电液换向阀的结构和职能符号。

当电磁铁 1DT、2DT 都不通电时，电磁阀处于中位，从 P 口进入电磁阀的油被封死，不能进入液动主阀的两端控制油腔，主阀芯在弹簧的作用下处于中间位置，各阀口关闭。

当 1DT 通电时，控制压力油作用在主阀芯的左侧，推动主阀芯右移，P 与 A 通，B 与 T 通，此时右侧的控制油经节流阀 5 及电磁阀接回油口 T 流回油箱。当 2DT 通电时，控制压力油作用在主阀芯的右侧，推动主阀芯左移，P 与 B 通，A 与 T 通，实现了换向。

先导换向阀必须是 Y 型，以使电磁铁 1DT、2DT 都不通电时，电磁阀、主阀可靠停在中位。主阀芯换向速度由节流阀 3 和节流阀 5 调节。

电磁阀的控制油可来自 P 口，如图 1-3-14 所示，称为内控；也可以来自外接压力油，称外控（图中未画出）。

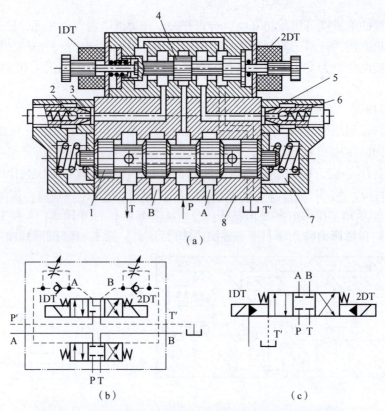

图 1-3-14 弹簧复位式三位四通电液换向阀的结构和职能符号
（a）结构；（b）职能符号；（c）职能符号简图
1—主阀芯；2、6—单向阀；3、5—节流阀；4—先导阀芯；7—主阀弹簧；8—阀体

4. 换向阀的中位机能

三位换向阀的阀芯在中间位置时，各油口间有不同的连通方式，可满足不同的使用要求。这种连通方式称为换向阀的中位机能。三位四通换向阀常见的中位机能、型号、符号及其特点见表 1-3-3。三位五通换向阀的情况与此相仿。不同的中位机能是通过改变阀芯的形状和尺寸得到的。

表 1-3-3 三位换向阀的滑阀机能

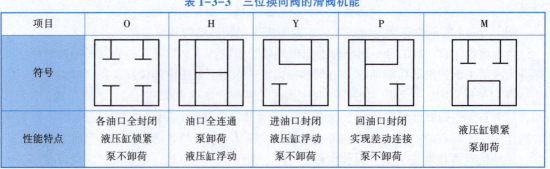

项目	O	H	Y	P	M
符号					
性能特点	各油口全封闭 液压缸锁紧 泵不卸荷	油口全连通 泵卸荷 液压缸浮动	进油口封闭 液压缸浮动 泵不卸荷	回油口封闭 实现差动连接 泵不卸荷	液压缸锁紧 泵卸荷

1.3.4 直动式溢流阀

液压传动系统中压力取决于负载，当系统超载时，出现压力过高怎么办？控制液压传动

系统中压力大小的方法之一是用溢流阀来控制。

溢流阀在液压传动系统中的功用主要有两个方面：一是起溢流和稳压作用，保持液压传动系统的压力恒定；二是起限压保护作用，防止液压传动系统过载。溢流阀通常接在液压泵出口处的油路上。

根据结构和工作原理不同，溢流阀可分为直动型溢流阀和先导型溢流阀两类。直动型溢流阀用于低压系统，先导型溢流阀用于中、高压系统。

1. 直动型溢流阀的结构和工作原理

直动型溢流阀由阀芯、阀体、弹簧、上盖、调节杆、调节螺母等零件组成。如图 1-3-15 所示，阀体上进油口旁接在泵的出口，出口接油箱。直动型溢流阀的工作原理如图 1-3-16 所示。常态时，阀芯在弹簧力 $F_{簧}=kx_0$ 的作用下处于最下端的位置，进出油口关闭。进油口经 b 孔和 a 孔作用在阀芯底部，产生液压力 $F=pA$，当作用于阀芯底面的液压力 $pA<F_{弹}$ 时，阀芯在弹簧力作用下处于最底端关闭回油口，没有油液流回油箱。当系统压力 $pA \geq F_{弹}$ 时，弹簧被压缩，阀芯上移，打开回油口，部分油液流回油箱，限制压力继续升高，使液压泵出口处压力保持 $p=\dfrac{F_{簧}}{A}$ 恒定值。调节弹簧力 $F_{簧}$ 的大小，即可调节液压传动系统压力的大小。阀芯弹簧腔的泄漏油经过内泄通道流到阀的出口引回油箱，若阀的出口压力不为 0，则背压将作用在弹簧的上端，使阀的进口压力增加。

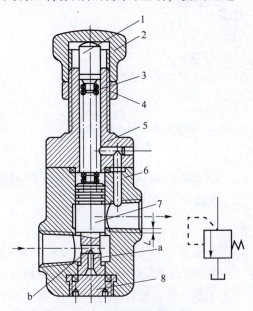

图 1-3-15　直动型溢流阀的结构

1—调节杆；2—调节螺母；3—调压弹簧；4—锁紧螺母；
5—阀盖；6—阀体；7—阀芯；8—底盖

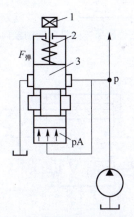

图 1-3-16　直动型溢流阀的工作原理

1—调压手柄；2—弹簧；3—阀芯

直动型溢流阀结构简单，制造容易，成本低，但油液压力直接靠弹簧力平衡，所以压力稳定性较差，动作时有振动和噪声；此外，系统压力较高时，要求弹簧刚度大，使阀的开启性能变坏。所以直动型溢流阀只用于低压系统中。

1.3.5　换向回路

在液压传动系统中，利用方向阀控制油液流通、切断和换向，从而控制执行元件的启动、停止及改变执行元件运动方向的回路，称为方向控制回路。方向控制回路有换向回路和锁紧回路两种。

图 1-3-17 所示为三位四通电磁换向阀的换向回路。通过电磁铁的通断电控制换向阀的阀芯移动，实现主油路的换向。当换向阀左边电磁铁通电而右边电磁铁断电时，换向阀左位工作，油液进入液压缸的左端，推动活塞伸出，右端的油液经换向阀流回油箱；当换向阀右边电磁铁通电而左边电磁铁断电时，换向阀右位工作，油液进入液压缸的右端，推动活塞缩回，左端的油液经换向流回油箱；当两个电磁铁都不通电时，换向阀中位工作，活塞停止运动。

在机床夹具、油压机和起重机等不需要自动换向的场合，常常采用手动换向阀来进行换向，如图 1-3-18 所示。

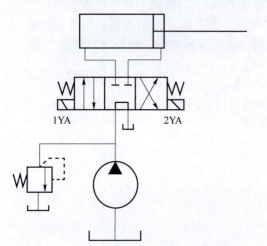

图 1-3-17 三位四通电磁换向阀的换向回路

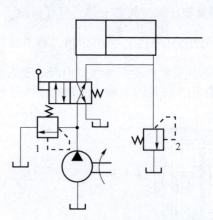

图 1-3-18 用手动换向阀的换向回路
1，2—溢流阀

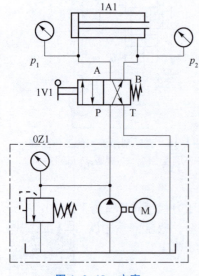

图 1-3-19 方案一

1.3.6 工件推出装置控制系统的构建参考方案

参考方案一：对于这个课题，由于控制要求比较简单，采用手动换向阀控制液压缸的换向，如图 1-3-19 所示，为了调节系统压力，在泵的出口处旁接一个溢流阀，为方便进行试验现象分析，在液压缸的左右两腔各安装一个压力表，测得的压力分别为 p_1、p_2。

参考方案二：液压回路采用二位四通电磁换向阀控制液压缸的换向，电磁铁的控制电路如图 1-3-20 所示。其中图 1-3-20（b）不用中间继电器实现控制要求，图 1-3-20（c）利用中间继电器来增加回路的功能可扩展性。

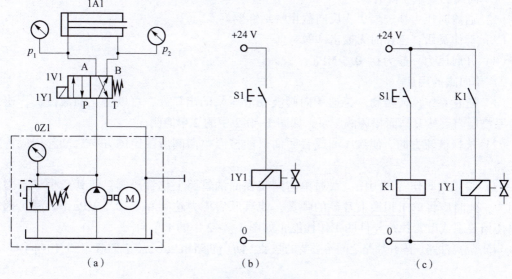

图 1-3-20　方案二

(a) 液压回路；(b) 不用中间继电器实现；(c) 利用中间继电器实现

任务 1.4　汽车起动机支腿液压传动系统的构建

1.4.1　单向阀

1. 普通单向阀

1) 工作原理

普通单向阀结构如图 1-4-1 所示，主要由阀体、阀芯和弹簧组成，其作用是只允许油液沿一个方向流动，反向则被截止。压力油从阀体左端进油口 P_1 流入时，克服弹簧作用在阀芯上的力，使阀芯向右移动，打开阀口，压力油从 P_2 口流出，但当压力油从阀体右端的通口 P_2 流入时，它和弹簧力一起使阀芯锥面压紧在阀座孔上，使阀口关闭，油液无法通过。

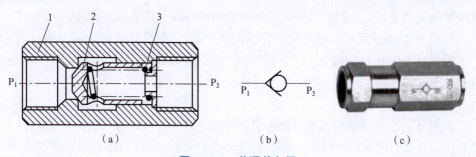

图 1-4-1　普通单向阀

(a) 结构；(b) 职能符号；(c) 实物

1—阀体；2—阀芯；3—弹簧

对单向阀的要求主要有：

（1）通流时压力损失要小，反向截止密封性要好。

（2）动作灵敏，工作时无撞击和噪声。

（3）开启压力一般为 0~0.5 MPa。

2）单向阀的用途

（1）防止系统反向传动。普通单向阀装在液压泵的出口处，可以防止油液倒流，避免由于系统压力突然升高而损坏液压泵，如图 1-4-2 中的 2 单向阀。

（2）选择液流方向。使液压油或者回油只能按照单向阀所限定的方向流动，构成特定的回路。

（3）将单向阀作背压阀用。普通单向阀装在回油管路上作背压阀，使其产生一定的回油阻力，此时应将单向阀换上较硬的弹簧，使其开启压力达到 0.3~0.5 MPa，以满足控制油路使用要求或改善执行元件的工作性能，如图 1-4-2 中的 1 单向阀。

（4）隔离油路。隔开油路之间不必要的联系，防止油路相互干扰，如图 1-4-3 中的阀 4。

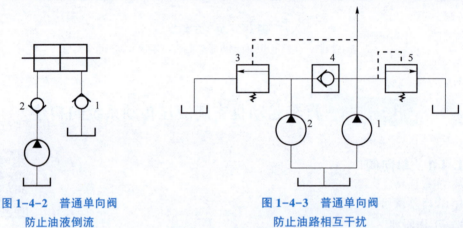

图 1-4-2　普通单向阀
防止油液倒流
1，2—单向阀

图 1-4-3　普通单向阀
防止油路相互干扰
1—高压泵；2—低压泵；3—外控溢流阀；4—单向阀；5—溢流阀

2. 液控单向阀

1）工作原理

液控单向阀是受压力控制后反向也可以通流的单向阀，其结构比普通单向阀多了一个控制油口，如图 1-4-4 所示 K 口和液控装置（控制活塞）。当控制口 K 无压力油（$P_k=0$）通过时，压力油只能从 P_1 口流到 P_2 口；当控制口 K 接通控制油压 P_k 时，可推动控制活塞，顶开单向阀的阀芯，油液可在两个方向自由流通。

2）液控单向阀的用途

（1）保持压力。由于滑阀式换向阀都有间隙泄漏现象，所以当与液压缸相通的 A、B 油口封闭时，液压缸只能短时间保压，如图 1-4-5（a）所示，在油路上串入液控单向阀，利用其阀结构关闭时的严密性，可以实现较长时间的保压。

（2）实现液压缸的锁紧。如图 1-4-5（b）所示的回路中，当换向阀处于中位时，两个液控单向阀的控制口通过换向阀与油箱相通，液控单向阀迅速关闭，严密封闭液压缸两腔的油液，液压缸活塞不会因外力而产生移动，从而实现比较精确的定位。这种让液压缸能在任

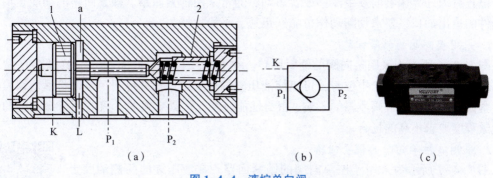

图 1-4-4 液控单向阀

(a) 结构；(b) 职能符号；(c) 实物

1—控制活塞；2—阀芯

何位置停止，并且不会因外力作用而发生位置移动的回路称为锁紧回路。

（3）大流量排油。如果液压缸两腔的有效工作面积相差较大，那么当活塞返回时，液压缸无杆腔的排油流量会骤然增大，此时回油路可能会产生较强的节流作用，限制活塞的运动速度。如图 1-4-5（c）所示，在液压缸回油路加设液控单向阀，在液压缸活塞返回时，控制压力将液控单向阀打开，使液压缸左腔油液通过单向阀直接排回油箱，实现大流量排油。

（4）用作充油阀。立式液压缸的活塞在负载和自重的作用下高速下降，液压传动系统供油量可能来不及补充液压缸上腔形成的容积，这样就会使上腔产生负压，而形成空穴。在图 1-4-5（d）所示的回路中，在液压缸上腔加设一个液控单向阀，就可以利用活塞快速运动时产生的负压将油箱中的油液吸入液压缸无杆腔，保证其充满油液，实现补油的功能。

注意事项：安装单向阀时须认清进、出油口的方向，否则会影响系统的正常工作，系统主油路压力的变化，不能对控制油路压力产生影响，以免引起液控单向阀的误动作。

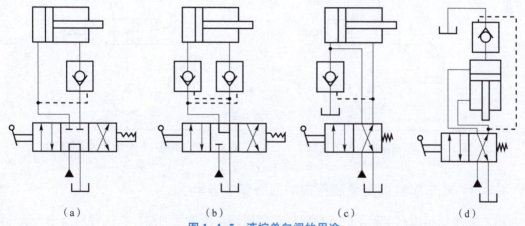

图 1-4-5 液控单向阀的用途

(a) 保持压力；(b) 双向液压锁；(c) 大流量排油；(d) 用作充油阀

1.4.2 锁紧回路

工作部件停止运动时，泵通常处于卸荷状态，为了使液压缸活塞能在任意位置停止，并防止停止后因外界影响而发生漂移或者窜动,通常采用锁紧回路。锁紧回路的功能是切断执行元件的进出油口,要求切断动作可靠、迅速、平稳、持久。

1. 采用换向阀的锁紧回路

图1-4-6所示为采用换向阀的锁紧回路。它利用三位四通换向阀的中位机能O型或M型实现锁紧,当阀芯处于中位时,可以使液压缸的进、出口都被封闭,可以将活塞锁紧,这种锁紧回路由于受到滑阀泄漏的影响,密封性能较差,锁紧效果差,只适用于短时间的锁紧或锁紧程度要求不高的场合。

2. 采用液控单向阀的锁紧回路

图1-4-7所示为采用液控单向阀的锁紧回路。在液压缸的两侧油路上串接液控单向阀(液压锁),当换向阀处于中位时,液控单向阀关闭液压缸两侧油路,活塞被双向锁紧,左右都不能窜动。这种锁紧回路,锁紧精度只受液压缸内少量的内泄漏影响,因此,锁紧精度较高。采用液控单向阀的锁紧回路,换向阀的中位机能应采用H型或Y型,当换向阀处于中位时,液控单向阀的控制油路可立即失压,保证单向阀迅速关闭锁紧油路。如采用O型机能,在换向阀中位时,由于液控单向阀的控制腔压力油被闭死而不能使其立即失压而关闭,直至由换向阀的内泄漏使控制腔泄压后,液控单向阀才能关闭,影响其锁紧精度。

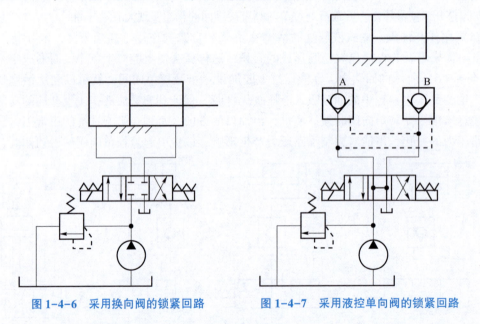

图1-4-6 采用换向阀的锁紧回路　　　　图1-4-7 采用液控单向阀的锁紧回路

1.4.3 汽车起重机支腿液压控制回路参考方案

图1-4-8所示为汽车起重机支腿液压控制回路参考控制回路。在这种回路中,液压缸的进、出油路中串接液控单向阀,活塞可以在行程的任何一个位置锁紧。其锁紧精度只受液压缸内少量的内泄漏影响,因此,锁紧精度较高。当换向阀处于左位或者右位工作时,液控单向阀控制口K_1或者K_2通入压力油,缸的回油便可以通过单向阀口回油,此时,活塞可以向上或者向下移动,当换向阀处于中位工作或者液压泵停止供油时,因为阀的中位机能为H型或者Y型,两个液控单向阀的控制油口直接通油箱,故控制压力立即消失,液控单向阀

不再反向导通,液压缸因两腔油液封闭便被锁紧。由于液控单向阀的密封性能好,从而使执行元件长期锁紧。

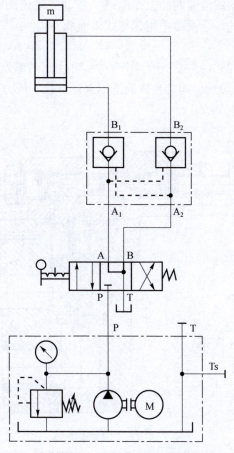

图 1-4-8　汽车起重机支腿液压控制回路参考控制回路

任务1.5　粘压机液压传动系统的构建

1.5.1　压力的调整对液压传动系统的作用

稳定的工作压力是保证系统正常工作的前提条件。同时,一旦液压传动系统过载,若无有效的卸荷措施,就会使液压传动系统中的液压泵处于过载状态,很容易损坏,液压传动系统中的其他元件也会因超过自身的额定工作压力而损坏。因此,液压传动系统必须能有效地控制系统压力,而担任此项任务的就是压力控制阀。

在液压传动系统中,控制油液压力的阀称为压力控制阀,简称压力阀,常用的压力阀有溢流阀、减压阀和顺序阀等。它们的共同特点是利用作用于阀芯上的油液压力和弹簧弹力相平衡的原理进行工作。

1.5.2 先导式溢流阀

在任务 1.3 中讲了直动式溢流阀的工作原理，直动式溢流阀只能用在低压系统中。在高压大流量的场合就要采用先导式溢流阀。

结构和工作原理：

先导式溢流阀的结构如图 1-5-1 所示，由先导阀和主阀两部分组成。先导阀是一个小流量的直动式溢流阀，阀芯是锥阀，用来调节控制压力；主阀阀芯是滑阀，用来控制溢流流量。

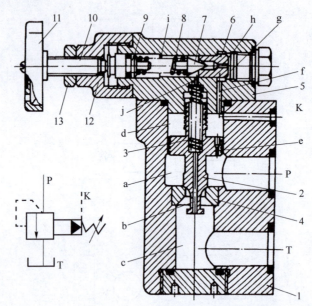

图 1-5-1　先导式溢流阀

1，12—阀体；2—主阀芯；3—主阀弹簧；4—主阀口；5—先导阀体；6—先导阀座；7—先导锥阀芯；
8—调压弹簧；9—调节杆；10—调压螺栓；11—手轮；13—螺母

阀体上设有进、出油口 P 和 T，K 为控制油口。压力油经进油口 P 进入主阀芯下腔 a，同时经阻尼孔 e 进入上腔 d，再经过通道 f 进入先导阀右腔 g，作用在先导锥阀芯右端。给锥阀以向左的作用力，调压弹簧给锥阀以向右的弹簧力。在稳定状态下，当进口油液压力 p 较小时，作用于锥阀上的液压作用力小于弹簧力，先导阀关闭。此时，没有油液流过阻尼孔 e，则油腔 a、d 的压力相同，在主阀弹簧的作用下，主阀芯处于最下端位置，进出油口关闭，没有溢油。

当油液压力 p 增大，使作用于锥阀上的液压作用力大于调压弹簧的弹簧力时，先导阀开启，油液经通道 j、回油口 T 流回油箱。这时，压力油流经阻尼孔 e 时产生压力降，使 d 腔油液压力 p_1 小于油腔 a 中油液压力 p，当此压力差（$p-p_1$）产生的向上作用力超过主阀弹簧的弹簧力并克服主阀芯自重和摩擦力时，主阀芯向上移动，接通进油口 P 和回油口 T，溢流阀溢油，使油液压力 p 不超过设定压力，当压力 p 随溢流而下降时，p_1 也随之下降，直到作用于锥阀上的液压作用力小于调压弹簧的弹簧力时，先导阀关闭，阻尼孔 e 中没有油液流过，$p=p_1$，主阀芯在主阀弹簧作用下往下移动，关闭回油口 T，停止溢流。这样，在系统压力超过调定压力时，溢流阀溢油，不超过时则不溢油，起到限压、溢流作用。

先导式溢流阀设有远程控制口 K，可以实现远程调压（与远程调压阀接通）或卸荷（与油箱接通），不用时封闭。

先导式溢流阀压力稳定，波动小，主要用于中压液压传动系统中。

1.5.3 溢流阀的应用

溢流阀的主要作用是稳定液压传动系统压力或进行安全保护。几乎在所有的液压传动系统中都需要用到它，其正确使用、性能好坏对整个液压传动系统的正常工作有很大影响。

1. 稳定系统压力

如图 1-5-2 所示，在定量泵与节流阀（节流阀的工作原理将在后续章节学习）之间旁接一个溢流阀，液压缸所需流量由节流阀调节，泵输出的多余流量由溢流阀溢回油箱。在系统正常工作时，溢流阀阀口始终处于开启溢流状态，维持泵的输出压力恒定不变。

2. 防止液压传动系统过载

如图 1-5-3 所示，在变量泵液压传动系统中，系统正常工作时，其工作压力低于溢流阀的开启压力，阀口关闭不溢流。当系统超载使工作压力超过溢流阀的开启压力时，溢流阀开启溢流，使系统工作压力不再升高，以保证系统的安全。这种情况下溢流阀的开启压力通常应比液压传动系统的最大工作压力高 10%~20%。

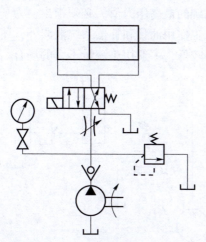

图 1-5-2　溢流阀的溢流稳压作用

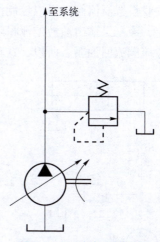

图 1-5-3　安全保护作用

3. 实现远程调压

如图 1-5-4 所示，远程调压阀通过换向阀与先导式溢流阀的外控口 K 连接，便能实现远程调压，当电磁铁通电时由远程调压阀调定系统压力，电磁铁断电时由先导式溢流阀调定系统压力。注意远程调压阀的调定压力必须小于先导式溢流阀的调定压力，否则远程调压阀将不起作用。

4. 作背压阀用

如图 1-5-5 所示，将溢流阀连接在系统的回油路上，在回油路中形成一定的回油阻力（背压），以改善液压执行元件运动的平稳性。

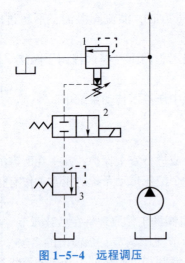
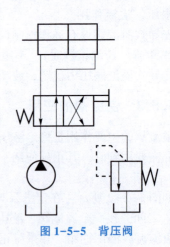

图 1-5-4　远程调压　　　　　　　　　图 1-5-5　背压阀

1—先导式溢流阀；2—换向阀；3—远程调压阀

1.5.4　调压回路

调压回路是根据系统负载的大小来调节系统工作压力的回路，主要由溢流阀组成。

1. 单级调压回路

图 1-5-6（a）所示为由溢流阀组成的压力调定回路，用于定量液压泵系统中。在液压泵出口处并联设置溢流阀，可以控制液压传动系统的最高压力值。必须指出，为了使系统压力近于恒定，液压泵输出油液的流量除满足系统工作用油量和补偿系统泄漏外，还必须保证有油液经溢流阀流回油箱。所以，这种回路效率较低，一般用于流量不大的场合。

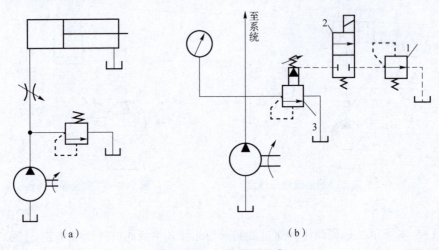

图 1-5-6　二级调压回路

(a) 单级调压回路；(b) 二级调压回路
1—先导式溢流阀；2—换向阀；3—直动式溢流阀

2. 二级调压回路

图 1-5-6（b）所示为二级调压回路，可实现两种不同的系统压力控制，由先导式溢流

阀和直动式溢流阀各调一级。

3. 多级调压回路

如图 1-5-7 所示，由溢流阀 1、2、3 分别控制系统压力，从而组成三级压力调节回路。

1.5.5 粘压机液压传动系统的构建参考方案

粘压机工作时，不同的材料，其粘贴力也不相同，系统的压力必须与负载相适应，因此可在液压缸进油口和出油口前旁路连接一个溢流阀，来调定系统稳定压力。图 1-5-8 所示为采用三级调压回路实现粘压机工作的液压回路，图示工作状态下，泵的出口压力由阀 1 调定为最高压力；当换向阀 4 的左右电磁铁分别通电时，泵由远程调压阀 2 和 3 调定。阀 2 和 3 的调定压力必须小于阀 1 的调定压力值。通过阀 5 可以实现工作缸的工作与退回。当阀 5 的两个电磁铁都断电时，泵卸荷。

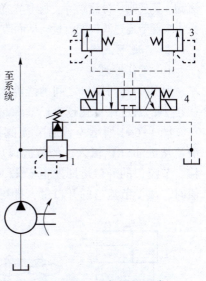

图 1-5-7 三级调压回路

1，2，3—溢流阀

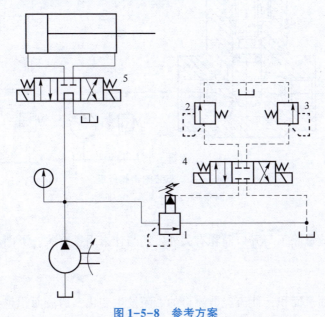

图 1-5-8 参考方案

1—先导式溢流阀；2，3—溢流阀；4，5—换向阀

任务 1.6 喷漆室传动带装置液压传动系统的构建

1.6.1 流量控制阀

在液压传动系统中，控制油液流量的阀称为流量控制阀，简称流量阀。常用的流量控制阀有节

流阀、调速阀、分流阀等。其中节流阀是最基本的流量控制阀。流量控制阀通过改变节流口的开口大小来调节通过阀口的流量，从而改变执行元件的运动速度，通常用于定量泵液压传动系统中。

1. 普通节流阀

1) 工作原理

利用阀芯与阀口之间的缝隙大小来控制流量，缝隙越小节流处的过流面积越小，通过流量就越少；缝隙越大通过的流量就越大。

图 1-6-1 所示为普通节流阀结构原理，其阀芯的锥台上开有三角形槽，形成节流口。液流从进油口 P_1 流入，经节流口后，从阀的出油口流出。转动调节手轮，阀芯产生轴向位移，节流口的开口量即发生变化。阀芯越上移开口量就越大。当节流阀的进出口压力差为定值时，改变节流口的开口量，即可改变流过节流阀的流量。

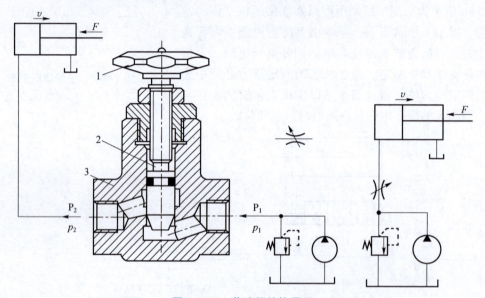

图 1-6-1 节流阀结构原理
1—调节手轮；2—阀芯；3—阀体

通过节流阀的流量除了与开口面积有关外，还与什么因素有关？下面来分析通过节流口的流量特性。

2) 流量特性

改变节流口的通流面积，使流经节流口的液阻发生变化，通流面积越小，油液受到的液阻越大，通过阀口的流量就越小，从而调节流量的大小，这就是流量控制阀的工作原理。大量试验证明，节流口的流量特性可以用下式表示：

$$q_v = KA_0(\Delta p)^n \tag{1-6-1}$$

式中，q_v ——通过节流口的流量；

A_0 ——节流口的通流面积；

Δp ——节流口前后压力差；

K ——流量系数；

n ——节流口形式参数，一般在 0.5~1.0 之间，节流路程短时取小值，节流路程长时取大值。

图 1-6-1 所示的节流阀,其节流口的前后压回差 $\Delta p = p_1 - p_2 = p_1 - \dfrac{F}{A}$,式中 A 为液压缸无杆腔的有效作用面积。

由此可知,节流阀前后压力差随负载变化而变化,实践证明温度变化对流量的影响也比较大。

2. 单向节流阀

如图 1-6-2 所示,节流阀和单向阀同做在一个阀体上,称为单向节流阀,同时起节流阀和单向阀的作用。当压力油从油口 P_1 流入时,油液经阀芯上的轴向三角槽节流口从油口 P_2 流出,旋转手柄可改变节流口通流面积大小而调节流量。当压力油从油口 P_2 流入时,在油压作用力作用下,阀芯下移,压力油从油口 P_1 流出,起单向阀作用。

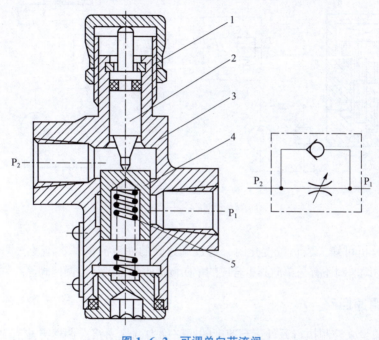

图 1-6-2 可调单向节流阀
1—调节旋钮;2—顶杆;3—阀体;4—阀芯;5—弹簧

由于普通节流阀工作中随外部负载的变化,节流阀前后的压力差 Δp 将发生变化,通过节流阀的流量也随之变化而使速度不稳定。因此,其只适用于负载和温度变化不大或速度稳定性要求不高的场合。在速度稳定性要求高的场合,则要使用流量稳定性好的调速阀。

3. 调速阀

调速阀是由一个定差减压阀和一个可调节流阀串联组合而成的。用定差减压阀来保证可调节流阀前后的压力差 Δp 不受负载变化的影响,从而使通过节流阀的流量保持稳定。

图 1-6-3 所示为调速阀的工作原理。压力油液 p_1 经减压口 h(油液流经小口产生压力损失,开口越小压力损失越大,即开口越小减压效果越明显,反之亦然),减压后以压力 p_2 进入节流阀,然后以压力 p_3 进入液压缸左腔,推动活塞以速度 v 向右运动。节流阀前后的压力差 $\Delta p = p_2 - p_3$。减压阀阀芯上端的油腔 b 经通道 a 与节流阀出油口相通,其油液压力为 p_3;其肩部油腔 c 和下端油腔 e 经通道 d 和 f 与节流阀进油口(即减压阀出油口)相通,其油液

压力为 p_2。当作用于液压缸的负载 F 增大时，压力 p_3 也增大，作用于减压阀阀芯上端的液压力也随之增大，使阀芯下移，减压阀进油口处的开口加大，压力降减小，因而使减压阀出口（节流阀进口）处压力 p_2 增大，结果保持了节流阀前后的压力差 $\Delta p = p_2 - p_3$ 基本不变。当负载 F 减小时，压力 p_3 减小，减压阀阀芯上端油腔压力减小，阀芯在油腔 c 和 e 中压力油（压力为 p_2）的作用下上移，使减压阀口开口减小，压力降增大，因而使 p_2 随之减小，结果仍保持节流阀前后压力差 $\Delta p = p_2 - p_3$ 基本不变。

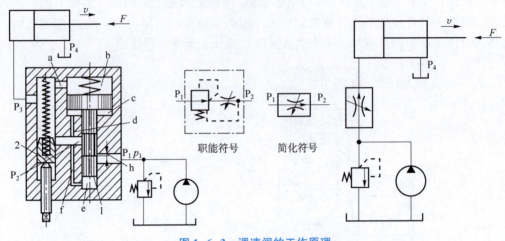

图 1-6-3 调速阀的工作原理
1—减压阀阀芯；2—节流阀芯

通过以上分析可知，当负载变化时，通过调速阀的油液流量基本不变，调速稳定性好。其他常用的调速阀还有与单向阀组合成的单向调速阀和温度补偿调速阀等。

1.6.2 调速回路

通过改变流量来控制执行元件运动速度的回路称为调速回路。调速方法有定量泵的节流调速、变量泵的容积调速和容积节流复合调速三种。其中最常用的是节流调速。

1. 节流调速回路

在采用定量泵的液压传动系统中安装节流阀或调速阀，通过调节其通流面积来调节进入液压缸的流量，从而调节执行元件速度的方法称为节流调速。根据节流阀在油路中安装位置的不同，可分为进油节流调速、回油节流调速、旁路节流调速等多种形式。其中最常用的是进油节流调速回路和回油节流调速回路。

1）进油节流调速回路

如图 1-6-4 所示，把流量控制阀装在执行元件的进油路上的，压力油总是通过节流之后才进入液压缸，通过调整节流口的大小，控制进入液压缸的流量，从而改变其运动速度，这种调速回路称为进油节流调速回路。

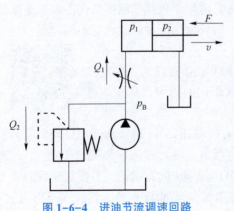

图 1-6-4 进油节流调速回路

回路工作时,液压泵输出的油液(压力 p_B 由溢流阀调定),经可调节流阀进入液压缸左腔,推动活塞向右运动,右腔的油液则流回油箱。液压缸左腔的油液压力 p_1 由作用在活塞上的负载阻力 F 的大小决定。液压缸左腔的油液压力 $p_2 \approx 0$。进入液压缸油液的流量 Q_1 由可调节流阀调节,多余的油液 Q_2 经溢流阀回油箱。

当活塞带动工作机构以速度 V 向右做匀速运动时,作用在活塞两个方向上的力互相平衡,即

$$p_1 A_1 = F + p_2 A_2$$

式中,p_1——液压缸左腔油压,Pa;
　　　p_2——液压缸右腔油压,Pa;
　　　F——作用在活塞上的负载阻力,N;
　　　A_1——活塞无杆腔有效作用面积,m^2;
　　　A_2——活塞有杆腔有效作用面积,m^2。

整理得

$$p_1 = \frac{F}{A_1} \tag{1-6-2}$$

设可调节流阀前后的压力差为 Δp,则

$$\Delta p = p_B - p_1 = p_B - \frac{F}{A_1}$$

设节流阀的开口面积为 A_0,由式(1-6-1)可得,流经可调节流阀流入液压缸左腔的流量:

$$Q_1 = KA_0(\Delta p)^n = KA_0\sqrt{\Delta p} \quad (\text{取 } n = 0.5)$$

所以活塞的运动速度

$$v = \frac{Q_1}{A_1} = \frac{KA_0}{A_1}\sqrt{\Delta p} = \frac{KA_0}{A_1}\sqrt{p_B - \frac{F}{A_1}} \tag{1-6-3}$$

进油节流调速回路的特点如下:

(1) 结构简单,使用方便。调节节流阀开口面积 A_0 即可方便地调节活塞运动的速度。

(2) 可以获得较大的推力和较低的速度。

液压缸回油腔压力低(接近于零),当采用单活塞杆液压缸无杆腔进油进行工作进给时,因活塞有效作用面积较大可以获得较大的推力和较低的速度。

(3) 速度稳定性差。

(4) 由式(1-6-3)可知,液压泵工作压力经溢流阀调定后基本恒定,可调节流阀调定后开口面积 A_0 也不变,活塞有效作用面积 A_1 为常量,所以活塞运动速度 v 将随负载 F 的变化而波动。

(5) 液压缸油前冲现象。由于回油路压力为零,当负载突然变小、为零或为负值(负载方向与运动方向相同时,活塞会产生突然前冲现象,因此运动平稳性差。为了提高运动的平稳性,通常在回油路中串联一个背压阀(换装大刚度弹簧的单向阀)或溢流阀。

(6) 回路效率较低。因液压泵输出的流量和压力在系统工作时经调定后均不变,所以液压泵的输出功率为定值。当执行元件在轻载低速下工作时,液压泵输出功率中有很大部分消耗在溢流阀(流量损耗)和可调节流阀(压力损耗)上,系统效率很低。功率损耗会引起油液发热,使进入液压缸的油液温度升高,导致泄漏增加。

综上所述,进油节流调速回路一般应用于功率较小、负载变化不大的液压传动系统中。

2) 回油节流调速回路

把流量控制阀装在执行元件的回油路上的调速回路称为回油节流调速回路，如图1-6-5所示。

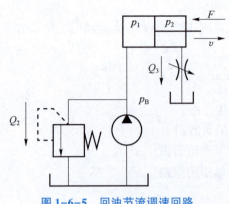

图1-6-5 回油节流调速回路

当活塞匀速运动时，活塞上的作用力平衡方程式为

$$p_1 A_1 = F + p_2 A_2$$

式中，p_1——由溢流阀调定液压泵的工作压力，即

$$p_1 = p_B$$

所以

$$p_2 = \frac{p_1 A_1 - F}{A_2} = \frac{p_B A_1}{A_2} - \frac{F}{A_2}$$

可调节流阀前后的压力差

$$\Delta p = p_2 = \frac{p_B A_1}{A_2} - \frac{F}{A_2}$$

所以活塞的运动速度

$$v = \frac{Q_3}{A_2} = \frac{KA_0}{A_2}\sqrt{\Delta p} = \frac{KA_0}{A_2}\sqrt{\frac{p_B A_1}{A_2} - \frac{F}{A_2}}$$

此式与进油节流调速回路的公式基本相同，因此两种回路具有相似的调速特点，但回油节流调速回路有两个明显的优点：一是可调节流阀装在回油路上，回油路上有较大的背压，因此在外界负载变化时可起缓冲作用，运动的平稳性比进油节流调速回路要好；二是回油节流调速回路中，经可调节流阀后压力损耗而发热，导致温度升高的油液直接流回油箱，容易散热。

回油节流调速回路广泛应用于功率不大、负载变化较大或运动平稳性要求较高的液压传动系统中。

进油节流调速回路和回油节流调速回路的速度稳定性都较差，为了减小和避免运动速度随负载变化而波动，在回路中可用调速阀替代可调节流阀。

3) 旁油节流调速回路

节流阀接在与执行元件并联的旁油路上，构成旁路调速回路，如图1-6-6所示。液压泵输出的流量一部分经过节流阀流回油箱，一部分进入液压缸，在定量泵供油量一定的情况下，通过节流阀的流量大时，进入液压缸的流量就小，于是执行元件运动速度减小，反之则速度增大。由于溢流阀已由节流阀承担，故溢流阀实为安全阀，常态时关闭，过载时打开，其调定压力为最大工作压力的 1.1~1.2 倍，故泵工作过程中压力随负载变化。

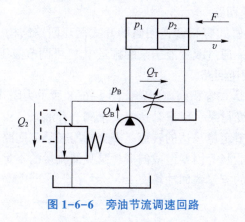

图 1-6-6 旁油节流调速回路

在旁油节流调速回路中，活塞受力平衡方程为

$$p_1 A_1 = F + p_2 A_2$$

其中，$p_2 = 0$，$p_1 = \dfrac{F}{A_1}$。

节流阀前后压差为

$$\Delta p = p_1 = \dfrac{F}{A_1}$$

流经节流阀的流量为

$$Q_T = K A_0 \sqrt{\Delta p} = K A_0 \dfrac{F}{A_1}$$

$$v = \dfrac{Q_B - Q_T}{A_1} = \dfrac{Q_B - K A_0 \dfrac{F}{A_1}}{A_1}$$

旁油节流调速回路的特点如下：

（1）一方面没有背压而使执行元件运动速度不稳定，另一方面由于液压泵压力随负载变化而变化，故引起液压泵泄漏量也随之变化，导致液压泵实际输出量的变化，增加了执行元件运动的不平稳性。

（2）随着节流口开口增大，系统能承受的最大负载将减小，即低速时承载能力小。与前面两个回路相比，它的调速范围小。

（3）液压泵的压力随负载而变，溢流阀无溢流损耗，所以功率相对比较经济，效率比较高。

应用：这种回路适用于负载变化小，对运动平稳性要求不高的重载高速系统。

2. 容积调速回路

容积调速回路通过改变变量泵或变量液压马达的排量来对液压缸（液压马达）进行无级调速。这种调速回路无节流损失和溢流损失，回路效率高，发热少，适用于高压大流量的大型机床、矿山机械和工程机械等大功率设备的液压传动系统。

根据液压泵和执行元件的组合方式分为泵—缸式容积调速回路和泵—马达式容积调速回路两种。

1）泵—缸式容积调速回路

图 1-6-7 所示为泵—缸式容积调速回路的开式循环回路结构。它由变量泵、液压缸和起安全作用的溢流阀组成。通过改变液压泵的排量 V_P，可调节液压缸的运动速度 v。

2）泵—马达式容积调速回路

（1）变量泵—定量马达式容积调速回路。图 1-6-8 所示为闭式循环的变量泵-定量马达式容积调速回路。回路由变量泵、定量马达、安全阀、补油泵、溢流阀、单向阀等组成。改变变量泵的排量，即可调节定量马达的转速。安全阀用来限定回路的最高压力，起过载保护作用。补油泵用以补充由泄漏等因素造成的变量泵吸油流量的不足部分。溢流阀调定补油泵的输出压力，并将其多余的流量溢回油箱。

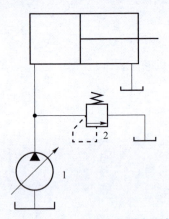

图 1-6-7　泵—缸式容积调速回路

1—变量泵；2—安全阀

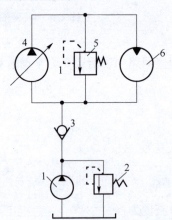

图 1-6-8　变量泵—定量马达式容积调速回路

1—补油泵；2—溢流阀；3—单向阀；
4—变量泵；5—安全阀；6—定量马达

（2）定量泵—变量马达式容积调速回路。图 1-6-9 所示为定量泵和变量马达构成的容积调速回路，是通过调节液压马达的排量，达到改变液压马达输出转速的目的。在负载转矩一定的条件下，该回路具有输出功率恒定的特性。

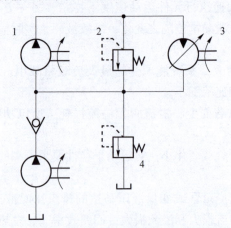

图 1-6-9　定量泵和变量马达式容积调速回路

1—定量泵；2，4—溢流阀；3—变量马达

1.6.3 喷漆室传动带装置液压传动系统参考方案

要想实现喷漆室传动带速度的调节，需要设计一个速度控制回路。速度控制回路通过改变系统中的流量，改变执行元件的速度，速度控制回路的主要元件是节流阀和调速阀。

分析以上流量控制阀的结构原理和各种调速回路后，根据喷漆室的工作要求，其速度控制所需的工作压力为 2.5 MPa 以下，所以选择齿轮泵作为动力元件；执行元件要求高速、小转矩，速度平稳性要求不高，噪声限制不大，所以选择高速小转矩齿轮马达；整个系统需要压力稳定的液压油并防止系统过载，选择溢流阀调节压力；喷漆室速度需要控制，选择调速阀进行速度调节，选择三位四通换向阀进行方向控制。将所选择元件组成定量泵和定量马达的调速回路。通过改变调速阀的开口面积，可以改变液压马达的转速，达到调节传动带速度的目的。喷漆室速度控制液压参考回路如图 1-6-10 所示。

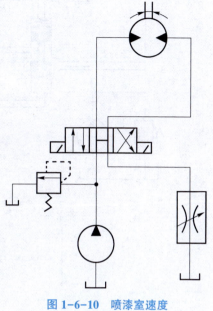

图 1-6-10 喷漆室速度控制液压参考回路

任务 1.7 夹紧装置液压传动系统的构建

1.7.1 减压阀

减压阀可降低系统中某一支路的压力，并保持压力稳定，使同一系统得到多个不同压力的回路。

1. 减压阀的工作原理和作用

如图 1-7-1 所示减压阀的工作原理中，分支油路所需压力低于主系统的工作压力，分支油路中高压油液 p_1 从进口 P_1 经过减压阀口 x 减压后，低压油液 p_2 从出油口 P_2 输出，通往执行元件液压缸，为液压缸提供稳定的低于主系统压力的压力油。

减压阀通过改变减压口的开口大小来达到减压的目的，开口越小，减压效果越明显，反之亦然。

减压阀是如何改变减压口的大小，从而达到减压目的的呢？

如图 1-7-1 所示，减压阀的出口压力 p_2 除了输往液压缸外，还流到主阀芯的下腔 d，同时还流经阻尼孔，到达主阀芯的上腔 b，使先导阀芯受到往左的液压力。调节调压弹簧，先导锥阀受到往右的弹簧力与往左的液压力相平衡。

当出口压力比较低，不足以克服先导阀弹簧的弹簧力时，先导阀口关闭，b 腔的油液不流动，没有油流过阻尼孔，阻尼孔两端没有压力差，主阀芯的上下腔压力相等，主阀弹簧把主阀芯压到最底端，减压阀口 x 开到最大，不起减压作用。

当系统的压力升高，超过先导调压弹簧的调定压力时就能够克服先导调压弹簧的弹簧力，打开先导锥阀，油液经过先导锥阀流回油箱，由于阻尼孔的作用，主阀芯上腔压力低于

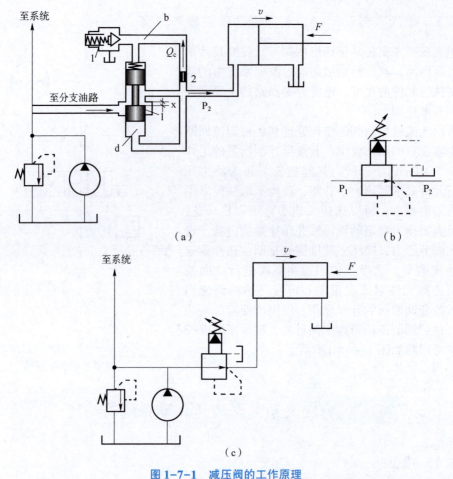

图 1-7-1 减压阀的工作原理
1—调压弹簧；2—阻尼孔
（a）减压结构图；（b）职能符号；（c）减压回路

下腔压力，当上下腔压力差大于主阀芯重力、摩擦力、主阀弹簧的弹簧力之和时，主阀芯向上移动，使减压阀口 x 减小，阻力加剧，出口压力 p_2 随之下降，直到作用在主阀芯上的诸力相平衡，主阀芯便处于新的平衡位置，减压阀口 x 保持一定的开启量，保证出口压力基本保持恒定，从而控制出口低压油 p_2 基本保持恒定压力，该恒定压力等于先导弹簧的调定压力。

由上分析可知，减压阀的作用是减压，并稳定出口压力。

减压阀根据结构和工作原理不同，分为直动式减压阀和先导式减压阀两类。一般用先导式减压阀。

2. 先导式减压阀的结构原理

图 1-7-2 所示为先导式减压阀的结构和职能符号。与先导式溢流阀相似，也是由先导阀和主阀两部分组成。调节先导弹簧的预压缩量，得到调定压力。工作时液压传动系统主油路的高压油液从进油口 P_1 进入减压阀，经减压口 e 减压后，低压油液从出油口 P_2 输出。同时低压油液 p_2 经主阀芯下端通油槽 a、主阀芯的阻尼孔 b，进入主阀芯上端油腔 c，且经通道 d 进入先导阀锥阀 2 左端油腔，给锥阀一个向右的液压力。该液压力与调压弹簧的弹簧力相平衡。

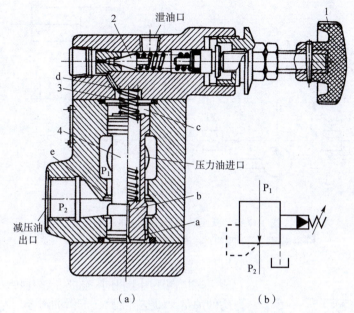

图 1-7-2　先导式减压阀的结构和职能符号

（a）结构；（b）职能符号

1—调节手轮；2—先导阀锥阀（阀芯）；3—主阀弹簧；4—主阀芯；
（a）通油槽；b—阻尼孔；c—油腔；d—通道；e—减压口

当减压阀口出口压力 p_2 小于调定压力时，先导阀锥阀阀芯在弹簧力的作用下关闭，阻尼孔 b 无油液流过，主阀芯 4 上下腔的压力相等。主阀芯在弹簧的作用下处于最下端位置。此时，主阀芯进出油口之间的通道间隙最大，主阀芯全开，不起减压作用，减压阀进出口压力相等。当阀的出口压力达到调定值时，先导阀打开，主阀芯上腔的油液经泄油口 L 流回油箱，这部分油液流动以后阻尼孔产生压差，主阀芯上下腔压力不等，下腔压力大于上腔压力，其差值克服主阀弹簧的作用使阀芯上抬，此时减压阀间隙减小，减压作用增强，使出口压力 p_2 低于进口压力 p_1，直到作用在主阀芯上的诸力相平衡，主阀芯便处于新的平衡位置，减压阀保持一定的开启量，从而控制出口低压油 p_2 基本保持恒定压力，该恒定压力等于先导弹簧的调定压力。

先导式溢流阀和先导式减压阀的主要区别是：减压阀的出油口接往执行元件，而溢流阀出油口一般接油箱；减压阀是出口压力控制阀芯移动，而溢流阀是进油压力控制阀芯移动。由于减压阀的进、出口油液均有压力，所以先导阀的泄油不能像溢流阀一样在内部流入回油口，而必须设有单独的泄油口。在正常情况下，减压阀阀口开得很大（常开），而溢流阀阀口则关闭（常闭）。

3. 减压阀的应用

图 1-7-3 所示为减压阀用于夹紧油路的原理。液压泵输出的压力油由溢流阀 1 调定以满足主油路系统的工作要求。分支油路的压力经减压阀减压后，再流经单向阀供给夹紧缸夹紧工件。这是二级减压回路，当换向阀的电磁铁断电时，夹紧工件所需夹紧力的大小由减压阀来调节；当换向阀的电磁铁通电时，夹紧工件所需夹紧力的大小则由溢流阀 3 来调定。当工件夹紧后，液压泵向主油路系统供油。单向阀的作用是当泵向主油路系统供油时，使夹紧缸的夹紧力不受液压传动系统中压力波动的影响，起保压作用，防止工件松脱。

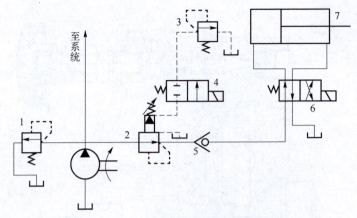

图1-7-3 减压阀用于夹紧油路的原理
1，3—溢流阀；2—减压阀；4，6—换向阀；5—单向阀；7—夹紧缸

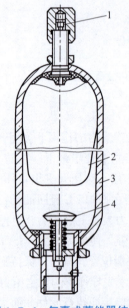

图1-7-4 气囊式蓄能器结构
1—充气阀；2—气囊；3—壳体；4—限位阀

减压阀还用于将同一油源的液压传动系统构成不同压力的油路，如控制油路、润滑油路等。为使减压油路正常工作，减压阀最低调定压力应大于0.5 MPa，最高调定压力至少应比主油路系统的供油压力低0.5 MPa。

1.7.2 蓄能器

蓄能器是液压传动系统中一个重要部件，对液压传动系统的经济性、安全性和可靠性都有极其重要的影响。

1. 常用蓄能器的种类和特点

蓄能器按储存能量的方式不同分为重力加载式（重锤式）、弹簧加载式（弹簧式）和气体加载式。气体加载式又分为非隔离式（气瓶式）和隔离式，而隔离式包括活塞式、气囊式和隔膜式等。这里只介绍气囊式蓄能器结构，如图1-7-4所示。

气囊式蓄能器由耐压壳体、弹性气囊、充气阀、提升阀和油口等组成。利用气体的压缩和膨胀来存储、释放压力能（气体和油液由蓄能器中的气囊隔开），这种蓄能器可做成各种规格，适用于各种大小型液压传动系统；胶囊惯性小，反应灵敏，适合用作消除脉动；不易漏气，没有油气混杂的可能；维护容易，附属设备少，安装容易，充气方便，是目前使用最多的。

2. 蓄能器的用途

蓄能器的功用主要是储存油液多余的压力能，并在需要时释放出来。在液压传动系统中，蓄能器的用途主要有以下几种。

1）作辅助动力源，用于存储能量和短期大量供油

若液压传动系统的执行元件在一个工作循环内运动速度相差较大，在系统无须大量油液时，可以把液压泵输出的多余压力油储存在蓄能器内，短时间需要时再由蓄能器快速释放给系统。可在液压传动系统中设置蓄能器，这样选择液压泵时可选用流量等于循环周期内平均流量的液压泵，以减小电动机功率消耗，降低系统温升。如图1-7-5所示，

液压缸停止运动后,系统压力上升,压力油进入蓄能器存储能量。当换向阀切换,使液压缸快速运动时,系统压力降低,此时,蓄能器中的压力油排放出来与液压泵同时向系统供油。

2)维持系统压力

在液压泵停止向系统提供油液的情况下,蓄能器能把储存的压力油供给系统,补偿系统泄漏或充当应急能源,使系统在一段时间内维持系统压力。如图1-7-6所示,夹紧工件后,液压泵压力达到系统最高工作压力时,液压泵卸荷,此时液压缸依靠蓄能器来保持压力并补偿泄漏,保持恒压,以保证工件的可靠夹紧,从而减少功率损耗。

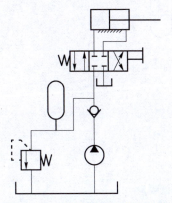

图1-7-5 蓄能器用于存储能量

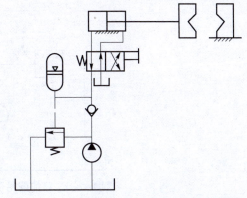

图1-7-6 蓄能器用于系统保压和补偿泄漏

3)作应急油源

液压设备在工作时遇到特殊情况,如泵故障或者停电等,执行元件应能继续完成必要的动作以紧急避险、保证安全。因此要求在液压传动系统中设置适当容量的蓄能器作为紧急动力源,避免油源突然中断所造成的机件损坏,图1-7-7所示为蓄能器作应急油源的回路。

4)缓和液压冲击

如图1-7-8所示,当液压缸停止运动,换向阀突然换向或关闭,液压泵突然停转,执行元件

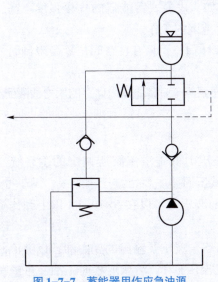

图1-7-7 蓄能器用作应急油源

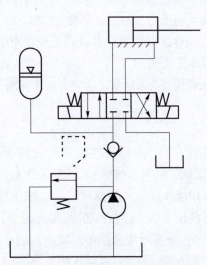

图1-7-8 蓄能器用于缓和液压冲击

运动突然停止等,液压传动系统管路内的液体流动会发生急剧变化,产生液压冲击。因这类液压冲击大多发生于瞬间,液压传动系统中的安全阀来不及开启,因此常常造成液压传动系统中的仪表、密封损坏或管道破裂。若在冲击源的前端管路安装蓄能器,则可以缓和这种液压冲击。

5) 吸收脉动,降低噪声

如图1-7-9所示,液压泵的流量脉动会使执行元件速度不均匀,引起系统压力脉动导致振动和噪声。因此,通常在液压泵的出口处安装蓄能器吸收脉动、降低噪声,减少因振动损坏仪表和管接头等元件。

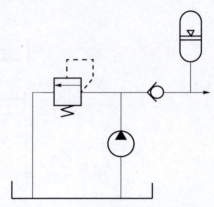

图1-7-9 蓄能器用于吸收脉动降低噪声

3. 蓄能器的使用和安装

蓄能器在液压回路中的安放位置除了考虑检修之外,还随其功用而不同:吸收液压冲击或压力脉动时宜放在冲击源或脉动源旁;补油保压时宜放在尽可能接近有关的执行元件处。

蓄能器使用时还需注意以下几点:

(1) 气体加载式蓄能器中应使用惰性气体(一般为氮气),允许工作压力由结构形式而定,例如皮囊式为3.5~32 MPa。

(2) 不同的蓄能器各有其适用的工作范围,例如,皮囊式蓄能器的皮囊强度不高,不能承受很大的压力波动,且只能在-20~70 ℃的温度范围内工作。

(3) 气体加载式蓄能器原则上应垂直安装(油口向下),只有在空间位置受限制时才允许倾斜或水平安装。

(4) 蓄能器与液压泵之间应安装单向阀,防止液压泵停车时蓄能器内储存的压力油液倒流。

1.7.3 减压回路

若系统中某个执行元件或某个支路所需的工作压力低于溢流阀所调定的主系统压力(如控制系统、润滑系统等),就要采用减压回路。减压回路主要由减压阀组成。图1-7-10所示为采用减压阀组成的减压回路。减压阀出口的油液压力可以在$5×10^5$ Pa以上到比溢流阀所调定的压力小$5×10^5$ Pa的范围内调节。

图1-7-11所示为采用单向减压阀组成的减压回路。液压泵输出的压力油,以溢流阀调定的压力进入液压缸2,以减压阀减压后的压力进入液压缸1。活塞返程时,油液可经单向阀直接回油箱。图1-7-12所示为二级减压回路。

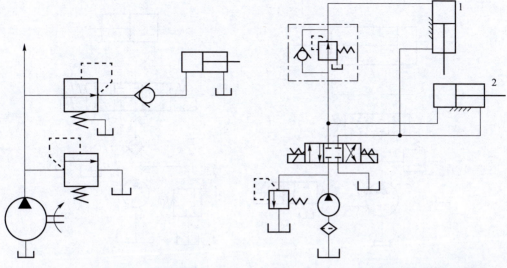

图 1-7-10 采用减压阀的减压回路　　图 1-7-11 采用单向减压阀的减压回路
1，2—液压缸

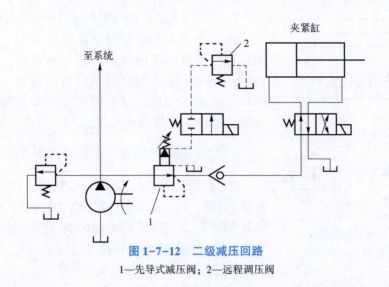

图 1-7-12 二级减压回路
1—先导式减压阀；2—远程调压阀

1.7.4 卸荷回路

当液压传动系统中的执行元件短时间停止工作在不停止泵的驱动电机的情况下，应使泵卸荷，空载运转，避免电动机频繁启动，减少功率损耗，降低系统发热，延长泵和电动机的寿命。

常见的卸荷回路有以下几种：

1. 用换向阀直接卸荷

图 1-7-13（a）所示为用换向阀的卸荷回路。回路利用二位二通换向阀使泵直接卸荷，图 1-7-13（b）所示的卸荷回路采用 M（或 H 和 K）型中位机能对泵进行卸荷，三位换向阀处于中位时，泵即卸荷，这种回路切换时压力冲击小，但回路中必须设置单向阀，以使系统能保持 0.3 MPa 左右的压力，供操纵控制油路之用。

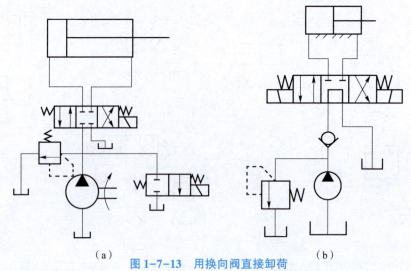

(a)   图 1-7-13 用换向阀直接卸荷   (b)

(a)用二位二通换向阀卸荷；(b)用三位四通换向阀中位卸荷

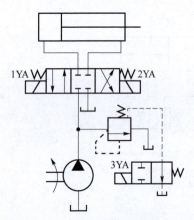

图 1-7-14 用先导式溢流阀的
远程控制口实现的卸荷回路

2. 用先导式溢流阀的远程控制口卸荷

图 1-7-14 所示为用先导式溢流阀的远程控制口实现的卸荷回路。回路中若 3YA 通电，使先导式溢流阀的远程控制口直接通过二位二通电磁阀直接与油箱相连，使泵卸荷，这种卸荷回路卸荷压力小，切换时冲击也小。

1.7.5 保压回路

在液压传动系统中，常常要求液压执行机构在工作循环的某个阶段，为了维持系统压力稳定或防止局部压力波动影响其他部分，如在液压泵卸荷并要求局部系统仍要维持原来的压力时，就需采用保压回路来实现其功能。保压回路可以使用密封性能较好的液控单向阀回路，但是阀类元件的泄漏使这种回路的保压时间不能维持太久。常用的保压回路有以下几种：

1. 利用蓄能器-压力继电器的保压回路

图 1-7-15 所示为利用蓄能器-压力继电器实现的保压回路。回路中蓄能器用来给液压缸保压并补充泄漏，当系统压力上升使压力继电器动作时，二位二通换向阀的电磁铁 3YA 通电，泵卸荷。当因泄漏等原因使压力下降到某一值时，压力继电器又发信息使二位二通阀的电磁铁失电，液压泵重新使系统升压。此回路适用于保压时间长，要求功率损失小的场合。

2. 利用单向阀的保压回路

图 1-7-16 所示为利用单向阀的保压回路，当系统压力较低时，低压大排量液压泵和高压小排量液压泵同时向系统供油。当系统压力升高到卸荷阀的调定压力时，低压液压泵卸荷，单向阀使高压液压泵保压，溢流阀用于调定系统压力。

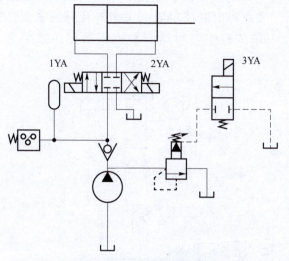

图 1-7-15　利用蓄能器-压力
继电器实现的保压回路

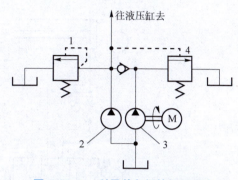

图 1-7-16　利用单向阀的保压回路

1—溢流阀；2—高压小排量泵；
3—低压大排量泵；4—卸荷阀

3. 自动补油保压回路

图 1-7-17 所示为自动补油保压回路，其工作原理为：按下启动按钮，电磁铁 1YA 得电，换向阀右位工作，液压缸上腔成为压力腔，当其压力上升至上限值时，上触点接电，电磁铁 1YA 失电，换向阀处于中位，液压泵实现卸荷，由液控单向阀来实现液压缸的保压。当液压缸上腔压力下降到预定下限值时，电接触式压力表又发出信号，使 1YA 得电，液压泵向系统供油，使得系统压力上升。当液压缸上腔压力达到上限值时，上触点接电，1YA 再次失电，液压泵实现卸荷。这种回路适用于保压时间不太长、保压稳定性要求不太高，但要求功率损失较小的场合。

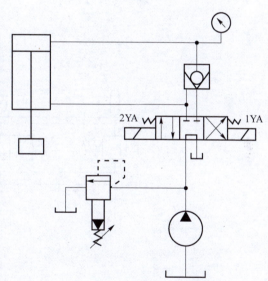

图 1-7-17　自动补油保压回路

1.7.6　夹紧装置液压传动系统的构建参考方案

本项目主要研究的是如何在较长时间内保持系统局部压力的稳定，因此回路设计要具有保压功能，保证在加工期间，夹紧装置保持足够的夹紧力。同时应该避免因夹紧速度过快，造成工件的损坏。要保证暂停加工工件的过程中泵处于无功率运转状态以节约能源。

图 1-7-18 所示为本项目的参考方案，考虑采用三种不同的方法进行保压，一是利

用中位截止的换向阀，如 M 型中位或 O 型中位的换向阀，利用其本身的截止功能封闭液压缸中的油液，实现夹紧压力的保持；二是利用液控单向阀关闭时良好的密封性来实现保压；三是利用蓄能器来进行保压。在试验中将对这三种方案的保压效果进行比较。

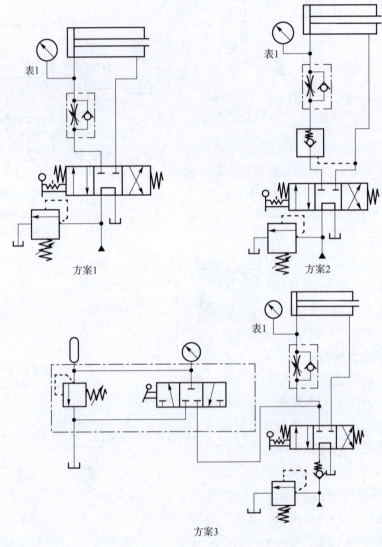

图 1-7-18　参考方案

另外对于夹紧装置来说，还应考虑到要避免因夹紧速度过快，造成工件的损坏。所以回路中采用一个单向节流阀，对液压缸的伸出进行节流控制，降低夹紧速度，减小夹具对工件的损伤。

换向阀处于中位进行保压时，泵应卸荷，低压回油。所以换向阀采用 M 型或 H 型这种 PT 导通的中位，使换向阀处于中位时，油泵与油箱直接连通，进行卸荷。

为方便试验现象的观察，回路中换向阀采用手动操控换向。

任务1.8　专用刨削设备液压传动系统的构建

1.8.1　单活塞杆液压缸的控制

图1-8-1所示为单活塞杆液压缸的连接。回路中，当电磁铁处于不同的通断电状态时，单活塞杆液压缸有不同的连接方式，可以实现液压缸不同的运动。

1. 单活塞杆液压缸的一般连接

如图1-8-2（a）所示，当图1-8-1所示回路中的1YA通电、2YA断电时的油路连接情况，油液进入无杆腔，有杆腔回油，推动活塞以 v_1 的速度前进（伸出），其产生的液压力可以克服的负载为 F_1，如图1-8-2（b）所示；当1YA断电、2YA通电时的油路连接情况，油液进入有杆腔，无杆腔回油，推动活塞以 v_2 的速度后退（缩回），其产生的液压力可以克服的负载为 F_2。

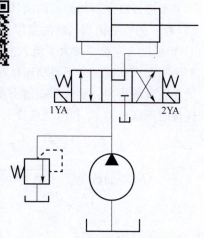

图1-8-1　单活塞杆液压缸的连接

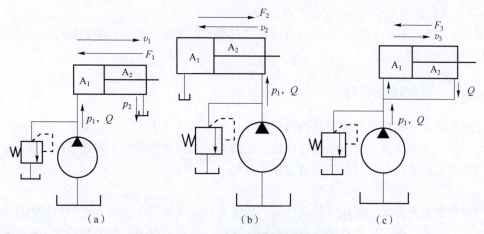

图1-8-2　单活塞杆液压缸的连接

由于液压缸两腔的有效工作面积不等，因此它在两个方向上的输出推力和速度也不等，若进入两腔的油压相等，大小均为 p_1，回油压力 $p_2 \approx 0$。设泵的输出流量为 Q，则活塞向右和向左产生的液压推力分别为

$$F_1 = p_1 A_1, \quad F_2 = p_1 A_2$$

则活塞向右和向左的速度分别为

$$v_1 = \frac{Q}{A_1}, \quad v_2 = \frac{Q}{A_2}$$

由于 $A_1 > A_2$，故得 $F_1 > F_2$，$v_1 < v_2$，说明液压缸后退的速度比前进的速度快，而后退产生

的推力比前进产生的推力小。

2. 单活塞杆液压缸的差动连接

图 1-8-2（c）所示为 1YA 和 2YA 同时断电时（见图 1-8-1）油路的连接状况。此时单杆活塞缸在其左右两腔都接通高压油，称为差动连接。

差动连接缸左右两腔的油液压力相同，但是由于左腔（无杆腔）的有效面积大于右腔（有杆腔）的有效面积，故活塞以 v_3 的速度前进（伸出），同时使右腔中排出的油液（流量为 Q'）也进入左腔，加大了流入左腔的流量（$Q+Q'$），从而也加快了活塞移动的速度。实际上活塞在运动时，由于差动连接时两腔间的管路中有压力损失，所以右腔中油液的压力稍大于左腔油液压力，而这个差值一般较小，可以忽略不计。设其可产生的推力为 F_3，则差动连接时活塞推力 F_3 和运动速度 v_3 为

$$F_3 = p_1(A_1 - A_2) = p_1 \frac{\pi d^2}{4}$$

进入无杆腔的流量：

$$v_3 = \frac{4Q}{\pi d^2}$$

比较：v_2（快退速度）$> v_1$（工（慢）进速度）

v_3（快进速度）$> v_1$（工进速度）

F_2（快退的推力）$< F_1$（工进的推力）

F_3（快进的推力）$< F_1$（工进的推力）

由以上分析可知，控制单活塞杆液压缸的三种不同连接方式，可实现执行元件快进、工进、快退的动作循环。

1.8.2 速度换接回路

速度换接回路的功用是使液压执行机构在一个工作循环中从一种运动速度换到另一种运动速度，因而这个转换不仅包括快速转慢速的换接，而且也包括两个慢速之间的换接。实现这些功能的回路应该具有较高的速度接换平稳性。

1. 快速运动回路

为了提高生产效率，机床工作部件空行程时往往要求速度比较快。在不增加液压泵流量的情况下，提高执行元件的速度，可以采用快速运动回路。以下介绍几种机床上常用的快速运动回路。

1）差动连接快速运动回路

这是在不增加液压泵输出流量的情况下，提高工作部件运动速度的一种快速回路，其实质是改变了液压缸的有效作用面积。

图 1-8-3 所示为差动连接快速运动回路，用于快、慢速转换，其中快速运动采用差动连接的回路。当换向阀 1 的左端电磁铁通电，而换向阀 3 的电磁铁断电时，液压泵输出的压力油同缸右腔的油经换向阀 3 左位也进入液压缸的左腔，实现了差动连接，使活塞快速向左运动。当快速运动结束，换向阀 3 电磁铁通电时，回油经换向阀 3 右位，经单向调速阀流回油箱（非差动连接）。采用差动连接的快速回路方法简单，较经济，但快、慢速度的换接不够平稳。

2）双泵供油的快速运动回路

图1-8-4所示为双泵供油的快速运动回路。这种回路是利用低压大流量泵和高压小流量泵并联为系统供油。

当换向阀的电磁铁断电时液压缸快速运动，此时液压泵输出的油经单向阀和液压泵2输出的油共同向系统供油，回油经换向阀流回油箱。在工作进给时，系统压力升高，打开外控顺序阀使液压泵1卸荷，此时单向阀关闭，由液压泵2单独向系统供油，回油经过节流阀流回油箱。溢流阀根据系统所需最大工作压力来调节液压泵2的供油压力，由于顺序阀使液压泵1在快速运动时供油，在工作进给时卸荷，因此它的调整压力应高于快速运动时系统所需的压力，同时应低于溢流阀的调定压力。

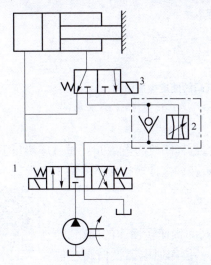

图1-8-3 能实现差动连接的速度控制回路
1，3—换向阀；2—单向调速阀

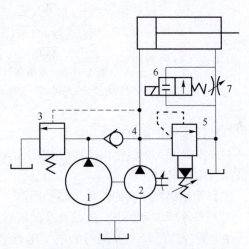

图1-8-4 双泵供油的快速运动回路
1，2—液压泵；3—顺序阀；4—单向阀；5—溢流阀；
6—换向阀；7—节流阀

双泵供油回路功率利用合理，效率高，并且速度换接较平稳，在快、慢速度相差较大的机床中应用很广泛，缺点是要用一个双联泵，油路系统也稍复杂。

2. 速度换接回路

设备工作部件在自动循环工作过程中需要进行速度转换。例如机床的二次进给工作循环为快进→工进Ⅰ→工进Ⅱ→快退，就存在着速度换接的问题。速度换接过程要平稳，即不允许在速度变换的过程中有前冲（速度突然增加）现象。

（1）单向行程节流阀快进与工进的速度换接回路。

图1-8-5所示为用单向行程节流阀的快速运动（简称快进）与工作进给运动（简称工进）的速度换接回路。图示位置液压缸右腔的回油可经行程阀和换向阀流回油箱，使活塞快速向右运动。当快速运动到达所需位置时，活塞上挡块压下行程阀，将其通路关闭，这时液压缸右腔的回油就必须经过节流阀流回油箱，活塞的运动转换为工进速度。当操纵换向阀换向后，压力油可经换向阀和单向阀进入液压缸右腔，使活塞快速向左退回。

这种回路中，行程阀的阀口是逐渐开启和关闭的，所以速度换接比较平稳，换接时的位置精度高，冲出量小，比采用电气元件可靠。其缺点是行程阀必须安装在液压缸附近，所以

项目一 液压传动系统组建 61

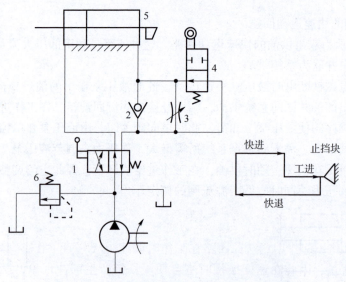

图 1-8-5 用单向行程节流阀的速度换接回路

1—换向阀；2—单向阀；3—节流阀；4—行程阀；5—液压缸；6—溢流阀

有时管路连接很长且稍复杂，压力损失较大。若将行程阀改为电磁阀，通过压块压下电器行程开关来操纵，其平稳性和换接精度都不如行程阀好。这种换接回路多用于大批量生产的专机液压传动系统中。

（2）用电磁换向阀的快慢速转换回路。

图 1-8-6 所示为利用二位二通换向阀和调速阀的快速转慢速的回路。当 1YA 通电时，2YA 和 3YA 同时断电、压力油经过三位四通电磁换向阀左位，流经二位二通换向阀进入液压缸的左腔，实现快进。当快进完成后系统压力升高，达到压力继电器的调定压力时，发出信号，控制 3YA 断电，油液只能通过调速阀进入液压缸，从而实现工作进给运动。

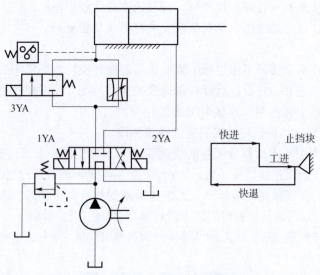

图 1-8-6 电磁换向阀的快慢速转换回路

这种换接回路,速度换接快,行程调节比较灵活,电磁阀可以安全可靠地安装在泵站的阀板上,方便实现自动控制,应用广泛。其缺点是运动平稳性较差。

两种工作进给速度的换接回路:

工程中有些设备,需要在自动工作循环中变换两种以上的工作进给速度,这时需要采用两种(或多种)工作进给速度的换接回路。

(1) 串联调速阀的速度控制回路。

图 1-8-7 所示为两个串联调速阀的速度控制回路。图中当 1YA 通电,3YA 和 2YA 同时断电时,液压泵输出的压力油经调速阀 A 和二位二通电磁阀进入液压缸,这时的流量由调速阀 A 控制。得到第一种工进速度,当需要第二种工进速度时,使 3YA 通电,其右位接入回路,则液压泵输出的压力油先经调速阀 A,再经调速阀 B 进入液压缸,这时的流量应由调速阀 B 控制。回路中调速阀 B 的开口应比调速阀 A 的开口小,否则调速阀 B 将不起作用。这种回路在工作时调速阀 A 一直工作,它限制着进入液压缸或调速阀 B 的流量,因此在速度换接时不会使液压缸产生前冲现象,换接平稳性较好。在调速阀 B 工作时,油液需经两个调速阀,故能量损失较大,常用于组合机床实现二次进给的油路中。

(2) 并联调速阀的速度控制回路。

图 1-8-8 所示为两个调速阀并联以实现两种工作进给速度换接的回路。图中,当 1YA 和 2YA、3YA 和 4YA 同时断电时,液压泵输出的压力油经换向阀进入液压缸的左腔,活塞快进。

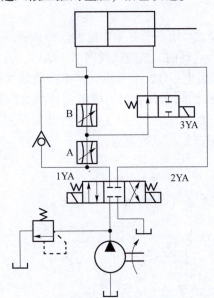

图 1-8-7 串联调速阀的速度控制回路

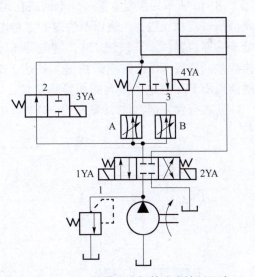

图 1-8-8 并联调速阀的速度控制回路

1—溢流阀；2,3—换向阀

当 1YA 和 3YA 通电,2YA 和 4YA 同时断电时,液压泵输出的压力油经调速阀 A 和电磁阀 3 进入液压缸,实现第一种工进速度。当需要第二种工进速度时,4YA 通电,其右位接入回路,液压泵输出的压力油经调速阀 B 和电磁阀进入液压缸。这种回路中两个调速阀的节流口可以单独调节,互不影响,即第一种工进速度和第二种工进速度互不限制。但一个调速

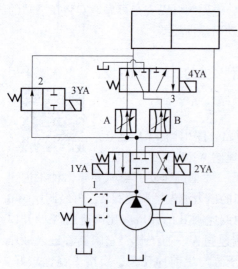

阀工作时,另一个调速阀中没有油液通过,它的减压口完全打开,在速度换接开始的瞬间不能起减压作用,容易出现部件突然前冲的现象。

如果将二位三通换向阀用二位五通换向阀代替,如图1-8-9所示,在这个回路中,当一个调速阀工作时,另一个调速阀仍然有油液流过,其减压阀口前后保持一定的压差,其内部减压口较小,换向阀换位使其接入油路时,不会出现工作部件突然前冲现象,因而工作可 靠。但是液压传动系统在工作中总有一定量的油液通过不起调速作用的那个调速阀流回油箱,造成能量损失,使系统发热。

图1-8-9 并联调速阀的速度控制回路
1—溢流阀;2,3—换向阀

1.8.3 专用刨削设备液压传动系统的构建

该刀架的运动要求实现空载快进-工作进给(工进)—快速退回(快退)的自动速度换接工作循环。目的是使不加工时具有较高的运动速度,提高生产效率;加工时有稳定的速度,保证加工质量。这就需要采用速度换接回路来实现。

1. 参考方案一

图1-8-10所示为参考方案一。本回路在设计时,利用一个P型中位的三位四通换向阀来实现液压缸活塞快进、工进以及快退的三种工况。启动前,电磁阀线圈1Y2通电,液压缸活塞处于缩回位置。按下按钮1S1,继电器K1线圈通电,1Y2线圈断电,换向阀切换到中位,构成差动连接,液压缸空载快进。到达1S2所在的预定位置时,继电器线圈K2通电,使电磁阀线圈1Y1通电,换向阀切换到左位,液压缸工作进给,对工件进行切削。刀架运动到1S3所在行程末端,K2线圈断电,1Y2通电,液压缸活塞快速返回。

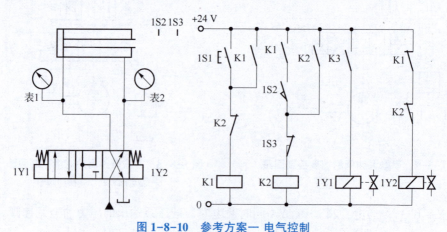

图1-8-10 参考方案一 电气控制

在这个回路中,我们发现工进速度不可调节,不能符合实际使用的需要。另外液压缸活塞完全回缩后，只要不关停液压泵，它始终处于高压溢流状态，能耗很大。

2. 参考方案二

方案一中我们发现工进速度不可调节，不能符合实际使用的需要。另外液压缸活塞完全回缩后，只要不关停液压泵，它始终处于高压溢流状态，能耗很大。对于后一个问题，可以通过利用先导式溢流阀的卸荷作用来解决。同时用调速阀进行速度调节，参考液压回路如图1-8-11所示，电气控制回路不再画出，具体动作情况请自行分析。

回路的工作过程为：启动后1YA、2YA得电，液压缸构成差动连接，快速进给；到达加工位置，行程开关1S1发出信号，2YA断电，液压缸通过调速阀回油节流调速缓慢伸出，工作进给；加工完毕，行程开关1S2发出信号，1YA断电，液压缸快速退回。需要卸荷时使3YA通电。

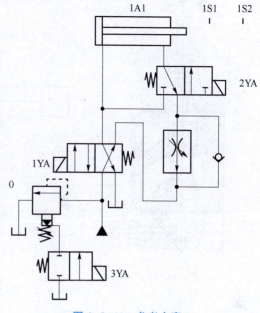

图1-8-11　参考方案二

任务1.9　钻床液压传动系统的构建

1.9.1　顺序阀

顺序阀是以压力作为控制信号，自动接通或切断某一油路的压力阀。由于它经常被用来控制执行元件动作的先后顺序，故称顺序阀。顺序阀实际上是个压力控制的油路开关。

图1-9-1所示为直动式顺序阀，其结构和工作原理都和直动式溢流阀相似。调节弹簧的预压缩量，得到调定压力。工作时压力油从进油口 P_1 进入阀体，经阀体及阀盖中间小孔流入主阀芯底部油腔，对阀芯产生一个向上的液压作用力。当进口油液的压力低于调定压力时，作用在主阀芯上的液压力小于弹簧力，在弹簧力作用下，阀芯处于最下端位置，P_1 和 P_2 两油口被隔开，油路关闭。当油液的压力升高到大于等于调定压力时，作用于阀芯底端的液压力大于调定的弹簧力，在液压力的作用下，阀芯上移，使进油口 P_1 和出油口 P_2 相通，压力油液从 P_2 口流出，通往执行元件，打开以后若系统的压力增大，则其进口和出口压力也会随之增大，即顺序阀并不起稳压作用，仅仅是个压力控制的油路开关。

与溢流阀的不同之处在于，顺序阀的出油口 P_2 不接油箱，而通向某一压力回路，因而其泄油口必须单独接回油箱，这种卸油方式称为外泄；如泄油口经内部通道并入出油口接回油箱，称为内泄。如图1-9-1所示的顺序阀控制压力油直接引自进油口，这种控制方式称为内控；若打开外控口C的螺塞，控制压力油另外从外部引入，称为外控。外控顺序阀的开启与否，与阀的进口压力大小没有关系，仅仅取决于控制压力大小。

顺序阀的结构分为直动式和先导式。根据控制压力来源的不同，分内控式和外控式，按弹簧腔泄油引出方式不同分为内泄和外泄。常见顺序阀的形式及职能符号见表1-9-1。

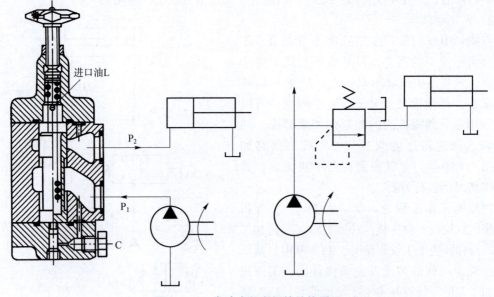

图 1-9-1 直动式顺序阀的结构原理

表 1-9-1 顺序阀的形式及职能符号

类型	内控外泄		外控外泄	内控内泄	外控内泄
职能符号					

1.9.2 压力继电器

压力继电器是用来将液压信号转换为电信号的辅助元器件。其作用是根据液压传动系统的压力变化自动接通或断开有关电路,以实现程序控制和安全保护作用。压力继电器实际上是一个压力控制的电气开关。

压力继电器按结构特点可分为柱塞式、膜片式、弹簧管式和波纹管式4种结构形式。图 1-9-2 所示为柱塞式压力继电器的原理。控制油口 P 与液压传动系统相通,压力油作用在柱塞下端,液压力直接与弹簧力相平衡。当油液压力大于或等于调定值时,柱塞向上移动,压下微动开关触头,发出电信号,使电气元件(如电磁铁、电机、时间继电器、电磁离合器等)动作。当控制油口的压力下降到一定数值时,弹簧将柱塞压下,微动开关触头复位。

旋转调节螺栓,改变弹簧的预压缩量,可以调节继电器的动作压力。压力继电器常用于机床中控制泵的启闭、卸荷、安全保护、控制执行元件的顺序动作等。

压力继电器必须安装在压力油有明显变化的地方才能输出电信号,不放在回油路上。图 1-9-3 所示为压力继电器用于控制两液压缸的顺序动作,动作顺序为 A 缸先伸出完成后,

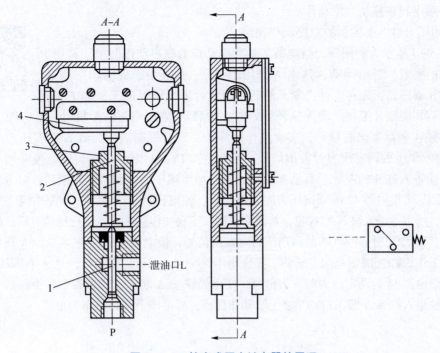

图 1-9-2 柱塞式压力继电器的原理
1—柱塞；2—顶杆；3—调节螺栓；4—微动开关

系统压力升高，当压力达到压力继电器的控制压力后，压力继电器发出电信号，通知二位二通电磁换向阀的电磁铁通电，使活塞 B 伸出，从而实现两缸的顺序动作。

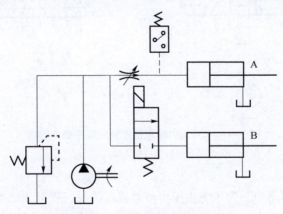

图 1-9-3 压力继电器的应用

1.9.3 顺序动作回路

控制多个执行元件顺序动作的回路称为顺序动作回路。其常用于自动车床中刀架的纵横向运动，夹紧机构的定位和夹紧等控制回路中。

1. 用压力控制的顺序动作回路

压力控制就是利用油路本身的压力变化来控制液压缸的先后动作顺序，它主要利用压力继电器和顺序阀来控制顺序动作。

1）用压力继电器控制的顺序动作回路

图 1-9-4 所示为利用压力继电器实现顺序动作的顺序动作回路。其用于控制机床的夹紧、进给运动，其中 A 缸用于夹紧，B 缸用于进给切削加工。要求的动作顺序是：先将工件夹紧，然后动力滑台进行切削加工，加工完成刀具退回后才能松开工件。动作循环开始时，按启动按钮，使 1YA 得电，换向阀 1 左位工作，液压缸 A 的活塞向右移动，实现动作顺序①；到行程端点后，缸 A 左腔压力上升，达到压力继电器 J1 的调定压力时发出信号，使电磁铁 1YA 断电，3YA 得电，换向阀 2 左位工作，压力油进入缸 B 的左腔，其活塞右移，实现动作顺序②；到行程端点后，缸 B 左腔压力上升，达到压力继电器 J2 的调定压力时发出信号，使电磁铁 3YA 断电，4YA 得电，换向阀 2 右位工作，压力油进入缸 B 的右腔，其活塞左移，实现动作顺序③；到行程端点后，缸 B 右腔压力上升，达到压力继电器 J3 的调定压力时发出信号，使电磁铁 4YA 断电，2YA 得电，换向阀 1 右位工作，缸 A 的活塞向左退回，实现动作顺序④。到行程端点后，缸 A 右端压力上升，达到压力继电器 J4 的调定压力时发出信号，使电磁铁 2YA 断电，1YA 得电，换向阀 1 左位工作，压力油进入缸 A 左腔，自动重复上述动作循环，直到按下停止按钮为止。

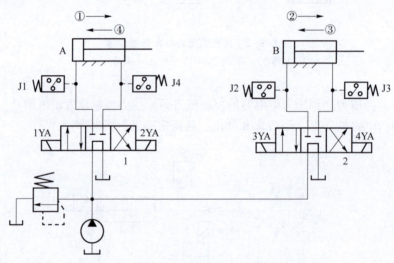

图 1-9-4　用压力继电器控制的顺序动作回路

1，2—换向阀

在这种顺序动作回路中，为了防止压力继电器在前一行程液压缸到达行程端点以前发生误动作，压力继电器的调定值应比前一行程液压缸的最大工作压力高 0.3~0.5 MPa，同时，为了能使压力继电器可靠地发出信号，其压力调定值又应比溢流阀的调定压力低 0.3~0.5 MPa。

2）用顺序阀控制的顺序动作回路

图 1-9-5 所示为采用两个单向顺序阀的压力控制顺序动作回路。其中顺序阀 4 控制两液压缸前进时的先后顺序，顺序阀 3 控制两液压缸后退时的先后顺序。当 1YA 通电时，压力油进入 A 缸的左腔，推动 A 缸活塞伸出，右腔经单向阀 5 回油，此时由于压力较低，顺序阀 4 关闭，B 缸的活塞暂时不动。当 A 缸的活塞运动至终点，油压升高至顺序阀 4 的调定

压力时，顺序阀开启，压力油进入 B 缸的左腔，推动 B 缸活塞伸出，右腔直接回油。当 B 缸伸出达到终点后，电磁铁 1YA 断电复位，2YA 通电，此时压力油进入 B 缸右腔，B 缸活塞缩回，左腔经单向阀 6 回油，到达终点后，油压升高打开顺序阀 3 进入 A 缸右腔，A 缸活塞缩回。

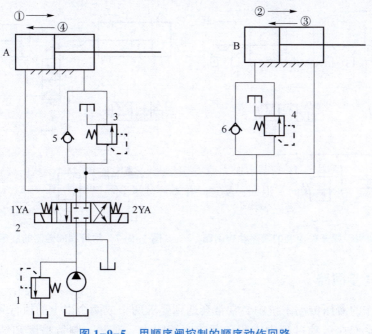

图 1-9-5　用顺序阀控制的顺序动作回路

1—溢流阀；2—换向阀；3，4—顺序阀；5，6—单向阀

这种顺序动作回路的可靠性在很大程度上取决于顺序阀的性能及其压力调整值。顺序阀的调整压力应比先动作的液压缸的工作压力高 $8\times10^5 \sim 10\times10^5$ Pa，以免在系统压力波动时发生误动作。

2. 用行程控制的顺序动作回路

行程控制顺序动作回路是利用工作部件到达一定位置时，发出信号来控制液压缸的先后动作顺序，它可以利用行程开关、行程阀来实现。

1）用行程开关控制的顺序动作回路

图 1-9-6 所示为利用行程开关和电磁换向阀配合的顺序动作回路。操作时首先按下启动按钮，使电磁铁 1YA 得电，压力油进入 A 缸的左腔，使其活塞伸出实现动作①；当活塞杆上的挡块压下行程开关 1S 后，通过电气上的连锁使 2YA 得电，压力油进入 B 缸的左腔，使其活塞伸出实现动作②；当活塞杆上的挡块压下行程开关 2S，使 1YA 断电，A 缸缩回，实现动作③；其后，当活塞杆上的挡块触动 3S，使 2YA 断电，B 缸缩回完成动作④，至此完成一个工作循环。

采用行程开关控制的顺序动作回路，调整行程大小和改变动作顺序均很方便，且可利用电气互锁保证动作顺序的可靠性。

2）用行程阀控制的顺序动作回路

图 1-9-7 所示为用行程阀控制的顺序动作回路。A、B 两缸的活塞均在左端，当 YA 得电换向时，使阀 C 的左位工作，缸 A 伸出，完成动作①；挡

块压下行程阀 D 后换向，缸 B 伸出，完成动作②；当 YA 失电换向时，使阀 C 的右位工作，缸 A 先缩回，实现动作③；随着挡块后移，阀 D 复位，缸 B 退回实现动作④，到此完成一个工作循环。这种回路工作可靠，但改变动作顺序比较困难。

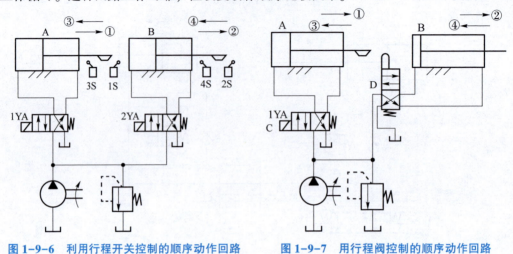

图 1-9-6　利用行程开关控制的顺序动作回路　　　图 1-9-7　用行程阀控制的顺序动作回路

1.9.4　同步回路

在多缸工作的液压传动系统中，常常会遇到要求两个或两个以上的执行元件同时动作的情况，并要求它们在运动过程中克服负载、摩擦阻力、泄漏、制造精度和结构变形上的差异，维持相同的速度或相同的位移，即做同步运动。同步运动包括速度同步和位置同步两类。速度同步是指各执行元件的运动速度相同；而位置同步是指各执行元件在运动中或停止时都保持相同的位移量。使两个或两个以上的液压缸在运动中保持相同位移或相同速度的回路称为同步回路。下面介绍几种同步回路。

1. 液压缸机械联结的同步回路

图 1-9-8 所示为液压缸机械联结的同步回路。将两个液压缸的活塞杆刚性联结而实现位移的同步，这种同步方法比较简单经济，能基本上保证位置同步的要求，但由于机械零件在制造、安装上的误差，同步精度不高。同时，两个液压缸的负载差异不宜过大，否则会造成卡死现象。因此，这种回路宜用于两液压缸负载差别不大的场合。

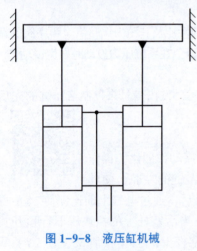

图 1-9-8　液压缸机械联结的同步回路

2. 串联液压缸的同步回路

图 1-9-9 所示为串联液压缸的同步回路。图中第一个液压缸回油腔排出的油液，被送入第二个液压缸的进油腔。如果串联油腔活塞的有效面积相等，便可实现同步运动。这种回路两缸能承受不同的负载，应注意的是这种回路中泵的供油压力至少是两个液压缸工作压力之和。由于泄漏和制造误差，影响了串联液压缸的同步精度，当活塞往复多次后，会产生严重的失调现象，为此要采取补偿措施。

图 1-9-10 所示为带有补偿装置的串联液压缸同步回路。为了达到同步运动，液压缸 1 有杆腔的有效面积应与液压缸 2 无杆腔的有效面积相等。在活塞下行的过程中，如果液压缸 1 的活塞先运动到终点，则挡块触动行程开关 2XK，使电磁铁 3YA 通电，此时压力油便经过二位三通电磁阀 4、液控单向阀，向液压缸 2 的无杆腔补油，使液压缸 2 的活塞继续运动到终点。如果液压缸 2 的活塞先运动到底，则挡块触动行程开关 1XK，使电磁铁 4YA 通电，此时压力油便经二位三通电磁阀 3 进入液控单向阀的控制油口，液控单向阀反向导通，使液压缸 1 能通过液控单向阀 5 和二位三通电磁阀 4 回油，使液压缸 1 的活塞继续运动到达终点，对运动失调现象进行补偿。这种回路允许较大偏载，偏载所造成的压差不影响流量的改变，只会导致微小的压缩和泄漏，因此同步精度较高，回路效率也较高。

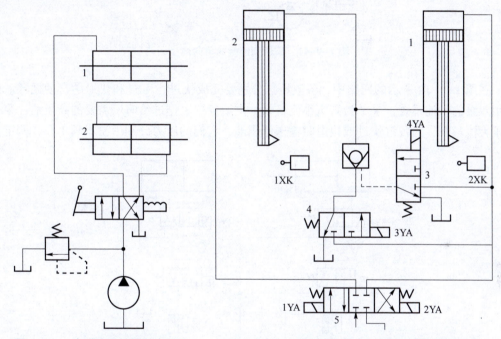

图 1-9-9 串联液压缸的同步回路
1，2—液压缸

图 1-9-10 带有补偿装置的串联液压缸同步回路
1，2—液压缸；3，4—二位三通电磁阀；5—液控单向阀

3. 用调速阀控制的同步回路

图 1-9-11 所示为采用调速阀的单向同步回路。两个液压缸是并联的，在它们的进（回）油路上，分别串接一个调速阀，调节两个调速阀的开口大小，便可控制或调节进入两个液压缸流出的流量，使两个液压缸在一个运动方向上实现同步，即单向同步。这种同步回路结构简单，但是两个调速阀的调节比较麻烦，而且还受油温、泄漏等的影响，故同步精度不高，不宜用在偏载或负载变化频繁的场合。

1.9.5 多缸快慢速互不干涉回路

在一泵多缸的液压传动系统中，往往其中一个液压缸快速运动时会造成系统的压力下降，影响其他液压缸工作进给的稳定性。因此，在工作进给要求比较稳定的多缸液压传动系统中，必须采用快慢速互不干涉回路。

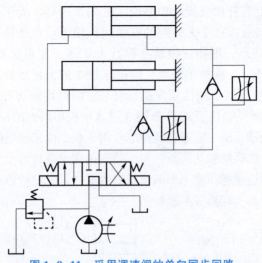

图 1-9-11　采用调速阀的单向同步回路

在图 1-9-12 所示的回路中，各液压缸分别要完成快进、工进和快退的自动循环。回路采用双泵的供油系统，泵 1 为高压小流量泵，供给各缸工作进给时所需要的高压油；泵 2 为低压大流量泵，为各缸快进或快退时输送低压油，它们的压力分别由溢流阀 1 和 2 调定。

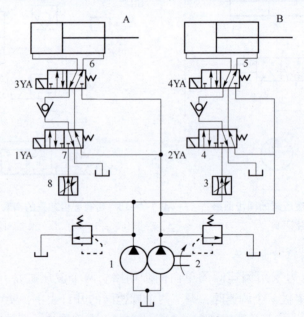

图 1-9-12　多缸快慢速互不干涉回路

1—高压小流量泵；2—低压大流量泵；3、8—调速阀；4、5、6、7—换向阀

当开始工作时，电磁阀 1YA、2YA 断电，且 3YA、4YA 通电时，液压泵输出的压力油经换向阀 4、5 和 5、7，同时进入两个液压缸的左右两腔，两个液压缸同时实现差动连接，使活塞快速向右运动。高压油路被换向阀 4 和换向阀 7 关闭。这时，若某一液压缸（如缸 A）先完成了快速运动，实现了快慢速转换（电磁铁 1YA 通电，3YA 断电），换向阀 7 和换向阀 6 将低压油关闭，所需要压力油由高压泵 1 供给，由调速阀 8 调节流量获得工进速度。

当两缸都转换为工进,都由高压小流量泵供油后,如某个缸(如缸 A)先完成了工进运动,实现了换接(1YA 和 3YA 都通电),换向阀 6 将高压油关闭,低压大流量泵输出的低压油经换向阀 6 进入缸 A 的右腔,左腔的回油经换阀向 6 和换向阀 7 流回油箱,活塞快速退回。这时缸 B 仍然由高压小流量泵供油继续进行工进,速度由调速阀 3 调节,不受缸 A 运动的影响,当所有电磁铁都断电时,两缸才都停止运动,这种回路可以用在具有多个工作部件各自分别运动的机床液压传动系统中。

1.9.6 钻床液压传动系统的构建项目参考方案

本项目夹紧缸的工作压力应根据工件的不同进行调节,而且为了避免夹紧力太大导致工件夹坏,要求夹紧缸的工作压力要低于进给缸的工作压力,这就需要对夹紧支路进行减压。此外,系统还要求夹紧力达到规定值时进给缸才能开始动作,即需要检测夹紧缸的压力,把夹紧缸的压力作为控制进给缸动作的信号,要实现这些要求,可以利用减压阀来控制夹紧缸的夹紧力,用顺序阀来控制夹紧缸和进给缸的动作顺序,在顺序阀旁并联一个单向阀是为了减少液压缸活塞返回时的排油阻力,实现快速返回,如图 1-9-13 所示回路为参考方案。

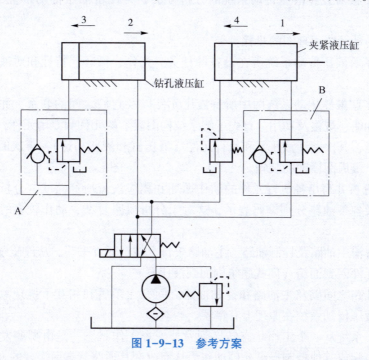

图 1-9-13 参考方案

本项目的液压回路在设计时首先考虑该夹紧装置对工件夹紧的时间较短,所以不设置专门的保压措施。但夹紧装置应可得相应足够的压力,由于工件材料的不同,其所需的夹紧力也不同,所以在回路中设置了一个减压阀来调节夹紧压力。如采用溢流阀来调节夹紧压力,是否可行? 同学们可以自行思考。

项目二 液压传动系统原理图的识读

 注塑机液压传动系统原理图的识读

机电设备液压传动系统是根据设备的工作要求,选用合适的基本回路构成。本任务通过对典型的设备液压传动系统的学习和分析,进一步加深对各个液压元件和回路综合应用的认识,并学会对设备液压传动系统的分析方法,为设备液压传动系统的调整、使用、维修打下基础。

分析液压传动系统原理图的步骤:

(1) 首先了解液压传动系统所在设备的任务、工作、循环、特性和对液压传动系统的各种要求。

(2) 仔细了解液压传动系统图中所有液压元件以及它们之间的联系,并弄清各个液压元件的类型、性能、规格及功用。首先了解半结构图表示的元件和专用元件,弄清楚它们的工作原理和性能,其次阅读液压泵和执行元件(液压缸和液压马达),再次阅读各种控制装置及变量机构,最后阅读辅助装置。

(3) 仔细分析并写出各执行元件的动作循环和相应液流所经路线。分析前最好将系统中的各个元件及各条油路分别编码表示,这对于分析线路复杂、动作较多的系统是十分必要的。

分析时要分清主油路及控制油路。主油路按每个执行元件来写,从液压泵开始到执行元件,再从执行元件回到油箱(闭式系统则回到液压泵)。

注意各主油路之间以及主油路和控制油路之间有无矛盾和相互干扰现象,如有干扰现象,就表明此液压传动系统在原理上有错误。

特别注意,系统从一个工作状态转换到另外一个工作状态,是由哪些发讯元件发出信号,使哪些换向阀或其他控制操纵元件动作,从而改变其通路状态而实现的。

2.1.1 液压机的液压传动系统

2.1.1.1 概述

液压机是一种利用液体静压力来加工金属、塑料、橡胶、木材、粉末等制品的机械。通常用于压制工艺和压制成形工艺,如锻造、冲压、冷挤、校直、弯曲、翻边、薄板拉伸、粉末冶金和压装等。

液压机有多种规格型号,其压制力从几十吨到上万吨。用乳化液做介质的液压机称为水压机,产生的压制力很大,多用于重型机械厂和造船厂等。用矿物型液压油做介质的液压机称为油压机,产生的压制力较小,在许多工业部门得到广泛应用。

液压机多为立式,其中以四柱式液压机的结构布局最为典型,应用也最广泛。图 2-1-1 所示为液压机的外形。它主要由充液筒、上横梁、上液压缸、上滑块、立柱、下滑块、下液压缸等零部件组成。这种液压机有 4 个立柱,在 4 个立柱之间安置上、下 2 个液压缸。上液压缸驱动上滑块,下液压缸驱动下滑块。为了满足大多数压制工艺的要求,上滑块应能实现"快速下行→慢速加压→保压延时→快速返回→原位停止"的自动工作循环,下滑块应能实现"向上顶出→停留→向下退回→原位停止"的工作循环,如图 2-1-2 所示。上、下滑块的运动依次进行,不能同时出现。

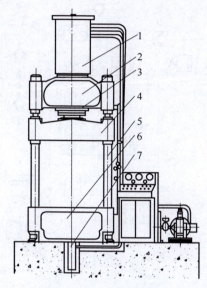

图 2-1-1　液压机的外形

1—充液筒；2—上横梁；3—上液压缸；4—上滑块；5—立柱；6—下滑块；7—下液压缸；8—液压站

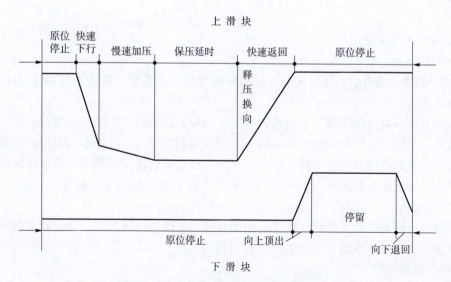

图 2-1-2　YB32-200 型液压机动作循环

2.1.1.2 液压机液压传动系统的工作原理

四柱式 YB32-200 型液压机液压传动系统的原理如图 2-1-3 所示。在液压传动系统中，系统由高压轴向柱塞变量泵供油，上、下两个滑块分别由上、下液压缸带动，实现上述各种循环，其原理如下：

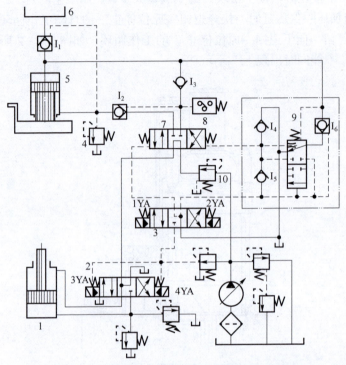

图 2-1-3　YB32-200 型液压机液压传动系统的原理

1—上、下液压缸；2—下缸换向阀；3—先导阀；4—溢流阀；5—上液压缸；6—充液筒；7—上缸转向阀；
8—压力继电器；9—预泄换向阀；10—顺序阀

1. **上滑块工作循环**

1）快速下行

当电磁铁 1YA 通电后，先导阀和上缸换向阀左位接入系统，液控单向阀 I_2 被打开。系统主油路走向为：

进油路：液压泵→顺序阀→上缸换向阀左位→单向阀 I_3→上液压缸上腔。

回油路：上液压缸下腔→液控单向阀→上缸换向阀左位→下缸换向阀中位→油箱。

上滑块在自重作用下快速下行。这时，上液压缸上腔所需流量较大，而液压泵的流量又较小，其不足部分由充液筒（副油箱）经液控单向阀 I_1 向液压缸上腔补油。

2）慢速加压

当上滑块下行到接触工件后，因受阻力而减速，液控单向阀关闭，液压缸上腔压力升高实现慢速加压。这时的油路走向与快速下行时相同。

3）保压延时

当上液压缸上腔压力升高到使压力继电器动作时，压力继电器发出信号，使电磁 1YA 断电，则先导阀和上缸换向阀处于中位，保压开始。保压时间由时间继电器（图中未画出）

控制，可在 0~24 min 内调节。

4）快速返回

在保压延时结束时，时间继电器使电磁铁 2YA 通电，先导阀右位接入系统，使控制压力油推动预泄换向阀，并将上缸换向阀右位接入系统。这时，液控单向阀 I_1 被打开，其主油路走向为：

进油路：液压泵→顺序阀→上缸换向阀右位→单向阀 I_2→上液压缸下腔。

回油路：上液压缸上腔→液控单向阀 I_1→充液筒（副油箱）。

这时上滑块快速返回，返回速度由液压泵流量决定。当充液筒内液面超过预定位置时，多余的油液由溢流管流回油箱。

5）原位停止

当上滑块返回上升到挡块压下行程开关时，行程开关发出信号，使电磁铁 2YA 断电，先导阀和上、下缸换向阀都处于中位，则上滑块在原位停止不动。这时，液压泵处于低压卸荷状态，油路走向为：

液压泵→顺序阀→上缸换向阀中位→下缸换向阀中位→油箱。

2. 下滑块工作循环

1）向上顶出

当电磁铁 4YA 通电使下缸换向阀右位接入系统时，下液压缸带动下滑块向上顶出。其主油路走向为：

进油路：液压泵→顺序阀→上缸换向阀中位→下缸换向阀右位→上液压缸下腔。

回油路：下液压缸上腔→下缸换向阀右位→油箱。

2）停留

当下滑块上移至下液压缸活塞碰到上缸盖时，便停留在这个位置上。此时，液压缸下腔压力由下缸溢流阀调定。

3）向下退回

使电磁铁 4YA 断电，3YA 通电，液压缸快速退回。此时的油路走向为：

进油路：液压泵→顺序阀→上缸换向阀中位→下缸换向阀左位→下液压缸上腔。

回油路：下液压缸下腔→下缸换向阀左位→油箱。

4）原位停止

原位停止是在电磁铁 3YA、4YA 都断电，下缸换向位于中位的情况下得到的。

2.1.2 汽车起重机液压传动系统

2.1.2.1 概述

汽车起重机是一种机动性强、适用范围广的行走起重设备。图 2-1-4 所示为 Q2-8 型汽车起重机的外形。它由汽车、回转机构、支腿、吊臂变幅液压缸、基本臂、吊臂伸缩液压缸和起升机构等部分组成。其最大起重量为 8 t，最大起重高度为 11.5 m。

汽车起重机工作时需要完成的动作顺序一般为：放下后支腿→放下前支腿→调整吊臂长度→调整吊臂的起落角度→起吊→回转→落下载荷→收回吊钩→缩回吊臂→回转复位→落下吊臂→收起前支腿→收起后支腿→起吊作业结束。汽车起重机实现的动作较为简单，其位置控制精度也较低，但最重要的问题是要保证操作的安全性。

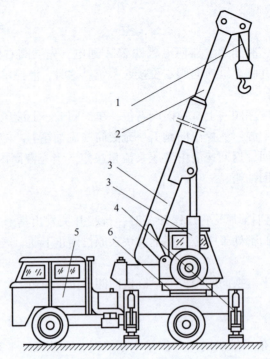

图 2-1-4　Q2-8 型汽车起重机的外形
1—起升机构；2—吊臂伸缩液压缸；3—基本臂；4—支腿；5—汽车；6—回转机构

2.1.2.2　Q2-8 型汽车起重机液压传动系统工作原理

Q2-8 型汽车起重机的液压传动系统工作原理如图 2-1-5 所示，该系统用一个中高压轴向柱塞泵作动力源，由汽车发动机通过汽车底盘变速箱上的取力箱驱动。液压泵通过中心回转接头（图中未画出）从油箱中吸油，输出的液压油经手动阀组 A 和 B 输送到各个执行元件。整个系统由支腿收放、吊臂变幅、吊臂伸缩、转台回转和吊重起升 5 个工作回路组成。整个系统分为上下两部分，液压泵、过滤器、溢流阀、阀组 A 及支腿部分装在车底盘上，其余元件全部装在可回转的上车部分。油箱装在上车部分，兼作配重。上下两部分油路通过中心回转接头连通。手动阀组 A 用于支腿收放，手动阀组 B 用于控制其余 4 个工作回路的动作。支腿收放回路和其他动作回路采用一个二位三通手动换向阀进行切换。

1. 支腿收放支路

汽车起重机作业前必须放下前、后支腿，让汽车轮胎架空，用支腿承重。行驶时又需将支腿收起，轮胎着地。为此，在汽车的前后两端各设置两条支腿，每条支腿均配置一个液压缸。前支腿两个液压缸同时用一个三位四通手动换向阀 6 控制其收放动作。而后支腿则用另一个三位四通手动换向阀 5 控制其收放动作。为确保支腿能停放在任意位置并能可靠地锁住，在支腿液压缸的控制回路中设置了双向液压锁。

当手动阀组 A 中的三位四通手动换向阀 5 工作在左位时，后支腿放下，其油路为：

进油路：液压泵→过滤器→二位三通手动换向阀左位→三位四通手动换向阀 6 中位→三位四通手动换向阀 5 左位→液控单向阀→后支腿液压缸上腔。

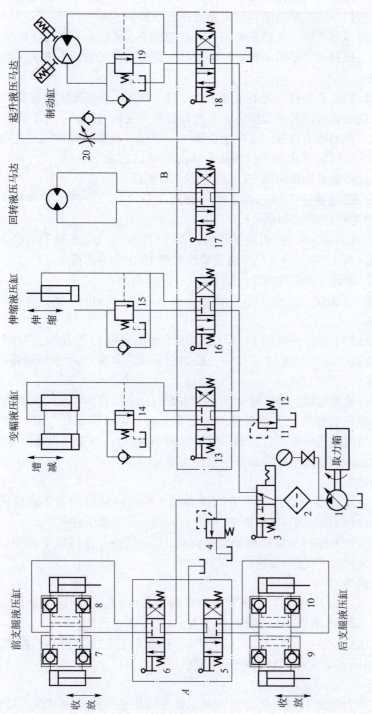

图 2-1-5 Q2-8 型汽车起重机的液压系统工作原理

1—液压泵;2—过滤器;3—二位三通手动换向阀;4,12—溢流阀;5,6,13,16,17,18—三位四通手动换向阀;
7,8,9,10—双向液压锁;11—压力表;14,15,19—平衡阀;20—单向节流阀

项目二 液压传动系统原理图的识读 79

回油路：后支腿液压缸下腔→液控单向阀→三位四通手动换向阀 5 左位→油箱。

当三位四通手动换向阀 5 工作在右位时，后支腿收回，其油路为：

进油路：液压泵→过滤器→二位三通手动换向阀左位→三位四通手动换向阀 6 中位→三位四通手动换向阀 5 右位→液控单向阀→后支腿液压缸下腔。

回油路：后支腿液压缸上腔→液控单向阀→三位四通手动换向阀 5 右位→油箱。

前支腿液压缸用三位四通手动换向阀 6 控制，其油路流动情况与后支腿油路类似。

2. 转台回转支路

吊臂变幅是用液压缸改变吊臂的起落角度来改变提升高度。变幅要求能带载工作，动作要平稳可靠。为了提高变幅机构的承载能力，并联设置两个变幅液压缸。为了防止吊臂在停止阶段因自重而减幅，在油路中设置了单向平衡阀 14，提高了变幅运动的稳定性和可靠性。

吊臂变幅运动由手动阀组 B 中的三位四通手动换向阀 13 控制。

吊臂增幅时，三位四通手动换向阀 13 左位工作，其油路为：

进油路：液压泵→过滤器→二位三通手动换向阀 3 右位→三位四通手动换向阀 13 左位→平衡阀 14 中的单向阀→变幅液压缸下腔。

回油路：变幅液压缸上腔→三位四通手动换向阀 13 左位→三位四通手动换向阀 16 中位→三位四通手动换向阀 17 中位→三位四通手动换向阀 18 中位→油箱。

吊臂减幅时，三位四通手动换向阀 13 右位工作，其油路为：

进油路：液压泵→过滤器→二位三通手动换向阀 3 右位→三位四通手动换向阀 13 右位→变幅液压缸上腔。

回油路：变幅液压缸下腔→平衡阀 14→三位四通手动换向阀 13 右位→三位四通手动换向阀 16 中位→三位四通手动换向阀 17 中位→三位四通手动换向阀 18 中位→油箱。

3. 吊臂伸缩支路

吊臂由基本臂和伸缩臂组成，伸缩臂套装在基本臂内，由吊臂伸缩液压缸驱动进行伸缩运动。油路中设置了单向平衡阀 15，保证伸缩臂举重上伸、承重停止和负重下缩三种工况时的安全和平稳。吊臂伸缩运动由三位四通手动换向阀 16 控制，当三位四通手动换向阀 16 工作在左位或右位时，分别驱动吊臂伸缩液压缸伸出或缩回。

吊臂伸出时的油路为：

进油路：液压泵→过滤器→二位三通手动换向阀 3 右位→三位四通手动换向阀 13 中位→三位四通手动换向阀 16 左位→平衡阀 15 中的单向阀→伸缩液压缸下腔。

回油路：伸缩液压缸上腔→三位四通手动换向阀 16 左位→三位四通手动换向阀 17 中位→三位四通手动换向阀 18 中位→油箱。

吊臂缩回时的油路为：

进油路：液压泵→过滤器→二位三通手动换向阀 3 右位→三位四通手动换向阀 13 中位→三位四通手动换向阀 16 右位→伸缩液压缸上腔。

回油路：伸缩液压缸下腔→平衡阀 15→三位四通手动换向阀 16 右位→三位四通手动换向阀 17 中位→三位四通手动换向阀 18 中位→油箱。

4. 吊臂变幅支路

转台的回转由一个大转矩双向液压马达驱动。通过蜗轮、蜗杆机构减速，转台可获得 1~3 r/min 的低速。由于速度较低，惯性较小，故一般不设缓冲装置。回转液压马达的回转由三位四通手动换向阀 17 控制，当三位四通手动换向阀 17 工作在左位或右位时，分别驱动回转液压马达正向或反向回转，其油路为：

进油路：液压泵→过滤器→二位三通手动换向阀 3 右位→三位四通手动换向阀 13 中位→三位四通手动换向阀 16 中位→三位四通手动换向阀 17 左（右）位→回转液压马达。

回油路：回转液压马达→三位四通手动换向阀 17 左（右）位→三位四通手动换向阀 18 中位→油箱。

5. 吊重起升支路

吊重的起升和落下是由一个大转矩液压马达带动卷扬机来完成的。马达的转速可通过改变发动机转速进行调节。为了防止重物因自重而下落，回路中设置有单向平衡阀 19。起升液压马达的正、反转由三位四通手动换向阀 18 控制。

吊重提升时的油路为：

进油路：液压泵→过滤器→二位三通手动换向阀 3 右位→三位四通手动换向阀 13 中位→三位四通手动换向阀 16 中位→三位四通手动换向阀 17 中位→三位四通手动换向阀 18 左位→平衡阀 19 中的单向阀→回转液压马达。

回油路：回转液压马达→三位四通手动换向阀 18 左位→油箱。

吊重落下时的油路为：

进油路：液压泵→过滤器→二位三通手动换向阀 3 右位→三位四通手动换向阀 13 中位→三位四通手动换向阀 16 中位→三位四通手动换向阀 17 中位→三位四通手动换向阀 18 右位→回转液压马达。

回油路：回转液压马达→平衡阀 19→三位四通手动换向阀 18 右位→油箱。

由于液压马达的内泄漏比较大，故当重物吊在空中时，尽管回路中设置有平衡阀，重物仍会向下缓慢滑落。为此，在液压马达的驱动轴上设置了制动器。当起升机构工作时，在系统油压的作用下，制动器液压缸使闸块松开，当液压马达停止转动时，在制动器弹簧的作用下，闸块将轴抱死进行制动。当重物在空中停留的过程中重新起升时，有可能出现在液压马达的进油路还未建立起足够的压力以支撑重物时，制动器便解除了制动，造成重物短时间内失控而向下滑落。为了避免这种现象的出现，在制动器的油路中设置了单向节流阀。通过调节其开口度的大小，能使制动器抱闸迅速，而松闸则能缓慢地进行。

2.1.3 MJ-50 型数控车床液压传动系统

2.1.3.1 概述

MJ-50 型数控车床是机械加工中最常见的数控机床之一，主要用来加工轴类零件的内外圆柱面、圆锥面、螺纹表面、成形回转体表面等。对于盘类零件，可进行钻孔、扩孔、铰孔、镗孔等加工。另外还可以完成车端面、切槽、倒角等加工。

MJ-50 型数控车床卡盘的夹紧与松开、卡盘夹紧力的高低压转换、回转刀架的松开与夹紧、刀架刀盘的正转与反转、尾座套筒的伸出与退回都是由液压传动系统驱动的。

2.1.3.2 液压传动系统的工作原理

图 2-1-6 所示为 MJ-50 型数控车床液压传动系统原理。机床的液压传动系统采用单向变量液压泵供油，系统调定压力为 4 MPa。

主轴卡盘的夹紧与松开，由一个二位四通电磁阀 1 控制。卡盘的高压夹紧与低压夹紧的转换，由电磁阀控制。当卡盘处于正卡（也称外卡）且在高压夹紧状态下，夹紧力的大小由减压阀 6 来调整，由压力表 12 显示卡盘压力。系统压力油经过减压阀 6→电磁阀（左位）→二位四通电磁阀 1（左位）→液压缸右腔，活塞杆左移，卡盘夹紧。这时液压

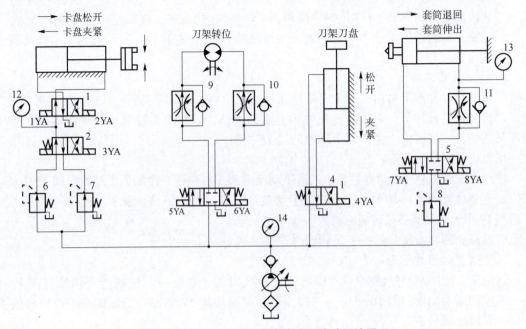

图 2-1-6　MJ-50 型数控车床液压传动系统原理

1，4—二位四通电磁阀；2—电磁阀；3，5—三位四通电磁阀；6，7，8—减压阀；
9，10，11—调速阀；12，13，14—压力表

缸左腔的油液经过二位四通减电磁阀 1（左位）直接流回油箱。反之，系统压力油经过减压阀 6→电磁阀 2（左位）→二位四通电磁阀 1（右位）→液压缸左腔，活塞杆右移，卡盘松开。这时液压缸右腔的油液经过减二位四通电磁阀 1（右位）直接流回油箱。当卡盘处于正卡且在低压夹紧状态下，夹紧力的大小由减压阀 7 来调整。系统压力油经过减压阀 7→电磁阀（右位）→二位四通电磁阀 1（左位）→液压缸右腔，卡盘夹紧。反之，系统压力油经过减压阀 7→电磁阀 2（右位）→二位四通电磁阀 1（右位）→液压缸左腔，卡盘松开。

1. 回转刀架动作的控制

回转刀架换刀时，首先是刀盘松开，之后刀盘就近转位到达指定的刀位，最后刀盘复位夹紧。刀盘的夹紧与松开，由一个二位四通电磁阀 4 控制。刀盘的旋转有正转与反转两个方向，它由一个三位四通电磁阀 3 控制，其旋转速度分别由调速阀 9 和调速阀 10 控制。二位四通电磁阀 4 在右位时，刀盘松开，系统压力油经过三位四通电磁阀 3（左位）→调速阀 9→液压马达，刀架正转。若系统压力油经过三位四通电磁阀 3（右位）→调速阀 10→液压马达，则刀架反转。二位四通电磁阀 4 在左位时，刀盘夹紧。

2. 尾座套筒动作的控制

尾座套筒的伸出与退回由一个三位四通电磁阀 5 控制，套筒伸出工作时的预紧力大小通过减压阀 8 来调整，并且由压力表 13 显示。系统压力油经过减压阀 8→三位四通电磁阀 5（左位）→液压缸左腔，套筒伸出。这时液压缸右腔的油液经过调速阀 11→三位四通电磁阀 5（左位）流回油箱。反之，系统压力油经过减压阀 8→三位四通电磁阀 5（右位）→调速阀 11→液压缸右腔，套筒退回。这时液压缸左腔的油液经过三位四通电磁阀 5（右位）直接流回油箱。

2.1.4 注塑机液压传动系统

2.1.4.1 概述

注塑机是一种通用设备，通过它与不同专用注射模具配套使用，能够生产出多种类型的塑料制品。注塑机主要由机架、动静模板、合模保压部件、预塑部件、注射部件、液压传动系统和电气控制系统等组成。其动静模板用来成对安装不同类型的专用注射模具。注塑机的工艺过程工作循环如图 2-1-7 所示。

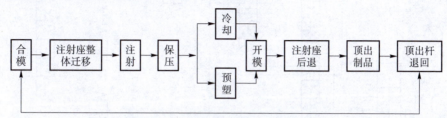

图 2-1-7 注塑机的工艺过程工作循环

根据注塑工艺的需要，注塑机液压传动系统应满足以下要求：

（1）有足够的合模力。合模装置由定模板、动模板、启模合模机构和制品顶出机构等组成。在注射过程中，熔融塑料以 120~200 MPa 的高压注模腔，在已经闭合的模具上会产生很大的开模力，所以合模液压缸必须产生足够的合模力，确保对闭合后模具的锁紧，否则注射时模具会产生缝隙使塑料制品产生溢边，出现废品。并且在开合模过程中，要求合模缸有慢、快、慢的速度变化。

（2）模具的开、合模速度应可调。当动模离静模距离较远时，即开合模具为空程时，为了提高生产效率，要求动模快速运动；合模时要求动模慢速运动，以免冲击力太大撞坏模具，并减小合模时的振动和噪声。因此，一般开、合模的速度按"慢-快-慢"运动的规律变化。

（3）注射座整体应可前进与后退。注射部件由加料装置、料筒、螺杆、喷嘴、加料预塑装置、注射缸和注射座移动缸等组成。注射座缸固定，其活塞与注射座整体由液压缸驱动，保证在注射时有足够的推力，使注射喷嘴与模具浇口紧密接触，防止注射时有熔融的塑料从缝隙中溢出。

（4）注射压力和注射速度可调。注射机为了适应不同塑料品种、制品形状及模具浇注系统的工艺要求，注射时的压力与速度在一定的范围内可调。

（5）保压及压力应可调。当熔融塑料依次经过机筒、注射嘴、模具浇口和模具的型腔完成注射后，需要对注射在模具中的塑料保压一段时间，以保证塑料紧贴模腔而获得精确的形状。另外，在制品冷却凝固而收缩过程中，熔化塑料可不断充入模腔，以防止产生充料不足的废品。为此，保压的压力要求根据不同情况可以调整。

（6）制品顶出速度应平稳、可调。塑料制品冷却成形后要从模具中顶出，顶出缸的运动要平稳，其速度应能根据制品的形状及尺寸进行调节，避免制品受损。

2.1.4.2 注塑机液压传动系统的工作原理

图 2-1-8 所示为 SZ-250 型注塑机液压传动系统工作原理，属中、小注塑机，每次理论最大注射容量分别为 201 cm^3、254 cm^3、314 cm^3（ϕ40 mm、ϕ45 mm、ϕ50 mm 三种机筒螺杆的注射量），锁模力为 1 600 kN。各执行元件的动作循环主要依靠行程开关切换电磁铁来实现。

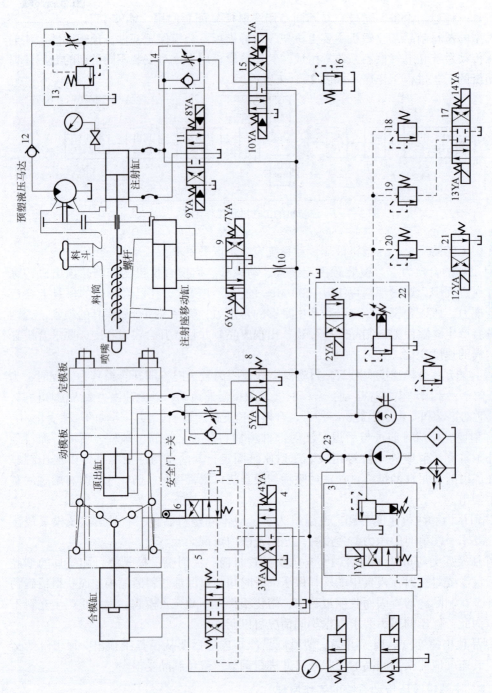

图 2-1-8 SZ-250 型注塑机液压系统工作原理

1—大流量泵；2—小流量泵；3,22—电磁溢流阀；4,8,9,17,21—电磁换向阀；5—电液换向阀；6—行程阀；7,14—单向节流阀；10—节流阀；11,15—电液换向阀；12,23—单向阀；13—旁通型调速阀；16—背压阀；18,19,20—远程调压阀

项目三　液压传动系统故障诊断与维修

任务　组合机床动力滑台液压传动系统故障诊断与维修

液压传动系统在工作中不可避免地会出现一些故障,这就需要对故障进行分析,找出故障出现的原因和部位,并将故障排除。下面对液压传动系统一些常见故障出现的原因及排除方法做简单介绍。

3.1.1　液压传动系统故障产生的原因

液压传动系统的故障是多种多样的,虽然控制油液免受污染和及时维护检查可以减少故障的发生,但并不能完全杜绝故障。

一般来说,液压传动系统的故障往往是多种因素综合作用的结果。但造成故障的原因主要有以下几种:

(1) 液压油和液压元件使用或维护不当,使液压元件的性能变坏、损坏、失灵而引起的故障。

(2) 装配、调整不当而引起的故障。

(3) 设备年久失修、零件磨损、精度超差或元件制造误差而引起的故障。

(4) 因元件选用和回路设计不当而引起的故障。

前几种故障可以通过修理或调整的方法加以解决,而后一种必须根据实际情况,弄清原因后进行改进。

3.1.2　液压传动系统常见的故障分析与排除

液压传动是在封闭的情况下进行的,无法从外部直接观察到系统内部,因此,当系统出现故障时,要寻找故障产生的原因往往有一定的难度。能否分析出故障产生的原因并排除故障,一方面取决于对液压传动知识的理解和掌握程度,另一方面依赖于实践经验的不断积累。液压传动系统的常见故障及排除方法见表3-1-1。

表3-1-1　液压传动系统的常见故障及排除方法

故障现象	产生原因	排除方法
系统无压力或不能够灵活运动,压力不足	1. 流阀开启,由于阀芯被卡住,不能关闭,阻尼孔堵塞,阀芯与阀座配合不好或弹簧失效; 2. 其他控制阀阀芯由于故障卡住,引起卸荷;	1. 修研阀芯与阀体,清洗阻尼孔,更换弹簧; 2. 找出故障部位,清洗或研修,使阀芯在阀体中能灵活运动;

续表

故障现象	产生原因	排除方法
系统无压力或还能够灵活运动，压力不足	3. 液压元件磨损严重或密封损坏，造成内、外泄漏； 4. 液位过低，吸油管堵塞或油温过高； 5. 泵转向错误，转速过低或动力不足	3. 检查泵、阀及管路各连接处的密封性，修理或更换零件和密封件； 4. 加油，清洗吸油管路或冷却系统； 5. 检查动力源
流量不足	1. 油箱液位过低，油液黏度较大，过滤器堵塞引起吸油阻力过大； 2. 液压泵转向错误，转速过低或空转磨损严重，性能下降； 3. 管路密封不严，空气进入； 4. 蓄能器漏气，压力及流量供应不足； 5. 其他液压元件及密封件损坏引起泄漏； 6. 控制阀动作不灵	1. 检查液位，补油，更换黏度适宜的液压油，保证吸油管直径足够大； 2. 检查原动机、液压泵及变量机构，必要时换液压泵； 3. 检查管路连接及密封是否正确可靠； 4. 检修蓄能器； 5. 修理或更换； 6. 调整或更换
泄漏	1. 接头松动，密封损坏； 2. 阀与阀板之间的连接不好或密封件损坏； 3. 系统压力长时间大于液压元件或附件的额定工作压力，使密封件损坏； 4. 相对运动零件磨损严重，间隙过大	1. 拧紧接头，更换密封； 2. 加大阀与阀板之间的连接力度，更换密封件； 3. 限定系统压力，或更换许用压力较高的密封件； 4. 更换磨损零件，减小配合间隙
油温过高	1. 冷却器通过能力下降出现故障； 2. 油箱容量小或散热性差； 3. 压力调整不当，长期在高压下工作； 4. 管路过细且弯曲，造成压力损失增大，引起发热； 5. 环境温度较高	1. 排除故障或更换冷却器； 2. 增大油箱容量，增设冷却装置； 3. 限定系统压力，必要时改进设计； 4. 加大管径，缩短管路，使油液流动通畅； 5. 改善环境，隔绝热源
振动	1. 液压泵：密封不严吸入空气，安装位置过高，吸油阻力大，齿轮齿形精度不够，叶片卡死断裂，柱塞卡死移动不灵活，零件磨损使间隙过大； 2. 液压油：液位太低，吸油管插入液面深度不够，油液黏度太大，过滤器堵塞； 3. 溢流阀：阻尼孔堵塞，阀芯与阀体配合间隙过大，弹簧失效； 4. 其他阀芯移动不灵活； 5. 管道：管道细长，没有固定装置，互相碰撞，吸油管与回油管太近； 6. 电磁铁：电磁铁焊接不良，弹簧过硬或损坏，阀芯在阀体内卡住； 7. 机械：液压泵与电动机联轴器不同轴或松动，运动部件停止时有冲击，换向时无阻尼，电动机振动	1. 更换吸油口密封，吸油管口至泵进油口高度要小于500 mm，保证吸油管直径，修复或更换损坏的零件； 2. 加油，增加吸油管长度到规定液面深度，更换合适黏度的液压油，清洗过滤器； 3. 清洗阻尼孔，修配阀芯与阀体的间隙，更换弹簧； 4. 清洗，去毛刺； 5. 设置固定装置，扩大管道间距及吸油管和回油管间距离； 6. 重新焊接，更换弹簧，清洗及研配阀体； 7. 保持泵与电动机轴的同心度不大于0.1 mm，采用弹性联轴器，紧固螺钉，设置阻尼或缓冲装置，电动机作平衡处理
冲击	1. 蓄能器充气压力不够； 2. 工作压力过高； 3. 先导阀、换向阀制动不灵及节流缓冲慢； 4. 液压缸端部无缓冲装置； 5. 溢流阀故障使压力突然升高； 6. 系统中有大量空气	1. 给蓄能器充气； 2. 调整压力至规定值； 3. 减少制动锥斜角或增加制动锥长度，修复节流缓冲装置； 4. 增设缓冲装置或背压阀； 5. 修理或更换； 6. 排除空气

3.1.3 液压传动系统典型故障分析及排除案例

1. 液压泵乃至整个液压传动系统温度升高最终导致元件或系统故障

(1) 故障原因,如图 3-1-1 (a) 所示,溢流阀的排油管与液压泵的吸油管相连,因溢流阀排出的是热油,将使液压泵乃至整个液压传动系统温度升高,而且是恶性循环,最终导致元件或系统故障。

(2) 故障排除。避免将溢流阀的排油管与液压泵的吸油管相连,如图 3-1-1 (b) 所示。

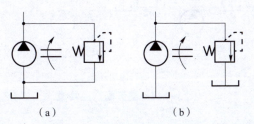

图 3-1-1 避免将溢流阀的排油管与液压泵的吸油管相连

2. 将液压泵的外泄漏油管与该泵的吸油管相连造成的故障

(1) 故障原因。液压泵的外泄漏油管排出的是热油,容易使泵体温度升高,对泵的使用寿命不利;另外,在有些情况下泵的外泄漏油管与该泵的吸油管相连,还会造成泵体里不能充满所需的液压油,如图 3-1-2 (a) 所示。

(2) 故障排除。避免将液压泵的外泄漏油管与该泵的吸油管相连。泵的外泄油管正确连接方式如图 3-1-2 (b) 所示。

3. 自吸性差的液压泵其吸油口装过滤器

(1) 故障原因。容积式液压泵进油口与油箱的压力差只有 1 个大气压。如图 3-1-3 (a) 所示,过滤器装在进油口,会增加进油路的压力损失,造成液压泵吸油不足,容积效率也急剧下降,并出现振动及噪声,甚至损坏液压泵。随着过滤器压降的日渐增加,液压泵的最低吸入压力将得不到保证。

(2) 故障排除。自吸性差的液压泵,避免在其吸油管上装设过滤器,可在泵的压油口设置过滤器,如图 3-1-3 (b) 所示。

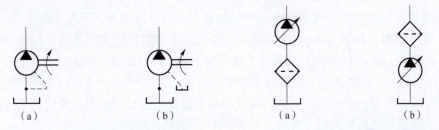

图 3-1-2 避免将液压泵的外泄漏油管与吸油管相连

图 3-1-3 过滤器的安装位置

4. 两个规格和调定参数相同的溢流阀易产生共振

(1) 故障原因。如图 3-1-4 (a) 所示,溢流阀 A 和 B 的规格和调定值均相同,当两个泵并联供油时,有时溢流阀发出很强的噪声,当把两个溢流阀的调定压力彼此错开时,噪声则可以基本消除。

(2) 故障排除。两个调定值相同的溢流阀易产生共振,应尽量避免。应另外选择一个溢流阀,并把它接在 C 点,如图 3-1-4(b)所示,上述噪声问题可以得到解决。

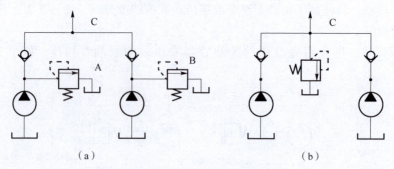

图 3-1-4 溢流阀产生共振

5. 溢流阀由于配管不当引起噪声

(1) 故障原因。如图 3-1-5(a)所示,两个液压泵各自给不同的执行机构供油,当只有一个液压泵工作时,溢流阀没有噪声,而当两个液压泵相距很近并同时工作时,溢流阀噪声很大,并且两个压力表的指针摆动很厉害,这是由于配管不当引起的。

(2) 故障排除。将两个溢流阀的回油管分别接回油箱,如图 3-1-5(b)所示,噪声得以消除。

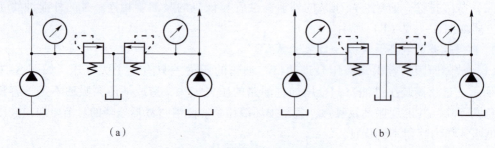

图 3-1-5 配管不当引起噪声

6. 溢流阀的遥控口所串接的小型溢流阀和换向阀先后顺序错误引起液压冲击

(1) 故障原因。如图 3-1-6(a)所示,溢流阀 1 和溢流阀 3 以及换向阀组成级调压回路,例如溢流阀 1 调定 14 MPa,溢流阀 3 调定为 2 MPa,电磁换向阀由断电变为带电,即使系统压力由 14 MPa 变为 2 MPa 时,结果发生冲击。这是由于图 3-1-6(a)中换向阀 2 带电前,溢流阀 3 的进出油口均为零压,而换向阀 2 由断电变为带电时,溢流阀 1 遥控口的压力要瞬时下降到零之后再升到 2 MPa,因而产生了冲击。

(2) 故障排除。如图 3-1-6(b)所示,调换溢流阀 3 和换向阀 2 位置,基本消除了冲击。

7. 液动换向阀控制油的回油应避免与其背压偏高的回油管路相接

(1) 故障原因。如图 3-1-7(a)所示,按设计要求,换向阀 1 处于中位,换向阀 2 处

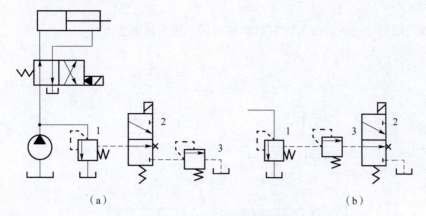

图 3-1-6 溢流阀和换向阀先后顺序错误引起液压冲击
1，3—溢流阀；2—换向阀

于右位，活塞停止运动，但事实上活塞必须走完全程才能停止。这是由于换向阀 2 的左腔控制油与具有一定背压的液压缸有相同的杆腔回油管。

（2）故障排除。改进后，如图 3-1-7（b）所示，就能避免上述问题。

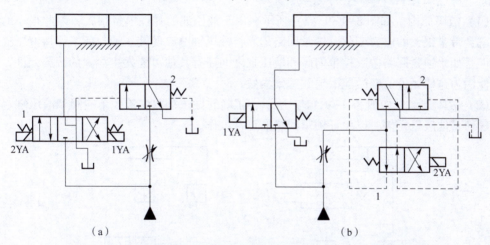

图 3-1-7 液动换向阀控制油的回油避免与其背压偏高的回油管路相连
1，2—换向阀

8. 重力负载向下运动时可能导致液压缸驱动一侧油路压力过低

（1）故障原因。如图 3-1-8（a）所示，液压传动系统的重力负载较大，在下降过程中导致负载出现快降、停止交替的不连续跳跃、振动等非正常现象。这主要是因为负载较大，向下运行时由于速度过快，液压泵的供油量一时来不及补充液压缸上腔形成的容积，因此在整个进油回路产生短时负压，这时右侧的控制压力随之降低，单向阀关闭，突然封闭系统的回油路使液压缸突然停止。当进油路的压力升高后，右侧的单向阀打开，负载再次快速下降，上述过程反复进行，导致系统振荡下行。

（2）故障排除。

①在下降的回油路上安装一个单向节流阀，如图 3-1-8（b）所示，这样能防止负压的

产生。

②将换向阀的中位机能改为卸荷型如 H 型的，锁紧效果会更好。

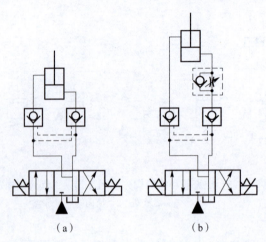

图 3-1-8　重力负载向下运动时可能导致液压缸驱动一侧油路压力过低

9. 在锁紧回路内有泄漏，导致锁紧失效

（1）故障原因。如图 3-1-9（a）所示，由于液压油的弹性模量很大，因此很小的容积变化就会带来很大的压力变化。锁紧回路是靠将液压缸两腔的液压油封闭来保持液压缸不动的，但是如果锁紧回路中液控单向阀和液压缸之间还有其他可能发生泄漏的液压元件，那么就可能因为这些元件的轻微泄漏导致锁紧失效。

（2）故障排除。如图 3-1-9（b）所示，正确的做法是双向液控单向阀和液压缸之间不设置任何其他液压元件，以保证锁紧回路的正常工作。

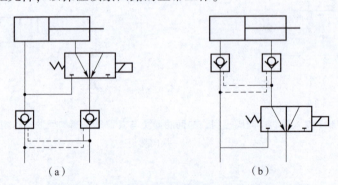

图 3-1-9　锁紧回路内有泄漏，导致锁紧失效

10. 液压传动系统长时间卸荷造成的故障

（1）故障原因。图 3-1-10（a）所示为一要求动作间歇时间长，执行元件需要高速运动的液压传动系统。当液压缸停止不动时，液压泵的出口压力时高时低，不能连续卸荷，致使系统功耗大、油温高。这是由于回路中某个元件或管路存在泄漏，外控顺序阀反复启闭所引起的。

（2）故障排除。如图 3-1-10（b）所示，选用先导式卸荷溢流阀代替原回路的单向阀和溢流阀。卸荷时柱塞对先导阀阀芯施加一额外的推力保证液压泵卸荷通路畅通,即使回路有泄漏使蓄能器中压力降低,也能使液压泵处于持续卸荷状态,确保系统要求。

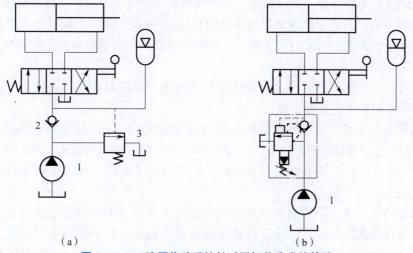

图 3-1-10　液压传动系统长时间卸荷造成的故障
1—液压泵;2—单向阀;3—溢流阀

11. 因调速阀流量瞬间跳跃导致压力冲击

图 3-1-11(a)所示为某一专用机床液压传动系统二次工进速度换接回路,它能实现工作台的快速进给→工件进给→二次工件进给→工件快退→停止的动作循环。但在使用中发现,由一工进速度向二工进速度换接的瞬间,液压缸产生明显的前冲现象,使得工件的加工精度达不到预定要求,甚至在严重时发生撞断刀具的事故。

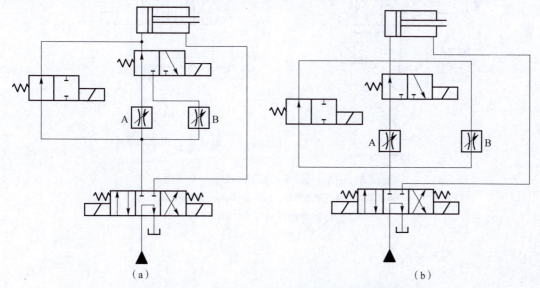

图 3-1-11　二次工进速度换接回路原图与改进图
(a)二次工进速度换接回路原图;(b)二次工进速度换接回路改进图

(1)故障分析。这是调速阀压力补偿机构在开始工作时发生流量的跳跃现象引起的。

图 3-1-11（a）中，两个调速阀可单独调节，两进给速度互不影响。但一调速阀工作时另一调速阀无油液通过，后者的定差减压阀部分处于非工作状态，若该阀内无行程限位装置，此时减压阀阀口将完全打开，一旦换接，油液大量通过此阀，液压缸会出现前冲现象。

（2）排除方法。若将两调速阀按图 3-1-11（b）方式并联，不难看出，调速阀在速度换接时总有压力油通过，则不会发生液压缸前冲的现象，避免了液压冲击的发生。

12. 因调速元件位置不当导致油温偏高

图 3-1-12（a）所示为某试制设备的液压回路图，该设备在工作一段时间后，油液温升过高，严重影响系统的正常工作。

（1）故障分析。导致油温异常升高的原因有以下两个：一是在液压缸停止时，液压泵没有处于卸荷状态，泵输出的压力油全部通过换向阀和调速阀流回油箱，损失的压力能转换为热量，使油温升高；二是液压缸在返回时，换向阀处于右位，回油也要经过调速阀回油箱，其节流损失使油温升高。

（2）排除方法。上述问题的原因在于调速阀的安放位置不合理，是设计者失误所导致的。在设计出口调速回路时，一定要设置好节流调速元件在整个回路中的位置，改进图如图 3-1-12（b）所示。将调速阀位置改接在液压缸的出口与换向阀之间，并增加一个与其并联的单向阀，目的是快退时进油路能经单向阀直接进入液压缸右腔，实现快退动作行程。

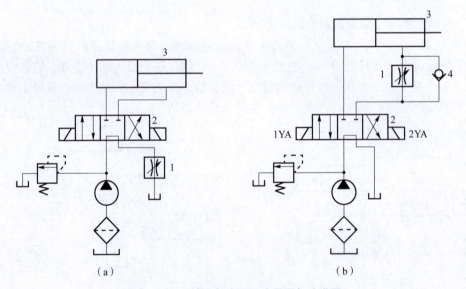

图 3-1-12 某设备液压回路原图与改进图
(a) 某设备液压回路原图；(b) 某设备液压回路改进图
1—调速阀；2—换向阀；3—液压缸；4—单向阀

项目四　气压传动系统组建

任务 4.1　认识气压传动系统

在高效率、高净化、无污染的场合，如食品、医药、印刷以及自动化领域中，常常会用到气压传动设备，它们以压缩空气为工作介质进行能量和信号的传递。

气压传动技术是实现各种生产控制、自动化作业的重要手段之一。

4.1.1　气压传动系统的组成

气压传动系统与液压传动系统类似，一个完整的气压传动系统由以下 5 部分组成。

（1）动力元件（气源装置）：获得压缩空气的装置，其主体部分是空气压缩机。它将原动机（如电动机）输出的机械能转变为气体的压力能。

（2）执行元件：包括各种气缸和气动马达，是将气体的压力能转换为机械能的元件。

（3）控制元件：包括各种阀体，是用来控制压缩空气的方向、压力、流量的元件，使执行元件完成预定的运动过程。

（4）辅助元件：保证压缩空气的净化、元件的润滑、元件间的连接，以及压力监控、消声等所需的元件。包括各种冷却器、储气罐、干燥器、油雾器及消声器等，对保证气压传动系统可靠、稳定和持久的工作有着十分重要的作用。

（5）工作介质：气压传动的工作介质通常为压缩空气，空气的主要成分有氮气、氧气和水蒸气等。相比于固体和液体，空气的黏度小、密度小、可压缩性大，并且在压缩空气冷却后，相对湿度大大增加，当温度降低到露点后，会凝析出水滴。

4.1.2　气压传动系统的工作原理

下面以气动剪切机为例，介绍气压传动系统的工作原理。

图 4-1-1 所示为气动剪切机剪切前状态的工作原理。空气压缩机由电动机带动，产生的压缩空气经后冷却器、油水分离器、储气罐、空气过滤器、减压阀、油雾器到达换向阀，部分气体经节流通路 a 进入换向阀的下腔，使上腔弹簧压缩，换向阀阀芯上移，使得大部分压缩空气经换向阀由 b 路进入气缸的有杆腔，而气缸的无杆腔经 c 路、换向阀与大气相通，故气缸活塞处于缩回状态。

图 4-1-2 所示为气动剪切机剪切后状态的工作原理。当上料装置将工料送入剪切机并到达设定位置时，工料压下行程阀，此时换向阀的阀芯下腔压缩空气经 d 路、行程阀排入大气，在弹簧的推动下，换向阀阀芯向下运动。此时，压缩空气经换向阀后由 c 路进入气缸的

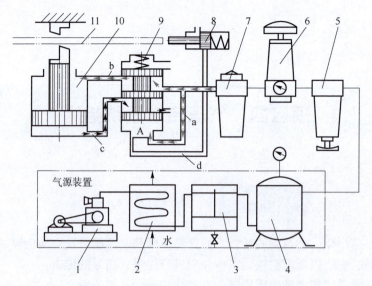

图 4-1-1 气动剪切机的工作原理（剪切前）

1—空气压缩机；2—后冷却器；3—油水分离器；4—储气罐；5—空气过滤器；6—减压阀；
7—油雾器；8—行程阀；9—换向阀；10—气缸；11—工料

无杆腔，气缸的有杆腔经 b 路、换向阀与大气相通，气缸活塞杆迅速伸出，带动剪刃闭合剪切工料。

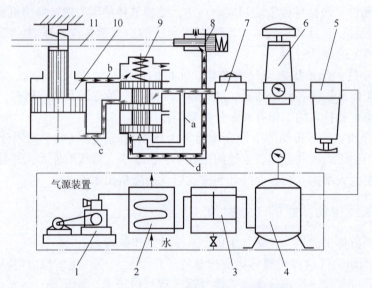

图 4-1-2 气动剪切机的工作原理（剪切后）

1—空气压缩机；2—后冷却器；3—油水分离器；4—储气罐；5—空气过滤器；
6—减压阀；7—油雾器；8—行程阀；9—换向阀；10—气缸；11—工料

工料剪下后，即与行程阀脱开，行程阀阀芯在弹簧作用下复位，d 路堵死，换向阀阀芯上移，气缸活塞杆缩回，又恢复到剪切前的状态。

由上分析可知，剪刃克服阻力剪断工料的机械能来自压缩空气的压力能，负责提供压缩空气的是空气压缩机。气路中的换向阀、行程阀能够改变气体流向，从而控制气缸活塞运动的方向。图 4-1-3 所示为用图形符号（又称职能符号）绘制的气动剪切机系统原理。

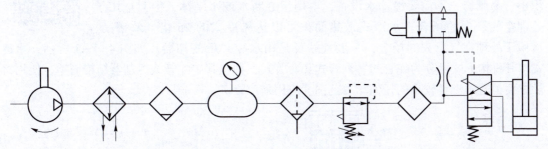

图 4-1-3　气动剪切机的工作原理（图形符号）

4.1.3　气源装置

气源装置可为气压传动系统提供满足要求的压缩空气，是气压传动的动力部分。由空气压缩机产生的压缩空气，必须经过降温、净化、减压、稳压等处理后才能使用。

1. 空气压缩机

空气压缩机简称空压机，是将空气压缩成压缩空气，将电动机传出的机械能转化成压缩空气的压力能的装置。

图 4-1-4 所示为活塞式空气压缩机的工作原理。当电动机带动曲柄旋转，使得滑块和活塞向右移动时，气缸腔内容积变大形成真空，在大气压及弹簧的作用下，排气阀关闭，而吸气阀打开，空气进入气缸腔内。曲柄继续旋转，使得活塞向左移动时，气缸腔内因容积变小使得气体被压缩，压力升高，吸气阀关闭，排气阀打开，形成压缩空气并排出。电动机不断带动曲柄，这样活塞循环往复运动，就可不断产生压缩空气。

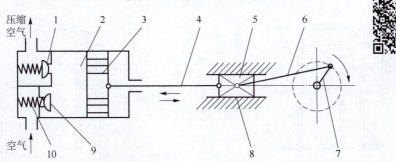

图 4-1-4　活塞式空气压缩机的工作原理

1—排气阀；2—气缸；3—活塞；4—活塞杆；5—滑块；6—连杆；
7—曲柄；8—滑道；9—吸气阀；10—弹簧

2. 后冷却器

后冷却器都安装在空气压缩机的出口管路上，由于空气压缩机输出的压缩空气的温度能达到 120 ℃ 以上，在此温度下，空气中的水分完全呈气态，后冷却器的作用就是将压缩空气的温度冷却至40 ℃以下，使得其中的大部分水汽和变质油雾冷凝成液态水滴和油滴，从空气中分离出来。

后冷却器有风冷式和水冷式两种。风冷式结构紧凑、质量轻、占地面积小、易维修，不需要冷却水设备，不用担心断水或水结冰，但只适用于处理空气量少的场合。水冷式散热面积可以达风冷式的25倍，效率高，适用于处理空气量大的场合，一般气站都是用水冷式后冷却器。如图4-1-5所示，水冷式按其机构形式可分为蛇管式、列管式和套管式三种，其中蛇管式冷却器结构简单，使用维护方便，适于流量较小的任何压力范围，应用最广泛。

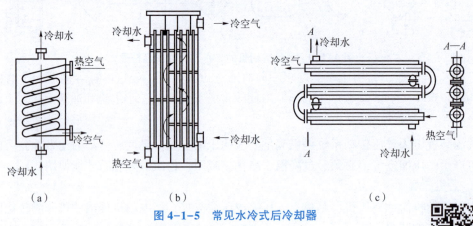

图 4-1-5 常见水冷式后冷却器
（a）蛇管式；（b）列管式；（c）套管式

3. 油水分离器

油水分离器将经后冷却器降温凝结出的水滴和油滴等杂质从压缩空气中分离出来。油水分离器主要是用离心、撞击、水洗等方法使压缩空气中凝聚的水分、油分等杂质从压缩空气中分离出来，使压缩空气得到初步净化。其结构形式如图4-1-6所示。

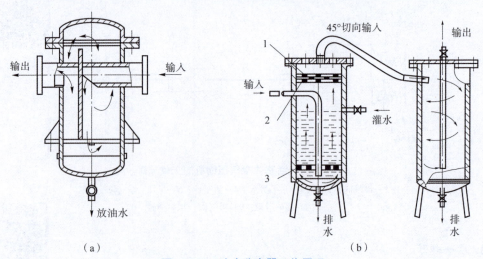

图 4-1-6 油水分离器工作原理
（a）撞击-折回式；（b）水浴-旋转离心式
1—羊毛毡；2—多孔塑料隔板；3—多孔不锈钢板

4. 储气罐

空气压缩机输出的压缩空气的压力不是恒定的,有了储气罐后就可以消除压力脉动,保证供气的连续性、稳定性。其储存的压缩空气可以在空气压缩机故障或停电时维持一定时间的供气,以便保证设备的安全。并且,其储存的压缩空气可依靠自然冷却降温,进一步分离掉压缩空气中的水分和油分。

5. 空气过滤器

空气过滤器主要用于除去压缩空气中的固态杂质、水滴和油污等污染物,是保证气动设备正常运行的重要元件。按过滤器的排水方式,可分为手动排水式和自动排水式。

空气过滤器的过滤原理是根据固体物质和空气分子的大小和质量不同,利用惯性、阻隔和吸附的方法将灰尘和杂质与空气分离。

如图4-1-7所示,当压缩空气从左向右通过过滤器时,经过叶栅导向后,沿着滤杯的圆周向下做旋转运动。旋转产生的离心力使较重的灰尘颗粒、小水滴和油滴由于自身惯性的作用与滤杯内壁碰撞,并从空气中分离出来流至杯底沉淀起来。其后压缩空气流过滤芯,进一步过滤掉更细微的杂质微粒,最后经输出口输出的压缩空气供气装置使用。为防止气流漩涡卷起存于杯中的污水,在滤芯下部设有挡水板。手动排水阀必须在液位达到挡水板前定期开启以放掉存积的油、水和杂质。有些场合由于人工观察水位和排放不方便,可以将手动排水阀改为自动排水阀,实现自动定期排放。空气过滤器必须垂直安装,压缩空气的进出方向也不可颠倒。空气过滤器的滤芯长期使用后,其通气小孔会逐渐堵塞,使得气流通过能力降低,因此应对滤芯定期进行清洗或更换。

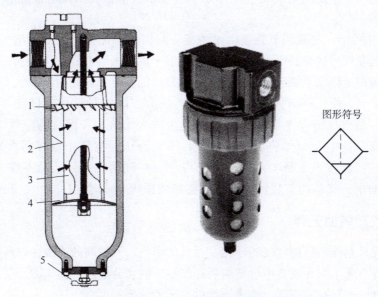

图4-1-7 空气过滤器的工作原理及实物
1—叶栅;2—滤杯;3—滤芯;4—挡水板;5—手动排水阀

6. 干燥器

压缩空气经后冷却器、油水分离器、储气罐、空气过滤器净化处理后,其中仍含有一定量的水蒸气,对于要求较高的气压传动系统还需要进一步处理。干燥器可以进一步去除压缩空气中的水、油和灰尘,其方法有冷却式、吸附式和高分子隔膜式等,其工作原理如图 4-1-8 所示。

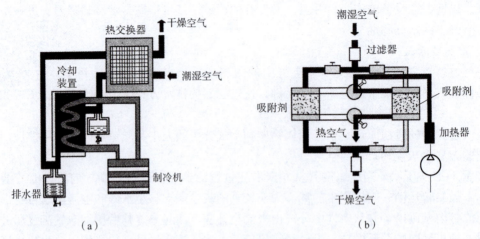

图 4-1-8　常用干燥器的工作原理
(a) 冷冻法;(b) 吸附法

7. 气源调节装置

在实际应用中,从空气压缩站输出的压缩空气并不能满足气压传动元件对气源质量的要求,为使压缩空气质量及压力满足气压传动系统要求,常在气压传动系统前安装气源调节装置。

如图 4-1-9 所示,气源调节装置由过滤器、减压阀和油雾器三部分组成,称为气动三联件。过滤器用于从压缩空气中进一步除去水分和固体杂质粒子等;减压阀用于将气压调节至系统所需的压力;油雾器可以把润滑油油滴喷射到压缩空气,使压缩空气中含有一定量的油雾,以便对气动元件进 行润滑。由于一般气压传动系统的空气都是直接排入大气中,而含油空气对人体是有害的,且一些特殊行业中(如医药、食品加工)不允许压缩空气中含有润滑油,随着科学技术的进步,一些新技术、新工艺的应用,现在一些气动元器件已经不需要在压缩空气中加润滑油以润滑,气源调节装置只由过滤器和减压阀组成时,称之为二联件。

4.1.4　气动辅助元件

气动辅助元件是保证压缩空气的净化、元件的润滑、元件间的连接,以及压力监控、消声等所需的元件。除了气源装置中提到的后冷却器、油水分离器、储气罐、空气过滤器、干燥器、油雾器外,还包括消声器、管道连接件、压力表等。

1. 消声器

在气压传动系统中,气阀、气缸等元件在排气时,会产生刺耳的噪声,噪声的强弱与排气的速度、流量以及通道的结构有关,为了降低排气噪声,可在排气口安装消声器。

消声器通过降低排气速度和功率来降低噪声,一般有三种类型:吸收型消声器、膨胀型消声器、膨胀干涉吸收型消声器,常用的是吸收型消声器。吸收型消声器如图 4-1-10 所

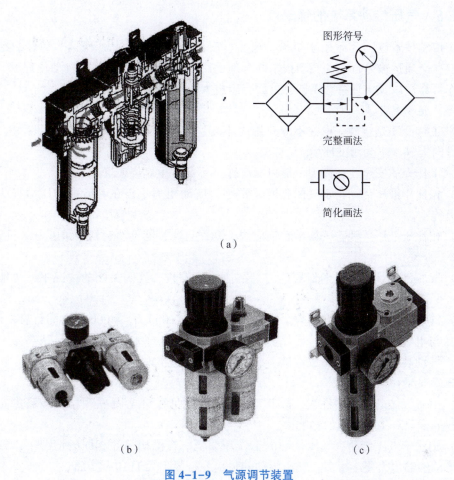

图 4-1-9　气源调节装置

(a)气动三联件的剖面结构；(b)有油雾器（三联件）；(c)无油雾器（二联件）

示，消声罩为多孔的吸声材料，一般用聚苯乙烯或铜珠烧结而成。当有压缩空气通过消声罩时，气流受阻，能量被部分吸收转化成热能，从而降低噪声强度。

2. **管道连接件**

管道连接件包括各类气管和管接头，用于将各气动元件连接成一个完整的系统。

1) 气管

气管可分为硬管和软管两种。一些固定不动的、不需要经常拆装的部分使用硬管，连接运动部件、临时使用以及需要拆装方便的管路使用软管。硬管主要有铁管、铜管、黄铜管、紫铜管、硬塑料管等，软管主要有塑料软管、尼龙管、橡胶管、金属编织管、挠性金属管等。

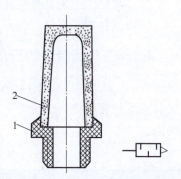

图 4-1-10　吸收型消声器

1—螺纹接头；2—消声罩

2) 管接头

气压传动系统中使用的管接头，其结构与工作原理与液压管接头类似。

4.1.5 气压传动系统的优缺点

气压传动技术被广泛运用于机械、电子、轻工、纺织、食品、医药、包装、冶金、石化、航空、交通运输等行业。气动技术的合理运用，对提高生产效率、自动化程度、产品质量、工作可靠性以及实现特殊工艺等方面有着极大的优势。

1. 气压传动的优点

（1）工作介质是空气，取之不尽、用之不竭；气体不易堵塞通道，流通性好；使用后可直接排向大气，不会污染环境。

（2）工作介质安全，在高温下能可靠工作，不会发生燃烧或爆炸。

（3）相比于液压传动，空气的黏度非常小，流动阻力小，在管道中的压力损失小，便于远距离传输。

（4）相比于液压传动，气压传动反应快、动作迅速，能迅速达到工作压力（只需$0.02 \sim 0.3 \text{ s}$）。

（5）气压传动具有较强的保压能力，在压缩机停机、气阀关闭的情况下，仍能使得系统维持一个稳定的工作压力。

（6）气动元件的可靠性高、寿命长，能进行多达 2 000 万~4 000 万次的可靠工作。

（7）与电气控制配合使用，容易实现自动化控制。

（8）气动装置结构简单、成本低、维护方便，容易实现过载保护。

2. 气压传动的缺点

（1）由于气体的可压缩性大，故其动作的稳定性差，不容易实现精度较高的定位，系统外负载的变化对工作速度的影响大。

（2）相比于液压传动，气压传动的工作压力低。在结构尺寸相同的情况下，气压传动比液压传动的输出力要小得多，气压传动的输出力一般不大于 10~40 kN。

（3）相比于电信号，气动信号的反应及传递速度慢，不适合用于传递速度要求高的复杂控制。

（4）噪声大，尤其是在高速排气时需要加消声器。

（5）气体的黏度低，相比于液压传动系统更容易泄漏。

4.1.6 气压传动的应用

由于气压传动相比其他的传动方式具有防火、防爆、节能、高效、成本低廉、无污染等优点，因此在国内外工业生产中应用越来越普遍。表 4-1-1 列举了气压传动的部分应用实例。

表 4-1-1 气压传动的应用实例

应用领域	采用气压传动的机器设备和装置
轻工、纺织及化工机械	气动上下料装置；食品包装生产线；气动罐装置；制革生产线
化工	化工原料输送装置；石油钻采装置；射流负压采样器等
能源与冶金工业	冷轧、热轧装置气压传动系统；金属冶炼装置气压传动系统、液压传动系统
电器制造	印制电路板自动生产线；家用电器生产线；显像管转动机械手动装置
机械制造工业	自动生产线；各类机床；工业机械手和机器人；零件加工及检测装置

任务4.2 机械手抓取机构气压传动系统的组建

4.2.1 任务解析

机械手的抓取和松开,是通过气缸推动抓取机构来实现的,气缸缩回时抓取工件,气缸伸出时松开工件。所以,要实现任务所要求的控制,只要实现控制气缸的伸出与缩回即可。

4.2.2 气动执行元件

1. 气缸

1) 气缸的分类

气缸使用广泛,使用条件各不相同,从而其结构、形状各异,分类方法繁多。如以结构和功能来分,可分为以下几种:

(1) 按气缸是否需要借助外力复位,可分为单作用气缸(需要)和双作用气缸(不需要)。

(2) 按结构不同,可分为活塞式、柱塞式、叶片式、薄膜式气缸及气液阻尼缸等。

(3) 按安装方式,可分为耳座式、法兰式、轴销式和凸缘式气缸。

(4) 按功能,可分为普通气缸和特殊作用气缸。普通气缸指用于无特殊要求场合的一般单、双作用气缸,在市场上容易购得;特殊作用气缸用于特定的工作场合,一般需要订购。

2) 特殊作用气缸

大多数气缸的工作原理与液压缸相同,这里不再复述,有几种特殊用途的气缸,如气液阻尼缸、薄膜式气缸、冲击式气缸等。

3) 气缸的图形符号

表4-2-1所示为常见气缸的图形符号。

表4-2-1 常见气缸的图形符号

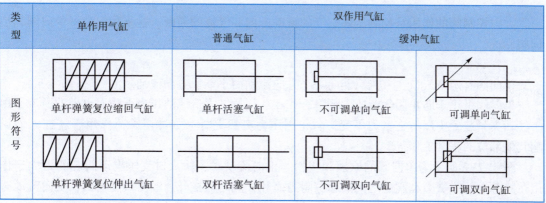

2. 气动马达

气动马达是将压缩空气的压力能转换成连续回转运动的装置,最常见的气动马达有叶片式、活塞式和薄膜式三种。

图 4-2-1（a）所示为叶片式气动马达的工作原理。压缩空气由 A 孔输入后，分为两路：一路经定子两端密封盖的槽进入叶片底部（图中未表示出来）将叶片推出，叶片靠此气压推力和转子转动的离心力作用而紧密地贴紧在定子内壁上；另一路经 A 孔进入相应的密封工作空间，压缩空气作用在两个叶片上，由于两叶片伸出长度不等，叶片的受力面积不同，在叶片上产生的作用力大小也就不同，就产生了转矩，使得叶片与转子按逆时针方向转动。做功后的气体由定子上的孔 C 排出。若改变压缩空气的输入方向，就可以改变转子的转向。

图 4-2-1（b）所示为径向活塞式气动马达的工作原理。压缩空气经进气口进入分配阀后再进入气缸，推动活塞及连杆组件运动，迫使曲轴旋转，同时带动固定在曲轴上的分配阀同步转动，压缩空气随着分配阀角度位置的改变而进入不同的缸内，依次推动各个活塞运动，各活塞及连杆带动曲轴连续运转。

图 4-2-1（c）所示为薄膜式气动马达的工作原理。它左边部分为薄膜式气缸，当它做往复运动时，推杆端部的棘爪使棘轮做间歇性转动。

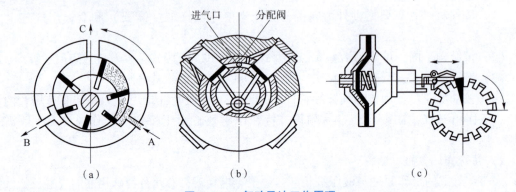

图 4-2-1　气动马达工作原理
(a) 叶片式；(b) 径向活塞式；(c) 薄膜式

4.2.3　方向控制阀

方向控制阀的作用是控制压缩空气的流动方向和气流的通断，这里我们学习单向阀和换向阀。

1. 单向阀

单向阀有两个气口，气流只能向一个方向流动而不能反方向流动。

单向阀可用于防止因气源压力下降，或因耗气量增大造成的压力下降而出现的逆流，用于气动夹紧装置中保持夹紧力不变；防止因压力突然上升（如冲击载荷作用于气缸）而影响其他部位的正常工作等。

图 4-2-2 所示为单向阀的原理和实物。正向流动时，输入口气压推动阀芯的力大于作用在阀芯上的弹簧力和阀芯之间的摩擦阻力之和，阀芯被推开，输出口有输出；反向流动时阀芯被顶死，使得反向气流无法通过。

保持阀芯开启达到一定流量时的压力（差），称为开启压力。普通单向阀开启压力约为 0.02 MPa。开启压力太低，容易漏气，且复位时间过长，容易造成误动作。开启压力太高

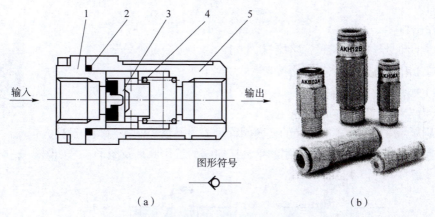

图 4-2-2 单向阀的原理及实物
(a) 原理；(b) 实物
1—阀块；2—O形密封圈；3—阀芯；4—弹簧；5—阀盖

则会导致灵敏度降低，压力损失增大。

安装单向阀时，输入为进口，输出为出口，不得装反。单向阀受冲击压力时，其冲击压力值不得大于 1.5 MPa。

2. 换向阀

用于改变气体通道，使气体流动方向发生变化从而改变气动执行元件的运动方向的元件称为换向阀。换向阀按操控方式主要分为人力操纵控制、机械操纵控制、气压操纵控制和电磁操纵控制 4 类。

1) 换向阀的表示方法

换向阀阀芯处在不同位置，各接口间有不同的连通状态，换向阀这些位置和通路符号的不同组合就可以得到各种不同功能的换向阀，常用换向阀的图形符号如图 4-2-3 所示。

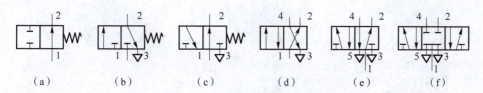

图 4-2-3 常用换向阀的图形符号
(a) 二位二通换向阀；(b) 常断型二位三通换向阀；(c) 常通型二位三通换向阀；
(d) 二位四通换向阀；(e) 二位五通换向阀；(f) 中位封闭式三位五通换向阀

和液压换向阀类似，"位"指的是阀芯相对于阀体所具有的不同的工作位置，图形符号中有几个方格就有几位；"通"指的是换向阀与系统相连的通道数，有几个通口即几通；"⊥"和"⊤"表示各接口互不相通。

换向阀的接口需符合一定的规则。本任务中采用的是 DIN ISO5599 所确定的规则，标号方法如下：

压缩空气输入口：　　　　　　　　1

排气口：	3、5
信号输出口：	2、4
使接口1和2导通的控制管路接口：	12
使接口1和4导通的控制管路接口：	14
使阀门关闭的控制管路接口：	10

2）人力操纵控制换向阀

依靠人力对阀芯位置进行切换的换向阀称为人力操纵控制换向阀，简称人控阀。人控阀又可分为手动阀和脚踏阀两大类。常用的手动换向阀的工作原理及图形符号如图4-2-4所示。

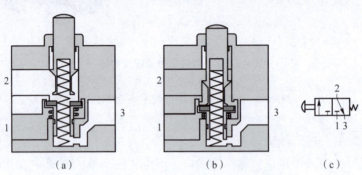

图4-2-4 常用的手动换向阀的工作原理及图形符号
(a) 换向前；(b) 换向后；(c) 图形符号

与其他控制方式相比，人力操纵控制换向阀使用频率较低，动作速度较慢。因操纵力不宜太大，所以阀的通径较小，操作也比较灵活。在直接控制回路中，人力操纵控制换向阀用来直接操纵气动执行元件，用作信号阀。人控阀的常用操控机构如图4-2-5所示。

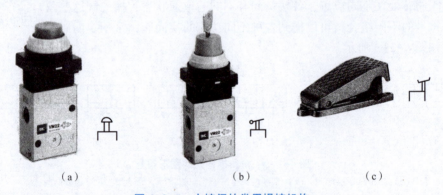

图4-2-5 人控阀的常用操控机构
(a) 按钮式；(b) 锁式；(c) 脚踏式

3）机械操纵控制换向阀

机械操纵控制换向阀是利用安装在工作台上的凸轮、撞块或其他机械外力来推动阀芯动作实现换向的换向阀。由于它通常用来控制和检测机械运动部件的行程，所以一般也称为行程阀。行程阀常见的操控方式有顶杆式、滚轮式、单向滚轮式等，其换向原理与手动换向阀类似。顶杆式行程阀是利用机械外力直接推动阀杆的头部使阀芯位置变化实现换向的。滚轮式行程阀头部安装滚轮可以减小阀杆所受的侧向力。单向滚轮式行程阀常用来排除回路中的障碍信号，其头部滚轮是可以折回的。如图 4-2-6 所示，单向滚轮式行程阀只有在凸块从正方向通过滚轮时才能压下阀杆发生换向；反向通过时，滚轮式行程阀不换向。行程阀实物如图 4-2-7 所示。

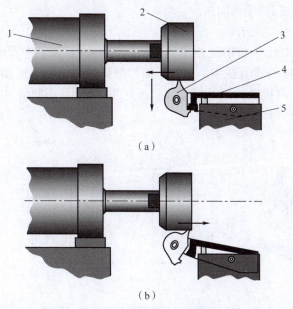

图 4-2-6　单向滚轮式行程阀工作原理
（a）正向通过；（b）反向通过
1—气缸；2—凸块；3—滚轮；4—阀杆；5—行程阀阀体

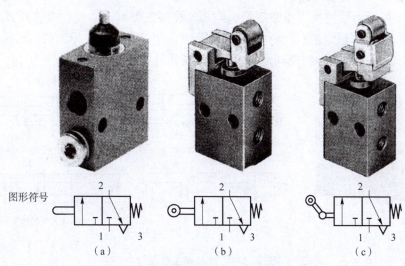

图 4-2-7　行程阀实物及对应的图形符号
（a）顶杆式；（b）滚轮式；（c）单向滚轮式

4）气压操纵控制换向阀

气压操纵控制换向阀（简称气控阀）是靠气压力使阀芯移动的阀，根据控制方式的不同可分为加压控制、卸压控制和差压控制三种。

加压控制是指控制信号的压力上升到阀芯动作压力时，主阀换向，是最常用的气控阀；卸压控制是指所加的气压控制信号减小到某一压力值时阀芯动作，主阀换向；差压控制是利用换向阀两端气压有效作用面积的不等，使阀芯两侧产生压力差来使阀芯动作实现换向的。下面介绍几种常用的加压控制换向阀。

（1）单气控加压力式换向阀。

图4-2-8所示为二位三通单气控加压式换向阀的外形和工作原理。如图4-2-8（b）所示，12口没有控制信号时，阀芯在弹簧与1腔气压作用下，使1、2口断开，2、3口接通，阀处于排气状态；当12口有控制信号时，1、2口接通，2、3口断开，高压气体从2口输出。

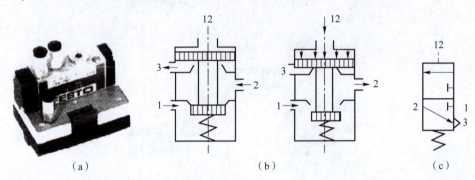

图4-2-8　二位三通单气控加压式换向阀的外形和工作原理
（a）实物；（b）工作原理；（c）图形符号

（2）双气控加压式换向阀。

图4-2-9所示为气控阀工作原理。单控式气控阀靠弹簧力复位、双气控或气压复位的气控阀，如果阀两边气压控制腔所作用的操作活塞面积存在差别，导致在相同控制压力同时作用下驱动阀芯的力不相等而使阀换向，则该阀为差压控制阀。

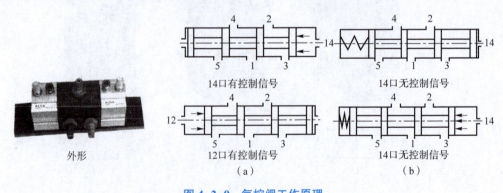

图4-2-9　气控阀工作原理
（a）双气控滑阀；（b）单气控滑阀

对气控阀在其控制压力到阀控制腔的气路上串接一个单向溢流阀和固定气室组成的延时环节，就构成延时阀。控制信号的气体压力经单向溢流阀向固定气室充气，当充气压力达到主阀动作要求的压力时，气控阀换向，阀切换延时时间可通过调节溢流阀开口大小来调整。

5）电磁换向阀

电磁换向阀是利用电磁线圈通电时所产生的电磁吸力使阀芯改变位置实现换向的，简称为电磁阀。电磁阀能够利用电信号对气流方向进行控制，使得气压传动系统可以实现电气控制，是气动控制系统中最常用的方向控制元件。

电磁换向阀按操作方式的不同可分为直动式和先导式。图 4-2-10 所示为这两种操作方式的表示方法。

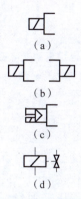

图 4-2-10　电磁换向阀操控方式的表示方法

(a) 单侧电磁控制（直动式）；(b) 双侧电磁控制（直动式）；
(c) 先导式电磁控制（带手控）；(d) 电磁阀线图

(1) 直动式电磁阀。

直动式电磁阀是利用电磁线圈通电时，静铁芯对动铁芯产生的电磁吸力直接推动阀芯移动实现换向的。图 4-2-11 所示为单电控直动式电磁阀的动作原理。通电时，电磁铁推动阀芯向下移动，使 1、2 接通，阀处于进气状态。断电时，阀芯靠弹簧力复位，使 1、2 断开，2、3 接通，阀处于排气状态。

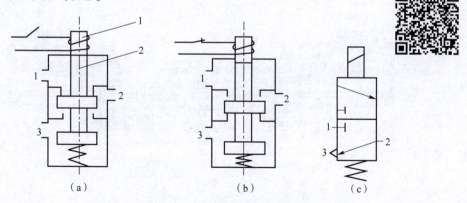

图 4-2-11　单电控直动式电磁阀的动作原理

(a) 断电；(b) 通电；(c) 图形符号
1—电磁铁；2—阀芯

图 4-2-12 所示为双电控直动式电磁阀的动作原理。当电磁铁 1 通电、电磁铁 2 断电

时,阀芯被推到右位,4口有输出,2口排气,此时若电磁铁1断电,阀芯位置不变,即具有记忆功能。当电磁铁1断电、电磁铁2通电时,阀芯被推到左位,2口输出,4口排气。若电磁铁2断电,空气通路仍保持原位不变。

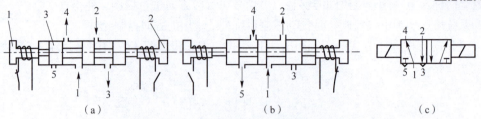

图 4-2-12 双电控直动式电磁阀的动作原理
(a)电磁铁1通电,2断电;(b)电磁铁1断电,2通电;(c)图形符号
1、2—电磁铁;3—阀芯

(2)先导式电磁阀。

直动式电磁阀由于阀芯的换向行程受电磁吸合行程的限制,只适用于小型阀。先导式电磁阀则由直动式电磁阀(先导阀)和气控换向阀(主阀)两部分构成。其中直动式电磁阀在电磁先导阀线圈得电后,导通产生先导气压。先导气压再来推动大型气控换向阀阀芯动作,实现换向。其结构示意图如图 4-2-13 所示。

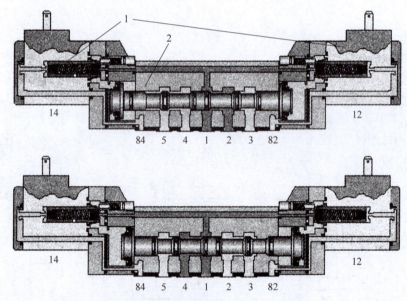

图 4-2-13 先导式电磁阀结构示意图
1—先导阀;2—主阀

按电磁线圈数,先导式电磁阀分为单电控和双电控。按先导压力来源,先导式电磁阀有内部先导式和外部先导式。图 4-2-14 所示为单电控外部先导式电磁阀的动作原理。当电磁先导阀断电时,先导阀的 X、A_1 口断开,A_1、P_E 口接通,先导阀处于排气状态,即主阀的控制腔 A_1 处于排气状态。此时,主阀阀芯在弹簧和 X 口气压的作用下向右移动,将 1、2 口

断开，2、3口接通，即主阀处于排气状态。当电磁先导阀通电时，X、A_1口接通，先导阀处于进气状态，即主阀控制腔A_1进气。由于A_1腔内气体作用于阀芯上的力大于X口气体作用在阀芯上的力与弹簧力之和，因此将活塞推向左边，使1、2口接通，即主阀处于进气状态。图4-2-14（c）所示为单电控外部先导式电磁阀的详细图形符号，图4-2-14（d）所示为其简化图形符号。图4-2-15所示为电磁换向阀实物。

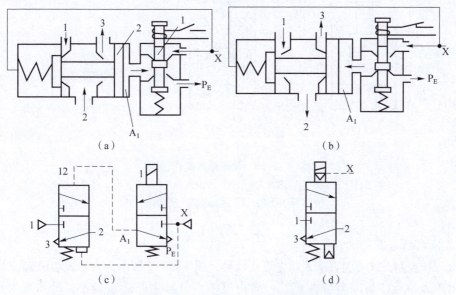

图4-2-14 单电控外部先导式电磁阀的动作原理
（a）电磁先导阀断电时；（b）电磁先导阀断电时；（c）详细图形符号；（d）简化图形符号
1—电磁先导阀；2—主阀

图4-2-15 电磁换向阀实物

4.2.4 溢流阀

溢流阀（安全阀）在系统中起限制最高压力，保护系统安全的作用。当回路、气罐的压力上升到设定值以上时，溢流阀（安全阀）打开，将压缩空气排入大气，以保证压力不超过设定值。

1. 工作原理

图4-2-16所示为溢流阀的工作原理。它由调压弹簧、调节手轮、阀芯和壳体组成。当

气压传动系统的气体压力在规定的范围内时，由于气压作用在阀芯上的力小于调压弹簧的预压力，所以阀门处于关闭状态。当气压传动系统的压力升高时，作用在阀芯上的力就克服弹簧力使阀芯向上移动，阀门开启，压缩空气由排气孔 T 排出，实现溢流，直到系统的压力降至规定压力以下时，阀门重新关闭。开启压力大小靠调压弹簧的预压缩量来实现。

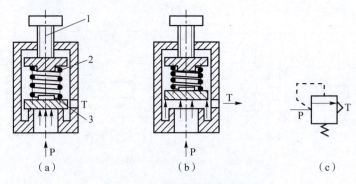

图 4-2-16 溢流阀的工作原理

（a）进口压力小于开启压力；（b）进口压力大于开启压力；（c）图形符号
1—调节手轮；2—调压弹簧；3—阀芯

2. 溢流阀的分类

溢流阀按控制方式分为直动式和先导式两种。图 4-2-17 所示为直动式溢流阀，其开启压力与关闭压力接近，即压力特性较好、动作灵敏，但最大开启量较小，即流量特性较差。图 4-2-18 所示为先导式溢流阀，它由一小型的直动式减压阀提供控制信号，以气压代替弹簧控制溢流阀的开启压力。先导式溢流阀一般用于管道直径大或需要远距离控制的场合。

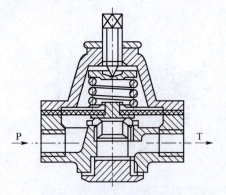

图 4-2-17 直动式溢流阀

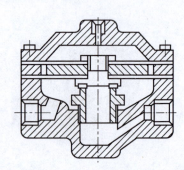

图 4-2-18 先导式溢流阀

4.2.5 真空发生器

真空发生器是利用正压气源快速方便地获得负压的一种小型真空元器件，其广泛运用于机械、包装、印刷、码垛、机器人等领域。真空发生器一般需要与真空吸盘配合，用于各种物料的吸附和搬运，尤其适合于搬运易碎、柔软、薄片、具有光滑表面的物体。

图 4-2-19 所示为真空发生器的实物、结构及图形符号，其工作原理是利用喷管高速喷射压缩空气，在喷嘴出口形成射流，产生卷吸流动，在卷吸作用下，喷管出口周围的空气不

断被吸走，使得吸附腔内形成真空度，在 A 口处产生真空吸力。

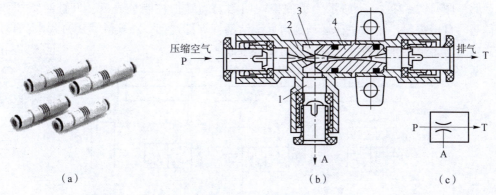

图 4-2-19　真空发生器
(a) 实物；(b) 结构；(c) 图形符号
1—被引射腔；2—喷管；3—吸附腔；4—扩散腔

4.2.6　真空吸盘

真空吸盘是用以直接吸吊物体的元器件，又称真空吊具，通常由金属骨架与橡胶材料压制而成，配合真空设备（如真空发生器）能产生较大的吸附力，被广泛运用于各种吸吊设备上。运用真空吸盘抓取物体，具有适应性强、可靠度高、经济实惠等优点。

图 4-2-20 所示为平直型真空吸盘的实物、结构及图形符号。将真空吸盘的接管与真空设备连接，然后让吸盘与物体接触，启动真空设备后，物体将被吸附在吸盘上，随后便可搬运物体至目的地。当需要放下物体时，只需让真空吸盘充气至大气压，物体就会脱离真空吸盘。

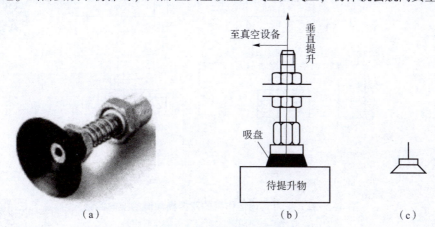

图 4-2-20　平直型真空吸盘
(a) 实物；(b) 结构；(c) 图形符号

4.2.7　方向控制回路

1. 单控换向回路

图 4-2-21 所示为采用无记忆作用的单控换向阀（控制信号撤销后，阀芯位置不能保

持）的换向回路，其中图 4-2-21（a）所示为气控换向回路，图 4-2-21（b）所示为电控换向回路，图 4-2-21（c）所示为手控换向回路。当施加控制信号后，气缸活塞杆伸出；控制信号一旦消失，不论活塞杆运动到何处，活塞杆立即退回。在实际使用过程中，必须保证控制信号有足够的延迟时间，否则容易出现事故。

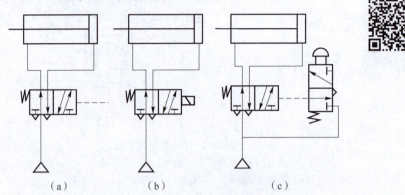

图 4-2-21　采用无记忆作用的单控换向阀的换向回路
(a) 气控换向回路；(b) 电控换向回路；(c) 手控换向回路

2. 双控换向回路

图 4-2-22 所示为采用有记忆作用的双控换向阀的换向回路，其中图 4-2-22（a）所示为双气控换向回路；图 4-2-22（b）所示为双电控换向回路。因回路中的主控阀具有记忆功能，故可以使用脉冲控制信号（但脉冲宽度应能保证主控阀换向），只有施加一个相反的控制信号后，主控阀才会进行换向。

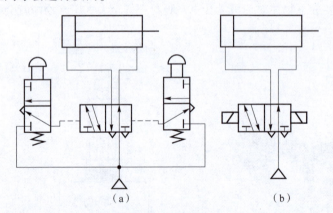

图 4-2-22　采用有记忆作用的双控换向阀的换向回路
(a) 双气控换向回路；(b) 双电控换向回路

3. 自锁式换向回路

图 4-2-23 所示为自锁式换向回路，主控阀采用无记忆功能的单控换向阀，这是一个手动换向回路。当按下手动阀 1 的按钮后，主控阀右位接入，气缸活塞杆伸出，这时即使将手动阀 1 的按钮松开，主动阀也不会换向。只有当手动阀 2 的按钮压下后，控制信号才会消失，主控阀换向复位，左位接入，气缸活塞杆退回。这种回路要求控制管路和手动阀不能漏气。

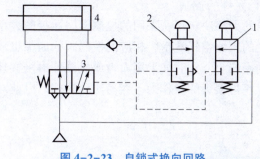

图 4-2-23 自锁式换向回路
1,2—手动阀；3—主控阀；4—气缸

4.2.8 直接控制与间接控制

1. 定义和特点

如图 4-2-24 所示，通过人力或机械外力直接控制换向阀来实现执行元件动作控制，这种控制方式称为直接控制。间接控制则指的是执行元件的动作由气控换向阀来控制，人力、机械外力等外部输入信号只是用来控制气控换向阀的换向，不直接控制执行元件动作。

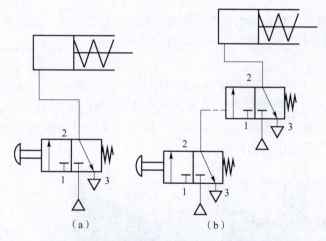

图 4-2-24 气缸的直接控制和间接控制回路
（a）直接控制回路；（b）间接控制回路

2. 直接控制的适用场合

直接控制所用的元件少，回路简单，主要用于单作用气缸或双作用气缸的简单控制，但无法满足换向条件比较复杂的控制要求；而且由于直接控制是由人力和机械外力直接操控换向阀换向的，操作力比较小，故只适用于所需气流量和控制阀的尺寸相对较小的场合。

3. 间接控制的适用场合

1）控制要求比较复杂的回路

在多数气动控制回路中，控制信号往往不止一个，有些输入信号要经过逻辑运算、延时等处理后才去控制执行元件动作。直接控制无法满足这类气动回路的控制要求，这时应采用间接控制。

2）高速或大口径执行元件的控制

执行元件所需气流量的大小决定了所采用的控制阀门通径的大小。对于高速或大口径执行元件，其运动需要较大的压缩空气流量，相应的控制阀的通径也较大。这样，使得驱动控制阀阀芯动作需要较大的操作力。这时如果用人力或机械外力来实现换向比较困难，而利用压缩空气的气压力就可以获得很大的操作力，容易实现换向。因此对于这种需要较大操作力的场合也应采用间接控制。

任务4.3 剪切装置气压传动系统的组建

4.3.1 任务解析

该任务中气缸的伸出由两个按钮同时控制，单独按下某个按钮，不输出信号，只有同时按下两个按钮时才输出信号，实现气缸的动作，这就要求在控制上实现逻辑"与"的功能。

4.3.2 逻辑控制元件

在气压传动系统中，如果有多个输入条件来控制气缸的动作，就需要通过逻辑控制回路来处理这些信号间的逻辑关系，实现执行元件的正确动作。

1. 双压阀

如图4-3-1所示，双压阀有两个输入口1(3)和一个输出口2。只有当两个输入口都有输入时，输出口才有输出，从而实现了逻辑"与门"的功能，因此，双压阀也称"与门型梭阀"。当两个输入信号压力不等时，则输出压力相对低的一个，因此它还有选择小压力的作用。

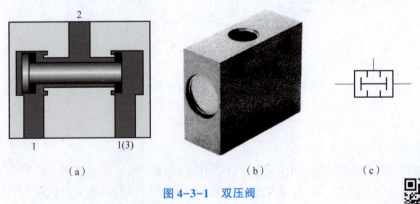

图4-3-1 双压阀
(a) 工作原理；(b) 实物；(c) 图形符号

在气动控制回路中的逻辑"与"除了可以用双压阀实现外，还可以通过输入信号的串联实现，如图4-3-2所示。

2. 梭阀

如图4-3-3所示，梭阀和双压阀一样有两个输入口1(3)和一个输出口2。当两个输

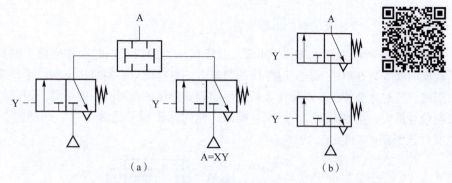

图 4-3-2 逻辑"与"功能
(a) 通过双压阀实现；(b) 通过输入信号串联实现

入中任何一个有输入时，输出口就会有输出，从而实现了逻辑"或门"的功能，因此，梭阀也称"或门型梭阀"。当两个输入信号压力不等时，梭阀则输出压力高的一个。

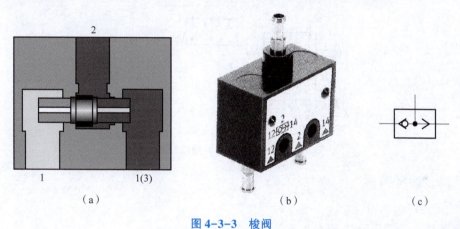

图 4-3-3 梭阀
(a) 工作原理；(b) 实物；(c) 图形符号

在气动控制回路中可以采用图 4-3-4 所示的方法实现逻辑"或"，但不可以简单地通过输入信号的并联实现。因为如果两个输入元件中只要一个有信号，其输出的压缩空气会从另一个输入元件的排气口漏出。

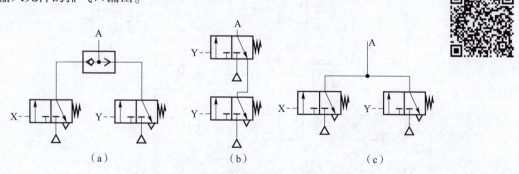

图 4-3-4 逻辑"或"功能
(a) 通过梭阀实现；(b) 通过换向阀实现；(c) 错误的逻辑"或"回路

4.3.3 双手同时操作回路

图 4-3-5 所示为经常应用在冲床、锻压机床上的双手同时操作回路。两只手动换向阀安装在单手不能同时操作的距离上,只有两只手同时按下两个手动换向阀时,气缸才会伸出,对操作人员的手起到安全保护作用。在操作时,如任何一只手离开则控制信号消失,主控阀复位,活塞杆缩回。此回路实现了逻辑"与"的功能,利用双压阀也能实现该回路的功能。

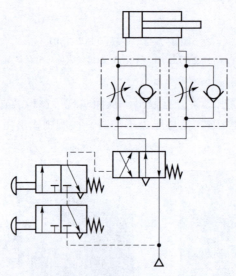

图 4-3-5 双手同时操作回路

4.3.4 参考方案

1. 气动控制回路图

任务 4.3 的参考回路如图 4-3-6 所示。

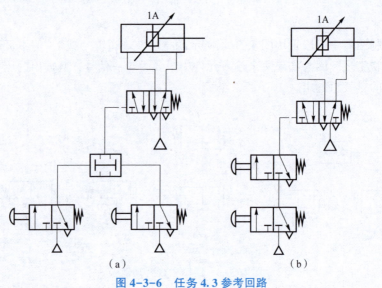

(a)　　　　　　　　　　(b)

图 4-3-6　任务 4.3 参考回路
(a) 方案 (1); (b) 方案 (2)

2. 回路分析

该任务中所用到的双手操作回路是一种很常用的安全保护回路，由于气缸只有在两只手同时操作按钮时才动作，因此保证操作者的双手已经全部离开可能造成危险的区域，从而保证了人员的安全。

由于输入信号有两个，而且这两个输入信号的关系是"与"，所以在设计回路时采用间接控制，两个由按钮产生的输入信号通过逻辑"与"回路进行处理后，送到气控换向阀的控制信号输入端来控制气缸伸出。气缸在控制伸出的信号消失后自动返回，所以换向阀采用单侧气控弹簧复位的结构。

3. 电气控制回路

电气控制中通过对输入信号的串联和并联可以很方便地实现逻辑"与""或"功能，如图4-3-7所示。

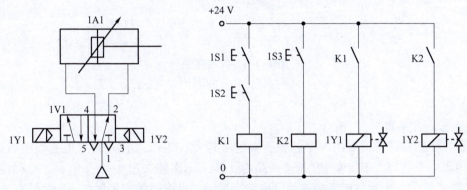

图 4-3-7 任务 4-3-7 电气控制回路

任务4.4　自动送料装置气压传动系统的组建

4.4.1　任务解析

根据任务要求，活塞杆要完全伸出后再缩回，完全缩回后再进行下一个自动伸出动作，要实现此功能，需要能够检测到活塞杆的位置，这就需要用到位置检测元件。

4.4.2　位置控制元件

位置控制是气动控制系统中非常重要的一种控制方式。在实际应用中，当一个自动化装置中各个执行元件需按一定的顺序动作时，可根据生产过程中的位移、时间、压力等信号的变化控制其动作，本任务介绍位置控制。

在气动控制回路中最常用的位置控制元件就是行程阀；采用电气控制时，最常用的位置传感器有行程开关、电容式传感器、电感式传感器、光电式传感器、光纤式传感器和磁感应式传感器。除行程开关外的各类传感器由于都采用非接触式的感应原理，所以也称为接近开关。

1. 行程开关

行程开关是最常用的接触式位置检测元件，它的工作原理和行程阀非常接近。行程阀是利用机械外力使其内部气流换向，行程开关利用机械外力改变其内部电触点通断情况。行程开关的实物及图形符号如图 4-4-1 所示。

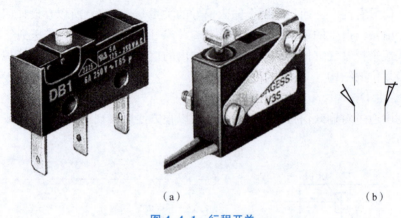

图 4-4-1 行程开关

（a）实物；（b）图形符号

2. 电容式传感器

电容式传感器的感应面由两个同轴金属电极构成，很像"打开的"电容器电极。这两个电极构成一个电容，串接在 RC 振荡回路内，其工作原理如图 4-4-2 所示。电源接通时，RC 振荡器不振荡，当物体朝着电容器的电极靠近时，电容器的容量增加，振荡器开始振荡。通过后级电路的处理，将不振和振荡两种信号转换成开关信号，从而起到了检测有无物体存在的目的。这种传感器能检测金属物体，也能检测非金属物体，对金属物体可以获得最大的动作距离。而对非金属物体，动作距离的决定因素之一是材料的介电常数。材料的介电常数越大，可获得的动作距离越大。材料的面积对动作距离也有一定影响。

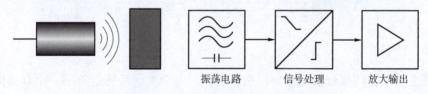

图 4-4-2 电容式传感器工作原理

3. 电感式传感器

电感式传感器的工作原理如图 4-4-3 所示。电感式传感器内部的振荡器在传感器工作表面产生一个交变磁场。当金属物体接近这一磁场并达到感应距离时，在金属物体内产生涡流，从而导致振荡衰减，以至于停振。振荡器振荡及停振的变化被后级放大电路处理并转换成开关信号，触发驱动控制器件，从而达到非接触式的检测目的。电感式传感器只能检测金属物体。

4. 光电式传感器

光电式传感器是通过把光强度的变化转换成电信号的变化来实现检测的。光电式传感器

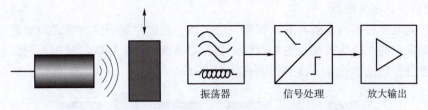

图 4-4-3 电感式传感器的工作原理

一般情况下由发射器、接收器和检测电路三部分构成。发射器对准物体发射光束，发射的光束一般来源于发光二极管和激光二极管等半导体光源。光束不间断地发射，或者改变脉冲宽度。接收器由光电二极管或光电三极管组成，用于接收发射器发出的光线。检测电路用于滤出有效信号和应用该信号。常用的光电式传感器又可分为漫射式、反射式、对射式等。

1）漫射式光电传感器

漫射式光电传感器集发射器与接收器于一体，在前方无物体时，发射器发出的光不会被接收器接收到；当前方有物体时，接收器就能接收到物体反射回来的部分光线，通过检测电路产生开关量的电信号输出。其工作原理如图 4-4-4 所示。

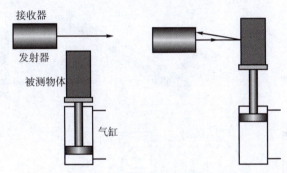

图 4-4-4 漫射式光电传感器工作原理

2）反射式光电传感器

反射式光电传感器也是集发射器与接收器于一体，但与漫射式光电传感器不同的是其前方装有一块反射板。当反射板与发射器之间没有物体遮挡时，接收器可以接收到光线。当被测物体遮挡住反射板时，接收器无法接收到发射器发出的光线，传感器产生输出信号。其工作原理如图 4-4-5 所示。

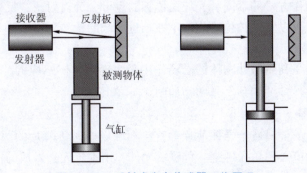

图 4-4-5 反射式光电传感器工作原理

3）对射式光电传感器

对射式光电传感器的发射器和接收器是分离的。在发射器与接收器之间如果没有物体遮挡，发射器发出的光线能被接收器接收到；当有物体遮挡时，接收器接收不到发射器发出的光线，传感器产生输出信号。其工作原理如图4-4-6所示。

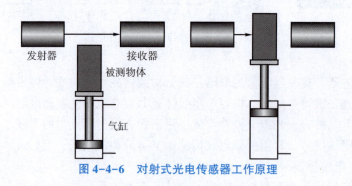

图4-4-6　对射式光电传感器工作原理

图4-4-7所示为电容式、电感式、光电式传感器实物。

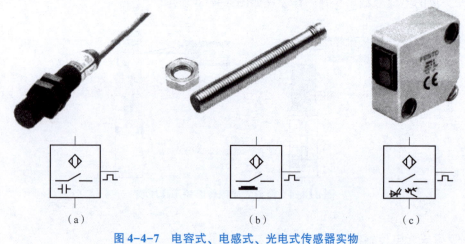

图4-4-7　电容式、电感式、光电式传感器实物
（a）电容式传感器；（b）电感式传感器；（c）光电式传感器

5. 光纤式传感器

光纤式传感器把发射器发出的光用光导纤维引导到检测点，再把检测到的光信号用光纤引导到接收器。按动作方式的不同，光纤式传感器也可分为对射式、反射式、漫射式等多种类型。光纤式传感器可以实现被检测物体不在相近区域的检测。

6. 磁感应式传感器

磁感应式传感器是利用磁性物体的磁场作用来实现对物体感应的，它主要有霍尔式传感器和磁性开关两种，其实物如图4-4-8所示。

1）霍尔式传感器

当一块通有电流的金属或半导体薄片垂直放在磁场中时，薄片的两端就会产生电位差，这种现象称为霍尔效应。霍尔元件是一种磁敏元件，用霍尔元件做成的传感器称为霍尔传感器，也称为霍尔开关。当磁性物件移近霍尔开关时，开关检测面上的霍尔元件因产生霍尔效

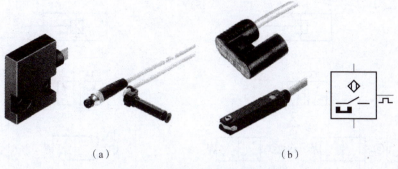

图 4-4-8　磁感应式传感器实物

(a) 霍尔式传感器；(b) 磁性开关

应而使开关内部电路状态发生变化，由此识别附近有磁性物体存在，并输出信号。这种接近开关的检测对象必须是磁性物体。

2) 磁性开关

磁性开关是流体传动系统中所特有的。磁性开关可以直接安装在气缸缸体上，当带有磁环的活塞移动到磁性开关所在位置时，磁性开关内的两个金属簧片在磁环磁场的作用下吸合，发出信号。当活塞移开时，舌簧开关离开磁场，触点自动断开，信号切断。通过这种方式可以很方便地实现对气缸活塞位置的检测，其工作原理如图 4-4-9 所示。

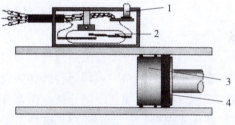

图 4-4-9　磁性开关工作原理

1—指示灯；2—舌簧开关；3—气缸活塞；4—磁环

磁感应式传感器利用安装在气缸活塞上的永久磁环来检测气缸活塞的位置，省去了安装其他类型传感器所必需的支架连接件，节省了空间，安装调试也相对简单省时。其实物和安装方式如图 4-4-10 所示。

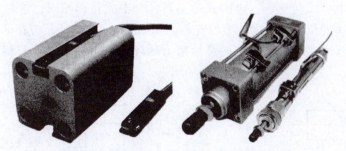

图 4-4-10　磁感应式传感器实物和安装方式

4.4.3　位置控制回路（参考回路）

1. 气动控制回路

如图 4-4-11 (a) 所示，1S3 为带限位的手动换向阀，主换向阀 1V1 由双气压控制换向，执行元件是双作用气缸 1A1，1S1 和 1S2 是两个行程阀。

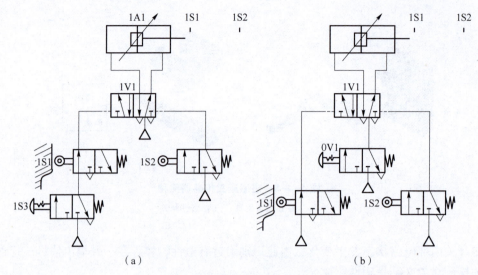

图 4-4-11 位置控制回路
(a) 正确的回路；(b) 错误的回路

两个行程阀，一个检测活塞杆是否已经完全伸出，一个检测气缸活塞杆是否已经完全缩回，在气动控制回路中采用行程阀作为发信元件。根据任务要求，定位开关作为启动信号不应去控制气缸的气源，以防止气缸活塞在动作时，因气源被切断而无法回到原位。

在图 4-4-11 中行程阀 1S1 和 1S2 除了应画出与其他元件的连接方式外，为说明它们的行程检测作用，还应标明其实际安装位置，图中 1S1 的画法表明在启动前其已处于被压下的状态。

2. 电气控制回路

采用电气控制方式进行位置控制时，行程发信元件可以采用行程开关或各类接近开关。和气动控制回路图中的行程阀一样，在图中也应标出其安装位置。应当注意的是，采用行程开关、电容式传感器、电感式传感器、光电式传感器时，这些传感器都用于检测活塞杆前部凸块的位置，所以传感器安装位置如图 4-4-12 所示应在活塞杆的前方；采用磁感应式传感器时，传感器检测的是活塞上磁环的位置，所以其安装位置应在气缸缸体上。

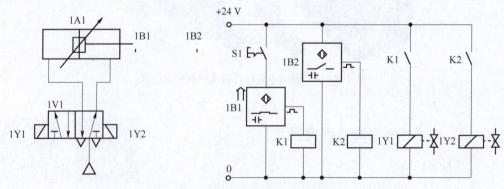

图 4-4-12 任务 4.4 电气控制回路（采用电容式传感器）

任务 4.5　剪板机气压传动系统的组建

4.5.1　任务解析

本任务要求气缸伸出和缩回时的速度不一样。伸出时，要实现气缸的快速动作，就要求伸出时进气和排气的流量大。缩回时，要求速度比较慢，并且可以调节。为满足动作的要求，需要使用流量控制阀来组建速度控制回路。

4.5.2　流量控制阀

流量控制阀是通过改变阀的通流面积来实现流量控制的。流量控制阀包括：节流阀、单向节流阀、排气节流阀、柔性节流阀等。由于气体的可压缩性比液体的大得多，所以气压传动很难得到准确、稳定的速度控制。

1. 节流阀

在气压传动系统中，气动执行元件的运动速度控制可以通过调节压缩空气的流量来实现。从流体力学的角度看，流量控制就是在管路中制造局部阻力，通过改变局部阻力的大小来控制流量的大小。凡用来控制气体流量的阀，均称为流量控制阀，节流阀就属于流量控制阀。

节流阀依靠改变阀的流通面积来调节流量，其阀的开度与通过的流量成正比。为使节流阀适用于不同的使用场合，节流阀的结构有多种，图 4-5-1 所示为其中一种常见结构的节流阀。

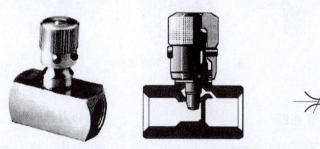

图 4-5-1　节流阀外形、结构示意图及图形符号

2. 单向节流阀

单向节流阀是气压传动系统最常用的速度控制元件，也常称为速度控制阀，功能上它可以看成是由单向阀和节流阀并联而成的。它只在一个方向上起流量控制作用，相反方向可以通过单向阀自由流通。利用单向节流阀可以实现对执行元件每个方向上运动速度的单独调节。

如图 4-5-2 所示，压缩空气从单向节流阀的左腔进入时，单向密封圈被压在阀体上，空气只能从由调节螺母调整大小的节流口通过，再由右腔输出。此时单向节流阀对压缩空气起到调节流量的作用。当压缩空气从右腔进入时，单向密封圈在空气压力的作用下向上翘

项目四　气压传动系统组建　123

起,使得气体不必通过节流口可以直接流至左腔并输出。此时单向节流阀没有节流作用,压缩空气可以自由流动。在有些单向节流阀的调节螺母下方还装有一个锁紧螺母,用于流量调节后的锁定。其实物如图 4-5-3 所示。

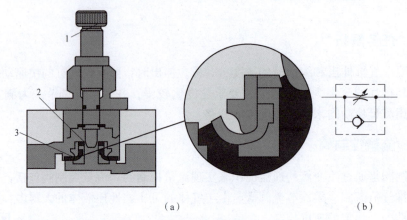

(a) (b)

图 4-5-2 单向节流阀工作原理及图形符号

(a) 工作原理;(b) 图形符号

1—调节螺母;2—节流口;3—单向密封圈

图 4-5-3 单向节流阀实物

4.5.3 速度调节回路

影响气缸活塞运动速度的因素主要有工作压力、缸径、气管截面积等。要降低气缸活塞的运动速度,一般可以通过选择小通径的控制阀或安装节流阀来实现;通过增加管路的流通截面或使用大通径的控制阀以及采用快速排气阀,都可以在一定程度上提高气缸活塞的运动速度。其中,使用节流阀和快速排气阀均是通过调节进入气缸的压缩空气的流量或气缸空气排出的流量来实现速度控制的。

1. 进气节流调速与排气节流调速

1)定义

如图 4-5-4 所示,进气节流指的是压缩空气经节流阀调节后进入气缸,推动活塞缓慢运动;气缸排出的气体不经过节流阀,通过单向阀自由排出。排气节流指的是压缩空气经单向阀直接进入气缸,推动活塞运动;而气缸排出的气体则必须通过节流阀受到节流后才能排出,从而使气缸活塞运动速度得到控制。

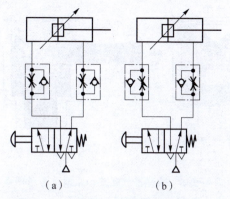

图 4-5-4　进气节流和排气节流气动回路
(a) 进气节流；(b) 排气节流

2）比较

采用进气节流：

（1）启动时气流逐渐进入气缸，启动平稳。

（2）采用进气节流进行速度控制，活塞上微小的负载波动都会导致气缸活塞速度的明显变化，使得其运动速度稳定性较差。

（3）当负载的方向与活塞运动方向相同时（负值负载），可能会出现活塞不受节流阀控制的前冲现象。

（4）当活塞杆受到阻挡或到达极限位置而停止后，其工作腔由于受到节流压力而逐渐上升到系统最高压力，利用这个过程可以很方便地实现压力顺序控制。

采用排气节流：

（1）启动时气流不经节流直接进入气缸，会产生一定的冲击，启动平稳性不如进气节流。

（2）采用排气节流进行速度控制，气缸排气腔由于排气受阻形成背压。排气腔形成的这种背压，减少了负载波动对速度的影响，提高了运动的稳定性，使排气节流成为最常用的调速方式。

（3）在出现负值负载时，排气节流由于有背压的存在，可以阻止活塞的前冲。

（4）气缸活塞运动停止后，气缸进气腔由于没有节流，压力迅速上升；排气腔压力在节流作用下逐渐下降到零。利用这一过程来实现压力控制比较困难且可靠性差，一般不采用。

2. 快速排气阀

快速排气阀简称快排阀，它通过降低气缸排气腔的阻力，将空气迅速排出，达到提高气缸活塞运动速度的目的。其工作原理如图 4-5-5 所示，实物如图 4-5-6 所示。

气缸的排气一般是经过连接管路，通过主控换向阀的排气口向外排出。管路的长度、通流面积和阀门的通径都会对排气产生影响，从而影响气缸活塞的运动速度，快速排气阀的作用在于当气缸内腔体向外排气时，气体可以通过它的大口径排气口迅速向外排出。这样就可以大大缩短气缸排气行程，减少排气阻力，从而提高活塞运动速度。而当气缸进气时，快速排气阀的密封活塞将排气口封闭，不影响压缩空气进入气缸。试验证明，安装快速排气阀后，气缸活塞的运动速度可以提高 4~5 倍。

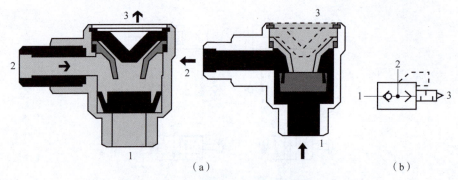

图 4-5-5 快速排气阀工作原理及图形符号

(a) 工作原理；(b) 图形符号

图 4-5-6 快速排气阀实物

使用快速排气阀实际上是在经过换向阀正常排气的通路上设置一个旁路，方便气缸排气腔迅速排气。因此，为保证其良好的排气效果，在安装时应将它尽量靠近执行元件的排气侧。在图 4-5-7 所示的两个回路中，图 4-5-7（a）气缸活塞返回时，气缸左腔的空气要通过单向节流阀才能从快速排气阀的排气口排出；在图 4-5-7（b）中，气缸左腔的空气则是直接通过快速排气阀的排气口排出，因此更加合理。

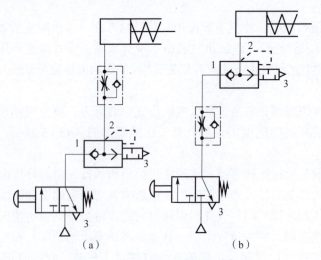

图 4-5-7 快速排气阀的使用举例

(a) 通过单向节流阀排气；(b) 直接排气

4.5.4 参考方案

1. 参考回路

参考回路如图 4-5-8 所示。

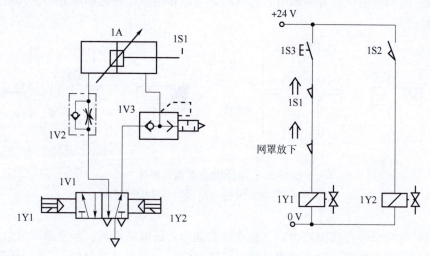

图 4-5-8 参考回路

2. 回路分析

该项目的回路设计采用电气控制方式。通过三个行程开关来保证防护罩放下和对气缸活塞杆位置进行检测。气缸通过安装在有杆腔的快速排气阀来实现活塞的高速伸出。为了减少冲击，气缸返回时在气缸无杆腔安装一个单向节流阀进行节流排气，实现稳定的慢速返回。

在试验中可以将单向节流阀改为进气节流方式进行安装。随着节流口的减小，发现在速度较低时，气缸活塞的缩回会出现时走时停的爬行，这体现了进气节流时带来的活塞运动速度不稳定。而采用排气节流，在相同的速度下活塞的爬行现象能明显改善，说明了排气节流能使活塞运动获得较好的速度稳定性。

任务 4.6 压模机气压传动系统的组建

4.6.1 任务解析

本任务的要求主要有两个：一个是要求实现双手同时按下两个按钮才能伸出；另一个是要求能够在行程末端做一定时间的停留，也就是要实现延时。最终的回路应该是双手操作回路和时间控制回路的综合应用。

4.6.2 时间控制

气缸的时间控制是指对其终端位置停留的时间进行控制和调节，而不是气压传动系统动作过程所需时间的控制。它常被用来控制气缸动作的节奏，调整循环动作的周期。

气动执行元件在其终端位置停留时间的控制和调节，如果采用气动控制，则需要通过专门的延时阀来实现；如采用电气控制，通过时间继电器可以非常方便地实现。

1. 时间继电器

当线圈接收到外部信号，经过设定时间才使触点动作的继电器称为时间继电器。按延时的方式不同，时间继电器可分为通电延时时间继电器和断电延时时间继电器，其图形符号如图4-6-1所示。

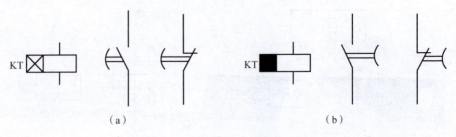

图4-6-1 时间继电器图形符号

(a) 通电延时时间继电器；(b) 断电延时时间继电器

通电延时时间继电器线圈得电后，触点延时动作；线圈断电后，触点瞬时复位。断电延时时间继电器线圈得电后，触点瞬时动作；线圈断电后，触点延时复位。

2. 延时阀

延时阀是气压传动系统中的一种时间控制元件，它是通过节流阀调节气室充气时的压力上升速率来实现延时的。延时阀有常通型和常断型两种，图4-6-2所示为常断型二位三通延时阀的工作原理，由单向节流阀、气室和一个单侧气控二位三通换向阀组合而成。控制信号从12口经节流阀进入气室。由于节流阀的节流作用，使得气室压力上升速度较慢。当气室压力达到换向阀的动作压力时，换向阀换向，输入口1和输出口2导通，输出口2产生输出信号。

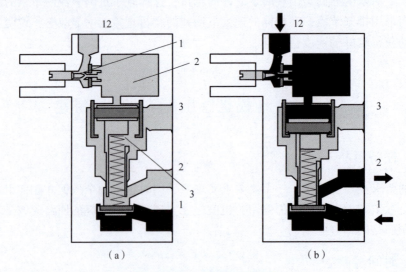

图4-6-2 延时阀工作原理

(a) 换向前；(b) 换向后

1—单向节流阀；2—气室；3—单侧气控二位三通换向阀

从 12 口有控制信号到输出口 2 产生信号输出有一定的时间间隔，可以用来控制气动执行元件的运动停顿时间，若要改变延时时间的长短，只要调节节流阀的开度即可，通过附加气室还可以进一步延长延时时间。当 12 口撤除控制信号，气室内的压缩空气迅速通过单向阀排出，延时阀快速复位。所以延时阀的功能相当于电气控制中的通电延时时间继电器。其实物和图形符号如图 4-6-3 所示。

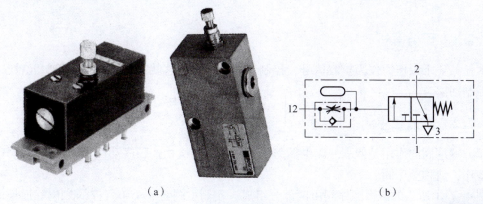

（a）   （b）

图 4-6-3　延时阀实物及图形符号

（a）实物；（b）图形符号

4.6.3　参考回路

参考回路如图 4-6-4 所示，为保证安全，本任务中的压模机采用双压阀实现逻辑"与"的功能，需要双手同时操作，气缸才能伸出。

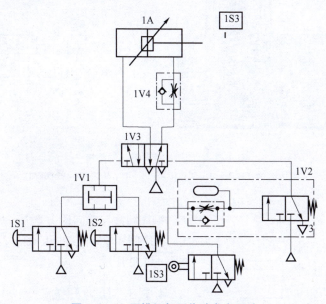

图 4-6-4　压模机气压传动参考回路

气缸活塞要求在完全伸出保压 10 s 后缩回，选用延时阀控制气缸伸出到终点碰到行程阀 1S3 后的停留时间；选用二位五通双侧控换向阀，换向后具有记忆功能，在延时阀接通前实现保压。

为避免活塞杆伸出过快对工件造成损伤，回路中设置了一个单向节流阀来调节其伸出速度。为提高效率，活塞缩回不进行节流控制。

任务4.7 压印机气压传动系统的组建

4.7.1 任务解析

本任务要求以压力作为控制信号，控制气缸的缩回，这就需要用到压力控制元件，构建压力控制回路。

4.7.2 压力顺序阀

压力顺序阀的作用是依靠气路中压力的大小来控制机构按顺序动作，常用来控制气缸的顺序动作，简称顺序阀。

图4-7-1所示的压力顺序阀由两部分组成：左侧主阀为一个单气控的二位三通换向阀；右侧为一个通过调节外部输入压力和弹簧力平衡来控制主阀是否换向的导阀。

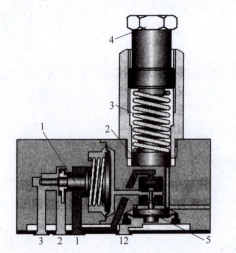
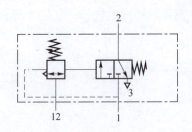

图4-7-1 压力顺序阀结构原理

1—主阀；2—导阀；3—调压弹簧；4—调节旋钮；5—导阀阀芯

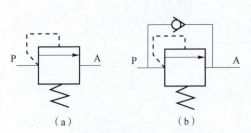

图4-7-2 顺序阀和单向顺序阀图形符号

（a）顺序阀；（b）单向顺序阀

顺序阀常与单向阀并联成一体，称为单向顺序阀。顺序阀和单向顺序阀的图形符号如图4-7-2所示。

4.7.3 压力开关

压力开关是一种当输入压力达到设定值时，电气触点动作，常开闭合、常闭断开，输入压力低于设定值时，电气触点复位的元件。压力开关常用于需要进行压力控制和保护的场合。这种利用气信号来接通和断开电路的装置也称为气电转换器,气电转换器的输入信号是气压信号,输出信号是电信号。应当注意的是,让压力开关触点吸合的压力值一般高于让触点释放的压力值。

在图 4-7-3 所示的压力开关工作原理图中可以看到,当 X 口的气压力达到一定值时,即可推动阀芯克服弹簧力右移,而使电气触点 1、2 断开,1、4 闭合导通。当压力下降到一定值时,则阀芯在弹簧力作用下左移,电气触点复位。给定压力同样可以通过调节旋钮设定。压力顺序阀、压力开关的实物如图 4-7-4 所示。

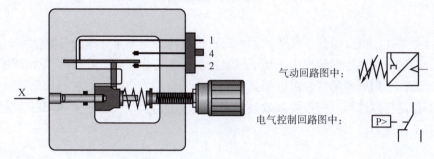

图 4-7-3 压力开关工作原理及图形符号

图 4-7-4 压力顺序阀、压力开关实物
(a) 压力顺序阀;(b) 压力开关

4.7.4 压力控制回路

在工业控制中,如冲压、拉伸、夹紧等很多过程都需要对执行元件的输出力进行调节或根据输出力的大小对执行元件的动作进行控制。这不仅是维持系统正常工作所必需的,同时也关系到系统的安全性、可靠性以及执行元件动作能否正常实现等多个方面。

1. 压力控制的定义

压力控制主要是指控制、调节气压传动系统中压缩空气的压力,以满足系统对压力的要求。

2. 压力控制回路的实现

在图 4-7-5 中,当双作用气缸伸出时,在不考虑摩擦力、运动加速度和排气压力 P_2 等因素时,输出力 F 等于供气压力(工作压力)和无杆腔活塞有效作用面积的乘积,即

$$F = P_1 A_1 \quad (4\text{-}7\text{-}1)$$

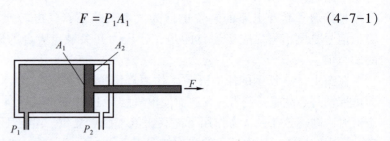

图 4-7-5　双作用气缸输出力示意图

由式（4-7-1）可以得到，气动技术中气缸的输出力是其工作压力与其活塞有效作用面积的乘积，即气缸所产生的输出力正比于气缸的缸径和工作压力。在保持工作压力不变的情况下，通过选择不同缸径的气缸可以得到不同大小的输出力，但气缸缸径规格是由生产厂家决定的，不可能任意选择，所以要高效设定或调整输出力大小，就必须利用压力控制元件来调节气缸的工作压力。

3. 压力控制回路

图 4-7-6 列举了三个基本的压力控制回路，其中图 4-7-6（a）通过外控式溢流阀使储气罐压力不超过规定压力，能保证空压机及储气罐的安全，但耗气量较大；图 4-7-6（b）压力控制属于二次压力调节，用于控制气动控制回路的气源压力；图 4-7-6（c）高低压切换回路，可通过二位三通阀来控制输出管道为高压输出或低压输出。

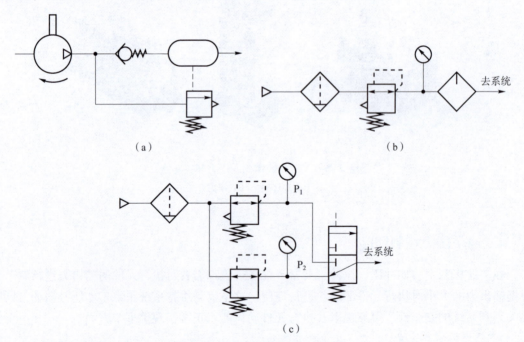

图 4-7-6　常用的调压回路

（a）一次压力控制回路；（b）二次压力控制回路；（c）高低压切换回路

4.7.5 参考方案

1. 气动回路（见图 4-7-7）

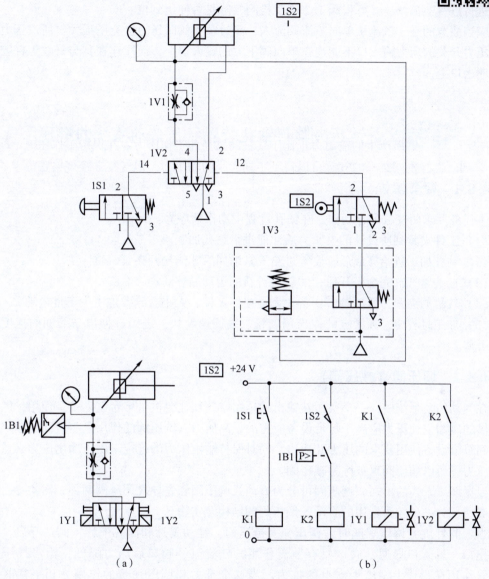

图 4-7-7　任务 4.7 气动回路
（a）方案（1）气动控制；(b）方案（2）电气控制

2. 回路分析

本项目采用两种控制方案，方案（1）为利用压力顺序阀实现的气动控制；方案（2）为利用压力开关实现的电气控制。

在这个项目中需检测的压印压力为 3 bar[①]，这个压力是由气缸无杆腔中的气压作用在活

---

① 1 bar = 10^5 Pa。

塞上产生的。所以无论是方案 1 中的压力顺序阀还是方案 2 中压力开关的压力输入口都应与气缸无杆腔相连,并设置压力表,便于调整和观察这两种控制元件的动作压力。为了降低压印时压力上升速度,避免活塞伸出速度过快对工件造成损伤,通过一个单向节流阀对活塞的伸出进行进气节流调速。行程阀 1S2 用于检测气缸是否伸出到位。

应当注意的是,气流从单向节流阀流入,经过节流阀时压力会有所损失,所以压力顺序阀和压力开关的压力输入口不能连在单向阀下方的输入口上,而应连在其与气缸无杆腔相连通的输出口上。

任务4.8　钻床夹紧与钻孔装置气压传动系统的组建

4.8.1　任务解析

本任务要求两气缸配合动作,在钻孔过程中动作顺序为:
(1) 工件夹紧到所设计的夹紧力后才能进行钻孔加工。
(2) 钻孔加工进给完成后,要等进给气缸缩回后才能松开夹紧气缸。
(3) 在夹紧气缸完全松开后,才能进行新的运动循环。
(4) 气缸的夹紧力需要调节,若太大会损坏工件,太小会导致加工中工件松动。
(5) 加工过程中,夹紧缸的伸出速度慢、缩回速度快,进给缸伸出与缩回的速度都需实现可调。

4.8.2　调压阀（减压阀）

在气动传动系统中,一个空压站输出的压缩空气往往要供给多台气动设备使用,因此它所提供的压缩空气压力应高于每台设备所需的最高压力。调压阀的作用是将较高的输入压力调整到符合设备使用要求的压力并输出,同时保持输出压力的稳定。由于输出压力必然小于输入压力,所以调压阀也被称为减压阀。

根据调压方式的不同,调压阀可分为直动式调压阀和先导式调压阀两种。图 4-8-1、图 4-8-2 所示为一种较为常用的直动式调压阀的结构及实物。

当顺时针旋紧调压螺丝时,调压弹簧被压缩,推动膜片和阀芯下移,阀口开启,减压阀输出口、输入口导通。阀口具有节流作用,气流流经阀口后压力降低。输出气压通过反馈管作用在膜片上,产生向上的推力。当这个推力和调压弹簧的作用力相平衡时,调压阀就获得了稳定的压力输出。通过旋紧或旋松调压螺丝改变调压弹簧的作用力,就可得到不同的输出压力。为了调节方便,经常将压力表直接安装在调压阀的出口。

当输出压力调定后,如果输入压力升高,输出压力也随之相应升高,膜片上移,阀口开度减小。阀口开度的减小会使气体流过阀口时的节流作用增强,压力损失增大,这样输出压力又会下降至调整值。反之,若输入压力下降,阀口开度则会增加,使输出压力仍能基本保持在调定值上,实现了调压阀的稳压作用。

溢流口的作用是不管膜片上移或下移,膜片上方的腔体气体压力始终等于大气压。

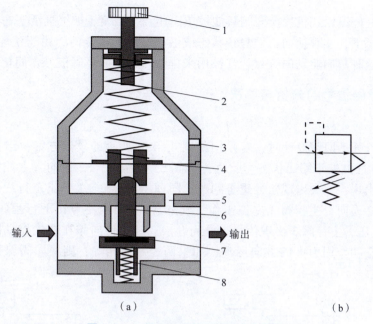

图 4-8-1　调压阀结构示意图及图形符号
(a) 结构；(b) 图形符号
1—调压螺丝；2—调压弹簧；3—溢流口；4—膜片；5—反馈管；6—阀芯；7—阀口；8—复位弹簧

图 4-8-2　调压阀实物

4.8.3　二位三通杠杆滚轮式机控换向阀

二位三通杠杆滚轮式机控换向阀又称为惰轮杆行程阀，如图 4-8-3 所示。

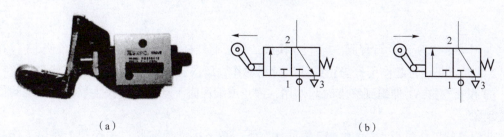

图 4-8-3　二位三通杠杆滚轮式机控换向阀
(a) 实物；(b) 图形符号

二位三通杠杆滚轮式机控换向阀只能被单向驱动，当滚轮被气缸活塞杆沿指定方向驱动时，滚轮被压下，实现换向；而静止状态或沿相反方向驱动时，由于滚轮头部可弯折，阀芯不换向。这种单向驱动的特点，常被用来排除回路中的障碍信号，简化设计回路。

4.8.4 障碍信号的分析与解决

1. 障碍信号的分析

此任务进行气动回路设计时，若采用如图 4-8-4 所示的设计方案，当按下手动换向阀后，由于 A2 气缸处于缩回状态，此时行程阀 S3 被压下，S3 换向，主控阀 1 左右两个气控信号同时出现，就会出现信号重叠问题；同理，当气缸 A1 伸出至行程终点碰到行程阀 S2 时，则 S2 换向，主控阀 3 左位工作，气缸 A2 伸出至终点压下行程阀 S4，此时 S2 和 S4 同时被下压，主控阀 3 出现信号重叠问题。双气控换向阀在两气控端同时出现控制信号时，阀芯会朝作用力大的方向运动，如果两控制力相等，则换向阀保持上一个状态不变。

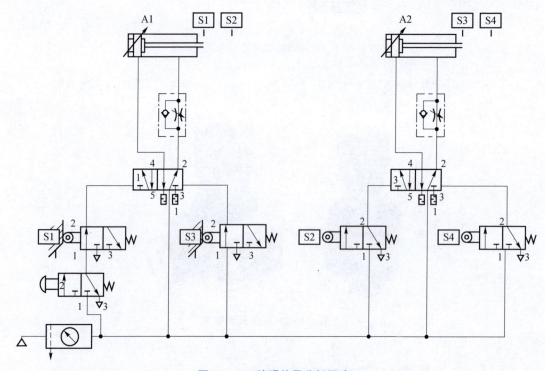

图 4-8-4 障碍信号分析回路
1，3—主控阀；2—手动换向阀

2. 障碍信号解决

如图 4-8-5 所示，行程阀 S2 和 S3 换成二位三通杠杆滚轮式机控换向阀，使 S3 仅在气缸 A2 缩回至起点时起作用，静止或伸出时不动作，解决主控阀 1 出现的信号重叠现象；同理，S2 仅在气缸 A1 伸出到终点时起作用，静止或缩回时不动作，解决主控阀 3 出现的信号重叠现象。

此回路的工作过程为：A1、A2 缩回状态下，按下手动换向阀，主控阀 1 左位工作，夹

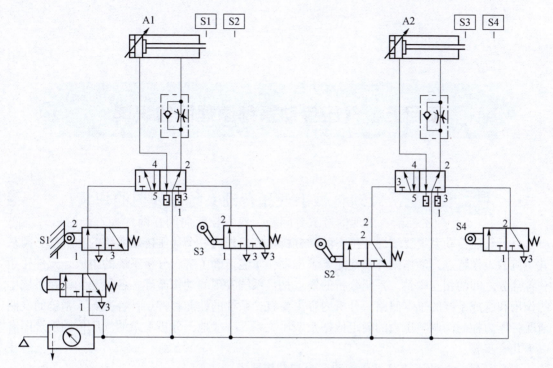

图 4-8-5　障碍信号解决后的回路
1，3—主控阀；2—手动换向阀

紧气缸 A1 伸出，当 A1 伸出至行程终点时，表示工件已被夹紧，碰到惰轮杆行程阀 S2，S2 动作（气缸 A1 停止时 S2 复位），主控阀 3 左位工作，进给缸 A2 伸出，A2 伸出至行程阀 S4 位置时，S4 换向，主控阀 3 右位工作，进给缸 A2 缩回，缩回至起点碰到惰轮杆行程阀 S3，S3 动作（气缸 A2 停止时 S3 复位），主控阀 1 右位工作，夹紧缸 A1 缩回至起点位置，整个工作过程结束。当再次按下手动换向阀 2 时，再次完成一个工作循环。

回路中的两个气缸均采用排气节流调速的方式调节伸出的速度，实现缓慢伸出，快速缩回。

项目五　气压传动系统原理图的识读

任务　气动机械手气压传动系统原理图的识读

分析气压传动系统要掌握分析方法和分析内容。任何一个气压传动系统的分析都必须从其主机的工作特点、动作循环和性能要求出发，才能正确了解、分析系统的组成、元件作用和各部分之间的相互联系。系统分析的要点是：系统实现的动作循环、各气动元件在系统中的作用和组成系统的基本回路。分析内容主要有：系统的性能和特点；各工况下系统的气路情况；压力控制阀调整压力的确定依据及调压关系。一般地，分析复杂的气压传动系统图有以下几个步骤：

(1) 了解设备的工艺对气压传动系统的动作要求。
(2) 了解系统的组成元件，并以各个执行元件为核心将系统分为若干子系统。
(3) 分析子系统含有哪些基本回路，根据执行元件动作循环读懂子系统。
(4) 分析子系统之间的联系以及执行元件间实现互锁、同步、防干扰等要求的方法。
(5) 总结归纳系统的特点，加深理解。

5.1.1　气液动力滑台气压传动系统

5.1.1.1　概述

气液动力滑台是组合机床上的一个动力部件。它采用气-液阻尼缸作为气动执行元件，在它的上面可安装单轴头、动力箱或工件，因而它常作为组合机床上实现进给运动的部件。

5.1.1.2　气液动力滑台的工作原理

图 5-1-1 所示为气液动力滑台的气压传动系统原理。

图中阀 1、2、3 和阀 4、5、6 分别组成两个组合阀。该气液动力滑台能够完成下面两种工作循环：

1. 快进-工进-快退-停止

其动作原理为：手动阀 4 处于图 5-1-1 所示状态。当手动阀 3 切换至右位时，相当于给予进刀信号，在气压作用下，活塞开始向下运动，液压缸活塞下腔中的油液经机控阀 6 的左位和单向阀 7 进入液压缸活塞的上腔，进而实现快进动作；当快进到活塞杆上的挡铁 B 切换机控阀 6（使它处于右位）后，油液只能经节流阀进入活塞上腔，调节节流阀开度的大小，即可调节气液阻尼缸的运动速度。这时开始工进（工作进给）动作，当工进到挡铁 C 使机控阀 2 切换至左位时，输出气信号使手动阀 3 切换至左位，这时气缸活塞开始向上运动。液压缸活塞上腔的油液经机控阀 8 左位流回活塞下腔。当液压缸活塞行至图示位置时，

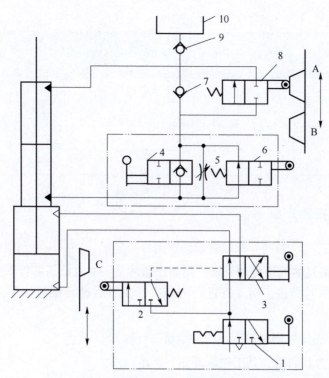

图 5-1-1 气液动力滑台的气压传动系统原理

1,3,4—手动阀;2,6,8—机控阀;5—节流阀;7,9—单向阀;10—高位油箱

挡铁 A 使机控阀 8 换向而使油液通道被切断,活塞就停止运动。所以改变挡铁 A 的位置,就能改变"停"的位置。

2. 快进-工进-慢退(反向工进)-快退-停止

其动作原理为:将手动阀 4 关闭,其动作循环中的快进、工进的动作原理与上述情况相同。当工进至挡铁 C 切换机控阀 2 至左位时,输出气信号使手动阀 3 切换至左位,气缸中的活塞开始向上运动,这时液压缸上腔的油液经机控阀 8 的左位和节流阀进入液压缸活塞的下腔,亦即实现了慢退(反向进给)动作;当慢退到挡铁 B 离开机控阀 6 的顶杆而使其复位(处于左位)后,液压缸活塞上腔的油液就经机控阀 8 的左位、机控阀 6 的左位进入液压缸活塞的下腔,开始快退动作;快退到挡铁 A 切换机控阀 8 至图示位置时,油液通路被切断,活塞就停止运动。图中高位油箱 10 和单向阀 9 是为了补充液压部分的漏油而设的,一般可用油杯来代替。阀 1、2、3 及阀 4、5、6 分别为两个组合阀块。

气液动力滑台电磁铁动作顺序如表 5-1-1 所示。

表 5-1-1 气液动力滑台电磁铁动作顺序

电磁铁 动作顺序	1YA	2YA	3YA	4YA	5YA	6YA	信号来源
垂直缸上升	-	-	-	+	-	-	按钮
水平缸伸出	-	-	-	-	+	-	行程开关 a_1
回转机构缸置位	+	-	-	-	-	-	行程开关 b_1

续表

电磁铁 动作顺序	1YA	2YA	3YA	4YA	5YA	6YA	信号来源
回转机构缸复位	-	+	-	-	-	-	行程开关 c_1
水平缸退回	-	-	-	-	-	+	行程开关 c_0
垂直缸下降	-	-	+	-	-	-	行程开关 b_0
原位停止	-	-	-	-	-	-	行程开关 a_0

5.1.2 气动夹紧控制系统

5.1.2.1 概述

该系统是机床夹具的气压传动系统，其动作循环是：垂直缸活塞杆下降将工件压紧，两侧的气缸活塞杆再同时前进，对工件进行两侧夹紧，然后进行钻削加工，最后各夹紧缸退回，松开工件。

5.1.2.2 气动夹紧控制系统气压传动系统工作原理

图 5-1-2 所示为其回路，其工作原理如下所述。

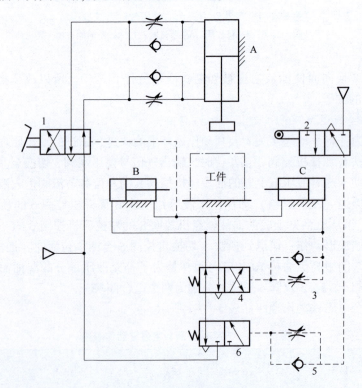

图 5-1-2 气动夹紧控制系统气压传动系统工作原理
1—脚踏阀；2—机动行程阀；3，5—单向节流阀；4—主阀；6—二位三通气控换向阀

踩下脚踏阀，空气进入缸 A 的无杆腔，夹紧头下降与机动行程阀接触后发出信号，压

缩空气经单向节流阀 5 进入二位三通气控换向阀（调节节流阀开度可以控制二位三通气控换向阀的延时接通时间）。因此，压缩空气通过主阀进入两侧气缸 B 和 C 的无杆腔，使活塞杆前进而夹紧工件，钻头开始钻孔。

与此同时，流过主阀的一部分压缩空气经过单向节流阀 3 进入主阀右端控制口，经过一段时间（由节流阀控制）后主阀右位接通，两侧气缸后退到原来的位置。同时，一部分空气作为信号进入脚踏阀的右端，使脚踏阀右位接通，压缩空气进入缸 A 的下腔，夹紧头退回原位。

夹紧头上升的同时使机动行程阀复位，使二位三通气控换向阀也复位（此时主阀右位接通），由于气缸 B、C 的无杆腔通过单向节流阀 3、单向节流阀 5 排气，主阀自动复位左位，完成一个工作循环。只有再踏下脚踏阀才能开始下一个工作循环。该回路还可用于压力加工和剪断加工。

5.1.3　拉门自动开闭控制系统

5.1.3.1　概述

该装置是通过连杆机构将气缸活塞杆的直线运动转换成拉门的开闭运动，利用超低压气动阀来检测行人的踏板动作。在拉门内、外装踏板 6 和踏板 11，踏板下方装有完全封闭的橡胶管，管的一端与超低压气动控制阀 7 和超低压气动控制阀 12 的控制口连接。当人站在踏板上时，橡胶管中压力上升，超低压气动控制阀动作。其气动回路如图 5-1-3 所示。

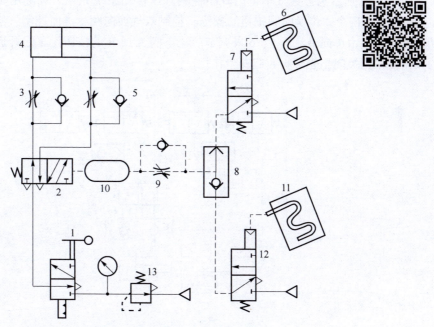

图 5-1-3　拉门自动开闭控制系统气压传动系统原理
1—手动阀；2—气动换向阀；3，5，9—单向节流阀；4—气缸；6，11—踏板；
7，12—气动控制阀；8—梭阀；10—储气罐；13—减压阀

5.1.3.2　拉门自动开闭控制系统气压传动系统工作原理

首先使手动阀上位接入工作状态，空气通过气动换向阀、单向节流阀进入气缸的无杆

腔，将活塞杆推出（门关闭）。当人站在踏板6上后，气动控制阀7动作，空气通过梭阀、单向节流阀9和储气罐使气动换向阀换向，压缩空气进入气缸的有杆腔，活塞杆退回（门打开）。

当行人经过门后踏上踏板11时，气动控制阀12动作，使梭阀上面的通口关闭，下面的通口接通（此时由于人已离开踏板6，气动控制阀7已复位），储气罐中的空气经单向节流阀9、梭阀和气动控制阀12放气（人离开踏板11后，气动控制阀12已复位），经过延时（由节流阀控制）后气动换向阀复位，气缸的无杆腔进气，活塞杆伸出（关闭拉门）。

该回路利用逻辑"或"的功能，回路比较简单，很少产生误动作。行人从门的哪一边进出均可。减压阀可使关门的力自由调节，十分便利。如将手动阀复位，则可变为手动门。

5.1.4 公共汽车车门开闭控制气压传动系统

5.1.4.1 概述

采用气压控制的公共汽车车门，在驾驶员的座位和售票员座位处都装有气动开关，驾驶员和售票员都可以开关车门。当车门在关闭过程中遇到障碍物时，此回路能使车门自动再开启，起到安全保护作用。

5.1.4.2 公共汽车车门开闭控制气压传动系统工作原理

图5-1-4所示为公共汽车车门开闭控制气压传动系统原理。气缸用于开关车门，通过A、B、C、D四个二位换向阀按钮的操纵，控制双气换向阀，进而控制气缸的换向。气缸运动速度的快慢由单向节流阀5、6来调节。压下阀A或B的按钮使车门开启，压下阀C或D的按钮使车门关闭，先导阀8起安全作用。

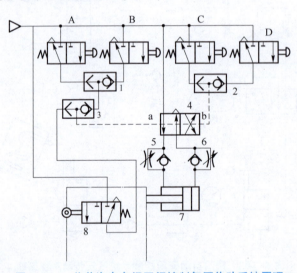

图5-1-4 公共汽车车门开闭控制气压传动系统原理
1，2，3—梭阀；4—双气控阀；5，6—单向节流阀；7—气缸；8—先导阀

当操纵阀A或B按钮时，气源压缩空气经阀A或B进入梭阀1，再经过梭阀3把控制信号送到双气控阀的a侧，使双气控阀向车开启方向切换。气源压缩空气经双气控和单向节流阀5到气缸的有杆腔，使车门开启。

当操纵阀 C 或 D 按钮时,气源压缩空气经阀 C 或 D 到梭阀 2,把控制信号送到双气控阀的 b 侧,使双气控阀 4 向车门关闭方向切换。气源压缩空气经双气控阀 4 和单向节流阀 6 到气缸的无杆腔,使车门关闭。车门关闭中如遇到障碍物,便启动先导阀,此时气源压缩空气经先导阀把控制信号通过梭阀 3 送到双气控阀的 a 侧,使双气控阀向车门开启方向切换。须指出,如果阀 C、D 仍然保持在压下状态,则先导阀起不到自动开启车门的安全作用。

5.1.5 气动钻床气压传动系统

5.1.5.1 概述

气动钻床是一种利用气动钻削头完成主体运动(主轴的旋转),再由气动滑台实现进给运动的自动钻床。

5.1.5.2 气动钻床气压传动系统工作原理

气动钻床气压传动系统(图 5-1-5),是利用气压传动来实现进给、送料和夹紧等辅助动作的。它共有三个气缸,即送料缸 A、夹紧缸 B、钻削缸 C。

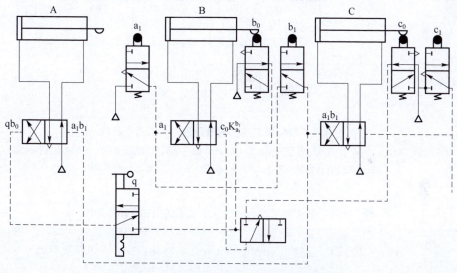

图 5-1-5 气动钻床气压传动系统工作原理

该气动钻床气压传动系统要求的动作顺序为:

启动→送料→夹紧→送料后退/钻孔→钻头退→松开

按下启动按钮 q 后,该气压传动系统能自动完成动作循环。请读者自行分析其动作。

5.1.6 数控加工中心气压换刀系统

5.1.6.1 概述

图 5-1-6 所示为某型号数控加工中心的气压换刀系统工作原理,该系统在换刀过程中要实现主轴定位、主轴松刀、向主轴锥孔吹气和插刀、刀具夹紧等动作。

5.1.6.2 数控加工中心气压换刀系统工作原理

其换刀程序和电磁铁动作顺序如表5-1-2所示。

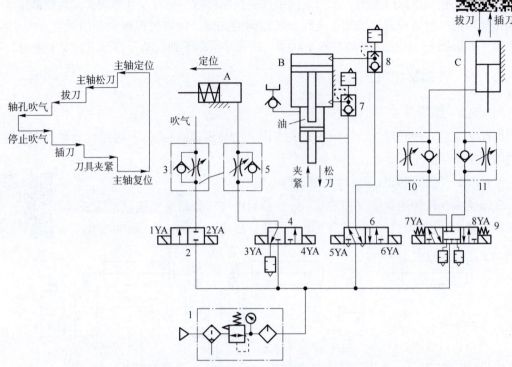

图 5-1-6 数控加工中心的气压换刀系统工作原理

1—气动三联件；2—二位二通电磁换向阀；3，5，10，11—单向节流阀；4—二位三通电磁换向阀；
6—二位五通电磁换向阀；7，8—梭阀；9—三位五通电磁换向阀

表 5-1-2 数控加工中心的气压换刀系统电磁铁动作顺序

电磁铁 工况	1YA	2YA	3YA	4YA	5YA	6YA	7YA	8YA
主轴定位				+				
主轴松刀				+		+		
拔刀				+		+		+
主轴锥孔吹气	+			+		+		
吹气停	-	+		+		+		
插刀				+		+	+	
刀具夹紧				+	+	-		
主轴复位			+	-				

数控加工中心气压换刀系统工作原理如下：当数控系统发出换刀指令时，主轴停止转动，同时4YA通电，压缩空气经气动三联件→二位二通电磁换向阀→单向节流阀5→主轴定位缸A的右腔→缸A活塞杆左移伸出，使主轴自动定位。定位后压下无触点开关，使6YA

通电，压缩空气经一位五通电磁换向阀 6→梭阀 8→气液增压缸 B 的上腔→增压腔的高压油使活塞杆伸出，实现主轴松刀，同时使 8YA 通电，压缩空气经三位五通电磁换向阀→单向节流阀 11→缸 C 的上腔，使缸 C 下腔排气，活塞下移实现拔刀。并由回转刀库交换刀具，同时 1YA 通电，压缩空气经二位二通电磁换向阀→单向节流阀 3 向主轴锥孔吹气。稍后 1YA 断电、2YA 通电，吹气停止，8YA 断电 7YA 通电，压缩空气经三位五通电磁换向阀、单向节流阀 10 进入缸 C 下腔，活塞上移实现插刀动作，同时活塞碰到行程限位阀，使 6YA 断电、5YA 通电，则压缩空气经二位五通电磁换向阀进入气液增压缸 B 的下腔，使活塞退回，主轴的机械机构使刀具夹紧。气液增压缸 B 的活塞碰到行程限位阀后，使 4YA 断电、3YA 通电，缸 A 的活塞在弹簧力的作用下复位，回复到初始状态，完成换刀动作。

项目六　气压传动系统故障分析与改进

任务　气压传动系统的安装、使用、维修及改进

气压传动系统在工业自动化领域中的应用日益广泛，气压传动系统的安装及使用，维护与维修的工作将直接关系到生产效率。下面对气压传动系统安装、使用、维护、维修及改进的基本知识做简单介绍。

6.1.1　气压传动系统的安装

气压传动系统的安装并不是简单地用管子把各种阀连接起来，其实质是设计的延续。作为一种生产设备，它首先应保证运行可靠、布局合理、安装工艺正确、维修及检测方便。此外还应注意以下事项：

1）管道的安装

安装前要彻底清理管道内的粉尘及杂物；管子支架要牢固，工作时不得产生振动；接管时要充分注意密封性，防止出现漏气，尤其注意接头处及焊接处；管路尽量平行布置，减少交叉，力求最短，转弯最少，并考虑到能自由拆装。安装软管要有一定的转弯半径，不允许有拧扭现象，且应远离热源或安装隔热板。

2）元件的安装

应严格按照阀上推荐的安装位置和标明的安装方向进行安装施工；逻辑元件应按照控制回路的需要，将其成组地装在底板上，并在底板上开出气路，用软管接出；可移动缸的中心线应与负载作用力的中心线重合，否则易产生侧向力，使密封件加速磨损、活塞杆弯曲；对于各种控制仪表、自动控制器、压力继电器等，在安装前要进行校验。

6.1.2　气压传动系统的调试

（1）调试前，要熟悉说明书等有关技术资料，力求全面了解系统的原理、结构、性能和操作方法；了解元件在设备上的实际位置、元件调节的操作方法及调节旋钮的旋向；还要准备好相应的调试工具等。

（2）空载时，运行时间一般不少于2 h，且注意观察压力、流量、温度的变化，如发现异常应立即停车检查，待排除故障后才能继续运转。

（3）负载试运转应分段加载，运转一般不少于4 h，分别测出有关数据，记入试运转记录。

6.1.3 气压传动系统的使用及维护

1. 气压传动系统使用时的注意事项

开车前后要放掉系统中的冷凝水；定期给油雾器注油；开车前要检查各调节手柄是否在正确位置，机控阀、行程开关、挡块的位置是否正确、牢固；对导轨、活塞杆等外露部分的配合表面进行擦拭；随时注意压缩空气的清洁度，对空气过滤器的滤芯要定期清洗；设备长期不用时，应将各手柄放松，防止因弹簧发生永久变形而影响各元件的调节性能。

2. 压缩空气的污染及防止方法

压缩空气的质量对气压传动系统的性能影响极大，如被污染将使管路和元件锈蚀、密封件变形、堵塞喷嘴，使系统不能正常工作。压缩空气的污染主要来自水分、油分和粉尘三个方面。

（1）及时排除系统各排水阀中积存的冷凝水。注意经常检查自动排水器、干燥器的工作是否正常，定期清洗空气过滤器、自动排水器的内部元件等。

（2）清除压缩空气中的油分。对于较大的油分颗粒，通过除油器和空气过滤器的分离作用可将其与空气分开，并经设备底部的排污阀排除；较小的油分颗粒，则可通过活性炭的吸附作用加以清除。

（3）防止粉尘侵入压缩机。经常清洗空气压缩机前的预过滤器，定期清洗空气过滤器的滤芯，及时更换滤清元件等。

3. 气压传动系统的日常维护

气压传动系统日常维护主要是指对冷凝水和系统润滑的管理。对冷凝水管理的方法在前面已讲述，这里仅介绍对系统润滑的管理。

气压传动系统中从控制元件到执行元件，凡有相对运动的表面都需要进行润滑。如润滑不当，将会使摩擦阻力增大而导致元件动作不良，因密封面磨损会引起系统泄漏等。

润滑油黏度的高低直接影响润滑的效果。通常，高温环境下用高黏度润滑油，低温环境下用低黏度润滑油。如果温度特别低，为克服起雾困难可在油杯内装加热器。供油量是随润滑部位的形状、运动状态及负载大小而变化的，而且供油量总是大于实际需要。一般以每 10 m^3 自由空气供给 1 mL 的油量为基准。

注意油雾器的工作是否正常，如果发现油量没有减少，需及时检修或更换油雾器。

4. 气压传动系统的定期检修

定期检修的时间通常为 3 个月。其主要内容有：

（1）查明系统各泄漏处，并设法予以解决。

（2）通过对方向控制阀排气口的检查，判断润滑油是否适度，空气中是否有冷凝水。如果润滑不良，考虑油雾器规格是否合适，安装位置是否恰当，滴油量是否正常等。如果有大量冷凝水排出，考虑过滤器的安装位置是否恰当，排除冷凝水的装置是否合适，冷凝水的排除是否彻底。如果方向控制阀排气口关闭时仍有少量泄漏，往往是元件损伤的初期阶段，检查后，可更换受磨损元件以防止发生动作不良。

（3）检查安全阀、紧急安全开关动作是否可靠。定期检修时，必须确认它们动作的可靠性，以确保设备和人身安全。

（4）观察换向阀的动作是否可靠。根据换向时声音是否异常，判断铁芯和衔铁配合处是否夹有杂质。检查铁芯是否有磨损，密封件是否老化。

(5)反复开关换向阀观察气缸动作,判断活塞上的密封是否良好。检查活塞外露部分,判定前盖的配合处是否有泄漏。

上述各项检查和修复的结果应记录下来,以作为设备出现故障查找原因和设备大修时的参考。

气压传动系统的大修间隔期为一年或几年。其主要内容是检查系统各元件和部件,判定其性能和寿命,并对平时产生故障的部位进行检修或更换元件,排除修理间隔期内一切可能产生故障的因素。

6.1.4 气压传动系统主要元件的常见故障及其排除方法

气压传动系统主要元件的常见故障及其排除方法见表 6-1-1~表 6-1-5。

表 6-1-1 减压阀的常见故障及其排除方法

故障现象	故障原因	排除方法
二次压力升高	1. 阀弹簧损坏; 2. 阀座有伤痕,或阀座橡胶剥落; 3. 阀体中夹入灰尘,阀导向部分黏附异物; 4. 阀芯导向部分和阀体的 O 形密封圈收缩、膨胀	1. 更换阀弹簧; 2. 更换阀体; 3. 清洗、检查过滤器; 4. 更换 O 形密封圈
压力下降很大(流量不足)	1. 阀口通径小; 2. 阀下部积存冷凝水;阀内混有异物	1. 使用通径较大的减压阀; 2. 清洗、检查过滤器
溢流口漏气	1. 溢流阀座有伤痕(溢流式); 2. 膜片破裂; 3. 二次侧背压增高	1. 更换溢流阀座; 2. 更换膜片; 3. 检查二次侧的装置、回路
阀体漏气	1. 密封件损伤; 2. 弹簧松弛	1. 更换溢流阀座; 2. 张紧弹簧
异常振动	1. 弹簧的弹力减弱,弹簧错位; 2. 阀体中心、阀杆中心错位; 3. 因空气消耗量周期变化,使阀不断开启、关闭,与减压阀引起共振	1. 把弹簧调整到正常位置,更换弹力减弱的弹簧; 2. 检查并调整位置偏差; 3. 改变阀的固有频率

表 6-1-2 溢流阀的常见故障及其排除方法

故障现象	故障原因	排除方法
压力虽上升,但不溢流	1. 阀内的孔堵塞; 2. 阀芯导向部分进入异物	1. 更换阀弹簧; 2. 更换阀体
压力虽没有超过设定值,但在二次侧却溢出空气	1. 阀内进入异物; 2. 阀座损伤; 3. 调压弹簧损坏	1. 清洗; 2. 更换阀座; 3. 更换调压弹簧
溢流时发生振动	1. 压力上升速度很慢,溢流阀放出流量多,引起阀振动; 2. 因从压力上升源到溢流阀之间被节流,阀前部压力上升慢而引起振动	1. 二次侧安装针阀微调溢流量,使其与压力上升量匹配; 2. 增大压力上升源到溢流阀的管路通径
从阀体和阀盖向外漏气	1. 膜片破裂(膜片式); 2. 密封件损伤	1. 更换膜片; 2. 更换密封件

表 6-1-3 换向阀的常见故障及其排除方法

故障现象	故障原因	排除方法
不能换向	1. 阀的滑动阻力大，润滑不良； 2. 活塞密封圈变形； 3. 粉尘卡住滑动部分； 4. 弹簧损坏； 5. 阀操纵力小； 6. 活塞密封圈磨损	1. 改善润滑条件； 2. 更换密封圈； 3. 消除粉尘； 4. 更换弹簧； 5. 检查阀的操纵结构； 6. 更换活塞密封圈
阀产生振动	1. 空气压力低（先导式）； 2. 电源压力低（电磁阀）	1. 提高操作压力，或采用直动式； 2. 提高电源电压，或使用低电压线圈
交流电磁铁有蜂鸣声	1. H 型活动铁芯密封不良； 2. 粉尘进入 T 型铁芯的滑动部分，使活动铁芯不能密切接触； 3. 短路环损坏； 4. 电源电压低； 5. 外部导线拉得太紧	1. 检查铁芯接触和密封性，必要时更换铁芯组件； 2. 清除粉尘； 3. 更换活动铁芯； 4. 提高电源电压； 5. 留足引线余量
电磁铁动作时间偏差大，或有时不能动作	1. 活动铁芯锈蚀，不能移动；在湿度高的环境中使用气动元件时，由于密封不完善而向磁铁部分泄漏空气； 2. 电源电压低； 3. 粉尘进入活动铁芯的滑动部分，使运动恶化	1. 铁芯除锈，修理好对外部的密封； 2. 提高电源电压或使用符合电压的线圈； 3. 清除粉尘
线圈烧毁	1. 环境温度高； 2. 快速循环使用； 3. 因为吸引时电流大，单位时间耗电多，温度升高，使绝缘损坏而短路； 4. 粉尘夹在阀和铁芯之间，不能吸引活动铁芯； 5. 线圈上残余电压	1. 按产品规定温度范围使用； 2. 使用高质量的电磁线圈； 3. 使用气动逻辑回路； 4. 清除粉尘； 5. 使用正常电源电压，使用符合电压的线圈
切断电源，活动铁芯不能退回	1. 粉尘进入活动铁芯活动部分； 2. 温度过高，铁芯受热膨胀卡死	1. 清除粉尘； 2. 改善散热条件，或使用脉冲阀

表 6-1-4 气缸的常见故障及其排除方法

故障现象	故障原因	排除方法
外泄漏： 1. 活塞杆与密封衬套间漏气； 2. 气缸体与端盖间漏气； 3. 从缓冲装置的调节螺钉处漏气	1. 衬套密封圈磨损； 2. 活塞杆偏心； 3. 活塞杆有伤痕； 4. 活塞杆与密封衬套的配合面间有杂质； 5. 密封圈损坏	1. 更换密封圈； 2. 重新安装，使活塞杆不受偏心负荷； 3. 更换活塞杆； 4. 除去杂质，安装防尘盖； 5. 更换密封圈
内泄漏 （活塞两端串气）	1. 活塞密封圈损坏； 2. 润滑不良； 3. 活塞卡死； 4. 活塞配合面有缺陷，杂质挤入密封面	1. 更换活塞密封圈； 2. 改善润滑； 3. 重新安装； 4. 更换缺陷严重的零件，除去杂质

续表

故障现象	故障原因	排除方法
输出力不足，动作不平稳	1. 润滑不良； 2. 活塞或活塞杆卡死； 3. 缸体内表面有锈蚀或缺陷； 4. 缸体内进入了冷凝水、杂质	1. 调节或更换油雾器； 2. 检查安装情况，消除偏心； 3. 清除或更换； 4. 加强对空气过滤器和除油器的管理，定期排放污水
缓冲效果不好	1. 缓冲部分的密封性能较差； 2. 调节螺钉损坏； 3. 气缸速度过快	1. 更换密封圈； 2. 更换调节螺钉； 3. 分析缓冲机构的结构是否合适
损伤： 1. 活塞杆折断； 2. 端盖损坏	1. 有偏心负荷； 2. 摆动气缸安装轴销的摆动面与负荷摆动面不一致；摆动轴销的摆动角过大，负荷很大，摆动速度又快，有冲击装置的冲击加到活塞杆上；活塞杆承受负荷的冲击；气缸的速度太快； 3. 缓冲机构不起作用	1. 调整安装位置，消除偏心； 2. 使轴销摆角一致；确定合理的摆动速度；冲击不得加在活塞杆上，设置缓冲装置； 3. 在外部回路中设置缓冲机构

表 6-1-5　空气过滤器的常见故障及排除方法

故障现象	故障原因	排除方法
压力过大	1. 使用过细的滤芯； 2. 过滤器的流量范围太小； 3. 流量超过过滤器的容量； 4. 过滤器滤芯网眼堵塞	1. 更换适当的滤芯； 2. 更换流量范围大的过滤器； 3. 更换大容量的过滤器； 4. 用净化液清洗（必要时更换）滤芯
从输出端溢出冷凝水	1. 未及时排出冷凝水； 2. 自动排水器发生故障； 3. 超出过滤器的流量范围	1. 定期排水或安装自动排水器； 2. 修理或更换； 3. 适当流量范围内使用或者更换大容量的过滤器
输出端出现异物	1. 过滤器滤芯破损； 2. 滤芯密封不严； 3. 用有机溶剂清洗塑料件	1. 更换滤芯； 2. 更换滤芯的密封，紧固滤芯； 3. 用清洁的热水或煤油清洗
塑料水杯破损	1. 在有机溶剂的环境中使用； 2. 空气压缩机输出某种焦油； 3. 压缩机从空气中吸入对塑料有害的物质	1. 使用不受有机溶剂侵蚀的材料（如使用金属杯）； 2. 更换空气压缩机的润滑油，使用无油压缩机； 3. 使用金属杯
漏气	1. 密封不良； 2. 因物理（冲击）、化学原因使塑料杯产生裂痕； 3. 泄水阀、自动排水器失灵	1. 更换密封件； 2. 采用金属杯； 3. 修理或更换

6.1.5 气压传动系统分析、维修与改进案例

1. 自动旋木机气-液转换器调速回路的改进

自动旋木机采用气、电联合控制,机床的纵向进给运动采用一只气-液转换缸。控制回路如图 6-1-1(a)所示。当换向阀处于左位时,气-液缸无杆腔进气,推动活塞杆伸出,有杆腔油液经调速阀进入气-液转换器中,实现纵向慢速进给运动。当换向阀处于右位时,压缩空气进入气-液转换器的上腔,其下腔油液经单向阀快速进入气-液缸的有杆腔,气-液缸活塞杆缩回,实现纵向快速退回运动。

该机在初期使用时,纵向进给运动平稳可靠。但时隔不久,逐渐产生爬行现象,而且日趋严重。仔细观察,发现在气-液缸至气-液转换器之间的尼龙管内的油液受压后有许多气泡在流动,且难以排除掉。在将气-液缸拆开检查后,发现气-液缸的缸壁局部已锈蚀,活塞上的密封圈已损坏。

分析其原因为:该气-液缸安装在机床的较低位置处,由于压缩空气除水、除尘措施不完善,当机床停止工作时,压缩空气中的凝结水沉积在缸中,与少量杂质拌和在一起产生局部研磨。另外,局部处凝结水分的积存,使气-液缸内壁锈蚀,缸筒内表面产生剥落现象,使密封圈过早损坏而造成窜气现象。

问题的解决:为了满足生产急需,在密封圈没有备件的情况下,无法更换,已没有可能修复;更换新缸周期又太长。于是做了如下改进,即在原来的回路中增加一个气-液转换器,把气-液缸改成液压缸,改进后的调速回路如图 6-1-1(b)所示。由于油液黏性较大,故内泄漏减少。更重要的是油液中不易进入空气,因此不会出现低速爬行现象。经改进后,虽然继续使用原来的缸,仅增加一只自制的气-液转换器,却满足了生产要求,使用效果良好。

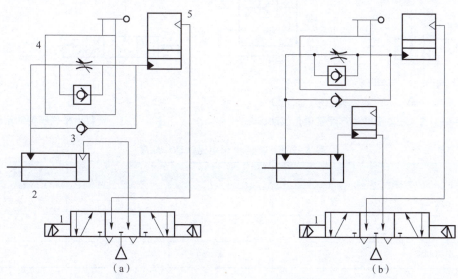

图 6-1-1 改进前后的气-液转换调速回路
(a)改进前的气-液转换调速回路;(b)改进后的气-液转换调速回路
1—换向阀;2—气-液缸;3—单向阀;4—调速阀;5—气-液转换器

2. 液体灌装生产线某气动单元的改进

图 6-1-2 所示为液体灌装生产线上的一个单元气动回路。它用一只气-液阻尼缸通过齿条齿轮，驱动回转工作台做间歇回转运动，在回转工作台上设有计量灌装、启盖、压盖等工位。生产工艺要求：工作台启动和停止时运动平稳，以免液体溢出。在该设备的产品说明书上对调速问题，仅说明用排气节流阀调节。由于气-液阻尼缸安装在回转工作台的下面，其工作情况未引起注意。在调试设备时，其他部分一切都已正常，只有工作台启动及停止时冲击过大而无法正常工作，调试人员反复调试排气节流阀后仍无济于事。因为这种调速属于全行程调速，要快全行程都快，要慢全行程都慢，对终端缓冲不起作用。后来，经反复研究发现，阀 A 是一只行程调速阀，于是对该阀的初始位置进行了调节，才使问题圆满解决。由此可见，在探测和排除故障时要非常仔细，并应熟悉各种元器件的性能与用途。

3. 接料小车气压传动系统故障分析与改进

1）工作原理

图 6-1-3 所示为某公司大型关键设备 35 MN 挤压机的接料小车气压传动系统。小车的电磁铁动作顺序见表 6-1-6。

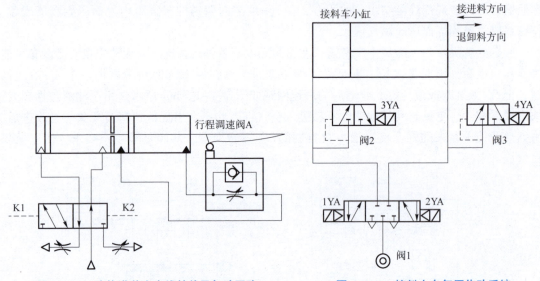

图 6-1-2　液体灌装生产线某单元气动回路　　　图 6-1-3　接料小车气压传动系统

表 6-1-6　接料小车电磁铁动作顺序

动作	1YA	2YA	3YA	4YA
小车进接料	+	−	−	−
随动剪切	−	−	+	+
小车退卸料	−	+	−	−

1YA 得电，小车进至接料位置后，1YA 失电，小车停下等待接挤出的物料，物料到定尺后，小车上的液压剪刀开始剪料，此时设计者的原意是让 3YA、4YA 得电，使阀 2、阀 3 换向后处于自由进排气状态，这样可使小车在剪接料车小缸接进料方向切物料的同时，挤压物料的程序不中间停止，对提高该挤压工序产品成品率以及最终成品率均有积极的作用，这

是该挤压机接料小车气压传动系统设计的一大特点:"随动"剪切。但在调试中发现,小车在"随动"剪切过程中未按预计的程序运行。

2)故障现象及分析

(1)故障现象。

①阀2在随动剪切时得电后不换向。

②阀3在随动剪切时虽得电换向,但动作不可靠。

由于该系统看起来很简单,所以在一开始的调试中并未重视,只是按常规去处理,认为是新系统,元件不洁所致。虽拆下多次检查清理,但故障仍未解决。通过对阀2、阀3进行简单的试验,结果阀2、阀3本身无问题,重新安装后故障依旧。针对小车动作程序各过程以及阀2、阀3的工作原理进行了深入的分析,认为这是一个由设计选型不合理引起的故障。

(2)阀2、阀3的工作原理分析。

该系统所用的阀2、阀3为80200系列二位三通电磁换向阀(德国海隆公司基型),它是一个两级阀,即一个微型二位三通直动电磁阀和气控式的主阀,该阀对工作压力的要求为0.2~1.0 MPa,其中该阀的最低工作压力为0.2 MPa,低于该值,其主阀芯就无法保证可靠的换向及复位。

(3)小车气缸两腔中的压力分析。

阀1的1YA得电,小车气缸有杆腔进气,无杆腔排气,小车进到接料位置后,2YA失电,阀1复位。这时,有杆腔中因阀1复位前处于进气状态,所以有一定的余压(压力大小不定),无杆腔中因阀1复位前处于排气状态,所以几乎没有余压。通过上述对阀2、阀3工作原理及小车气缸腔中压力的分析可知,在随动剪切时,阀2虽得电却因所在的无杆腔中产生不足以使阀2换向的余压而无法实现其主阀芯换向,阀3因有杆腔中有一定的余压而可能实现换向,但由于其压力值不定,所以阀3虽得电可能换向,但却不可靠。

3)问题的解决

从以上分析来看,在该小车气压传动系统中选用这种主阀为气控两级式的元件是不合适的。解决方法有两种。

(1)换用直动的元件。

把原来阀2、阀3改换为23ZVD-L15(常闭型)即可。但因原阀2、阀3的工作电压为直流24 V,该阀的工作电压为交流220 V,所以需增加中间继电器来解决。

(2)改进小车气压传动系统。

选用一只K35K2-15的气控滑阀代替原阀2、阀3,利用阀2、阀3中的一只作为其先导控制阀(需把原来的常闭型改装成常通型),具体工作原理见图6-1-4,虽然此法管路更改稍烦琐,但从"随动"剪切的效果及可靠性方面来分析优于方法(1),另增加两只单向节流阀来调整小车速度。

目前,国内外气动元件生产商提供的电磁换向阀多数为先导级加主级两级式的元件,为保证其正常工作,一般有一个最低、最高的工作压力范围,设计选用或现场处理问题时,应结合生产工艺特点、元件性能进行综合分析。

4. 气动增压泵使用寿命缩短的原因及系统改进

感光胶胶液需要过滤,配胶间原料胶罐中的胶液经过气液增压系统进入压滤机过滤,过滤后清洁的胶液进入清洁储罐,以备后续工序使用。根据工艺要求,所采用的气液增压系统

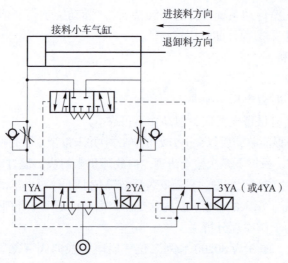

图 6-1-4 接料小车气压传动系统改进

能实现自动往复运动,带动配胶泵来回往复吸料和排料,实现连续均匀地配胶。该系统在工作过程中经常发生异常,经过多方面检查发现系统中气液增压泵损坏很快,需要经常更换密封和柱销,维修费用昂贵,给生产带来不利的影响。

1) 配胶间压滤机增压泵工作原理

图 6-1-5 所示为气液增压系统原理,核心部件为 ARO 气动柱塞增压泵。它的基本增压原理是利用增压器活塞受力平衡而活塞两侧有效作用面积不等,从而可以获得一定的增压比。该气液增压系统集增压缸与控制阀于一体,利用气源增压,输出高压液体。增压泵不工作时,气控通断阀将气液增压泵的先导控制气路①切断,换向阀 2 接气控通断阀的气路①无压力,增压泵的柱塞运动到下位时,虽然换向阀 2 换向至上位,接通气路①和②,但是因气路①无压力,所以主控阀仍然处于左位不换向,活塞停在下位。增压泵工作时,气控通断阀接通换向阀 2 的气源,先导控制气路①有压力,换向阀 2 处于上位,主控阀换右位,增压泵 A 腔通大气,B 腔接气源,柱塞向上移动,C 腔吸胶液(柱塞离开下位,换向阀 2 换下位,主控阀保持右位不变);柱塞到达上位时,换向阀 3 处下位,有压气体经控制气路④和③到达主控阀的左侧,主控阀换左位,增压泵 A 腔通气源,B 腔接大气,柱塞向下移动,增压的胶液由 C 腔经单向阀 5 进入压滤机。当柱塞移动到下位时,主控阀换右位,柱塞上移,增压泵吸液,当柱塞移动到上位时,主控阀换左位,柱塞向下移动,增压泵输出具有一定压力的胶液。

由气动柱塞增压泵的工作原理可知,该泵尤其适合应用于负载阻力较大的场合;由于泵的工作频率与负载有关,在泵的负载阻力比较低时,泵的工作频率较大。

2) 增压泵寿命缩短的原因

该型气动柱塞增压泵为英格索兰公司生产的 NM2304B2112311 型泵,图 6-1-6 所示为该泵的性能曲线。

如图 6-1-6 所示,图中左纵坐标为泵出口压力,该压力取决于负载,这是容积式泵正常工作的两个基本规律之一;右纵坐标为压缩空气流量;下横坐标为泵每分钟输送的液体量;上横坐标为泵内柱塞工作循环次数,即泵内柱塞每分钟往复的次数;三条标有压缩空气压力的曲线表示在该压力下泵流量、泵内柱塞工作循环次数与泵出口压力对应变化的曲线;

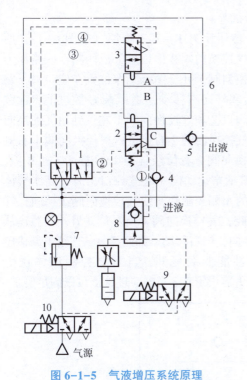
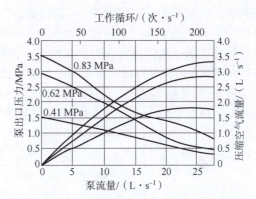

图 6-1-5 气液增压系统原理　　图 6-1-6 NM2304B2112311 型泵的性能曲线

1—主控制；2,3,9,10—换向阀；4,5—单向阀；
6—增压缸；7—溢流阀；8—气控通断阀

三条未标数字的曲线为所用压缩空气流量与泵流量、泵内柱塞工作循环次数对应变化的曲线。可以看出，当压缩空气压力为 0.41 MPa 时，随着泵出口液体压力的降低，泵内柱塞工作循环次数不断上升，在出口液体压力降为 0.4 MPa 时，泵内柱塞工作循环往复次数已经升至每分钟 200 次以上。当采用新滤片时压滤机的入口压力约为 0.2 MPa，随着污物的增多，压滤机的入口压力升高，当压滤机入口压力达到 0.3 MPa 时就更换新的滤片，而压滤机入口压力即泵的负载，所以工况要求泵出口压力通常低于 0.4 MPa。因此，根据其性能曲线可以断定实际使用中该泵的泵内柱塞工作循环往复次数已经位于极限设计值附近，故该型泵的故障概率较高。

配胶间压滤机使用的 ARO 气动柱塞增压泵在工作过程中的具体工况为：泵内柱塞工作循环往复一次排出液体体积为 134.3 mL，每分钟额定工作循环次数为 120 次。由此计算：最大额定流量为 966.96 L/h，需要该泵输送的胶液体积约为 1 500 L，该泵完成输送需要的最少时间为 95 min。而现实工作中，该泵仅需 65~75 min 即可将 1 500 L 胶液打完。由此可以计算出，泵的实际工作循环为每分钟 171 次，已经超过了该泵的额定工作循环 41.7%。从分析 ARO 气动柱塞增压泵的性能曲线以及它的实际工况发现，由于压滤机负载不大，气动柱塞增压泵工作循环远远超过其额定工作循环，频繁发生柱销疲劳断裂、密封发热老化等故障，致使使用寿命缩短。

3）配胶间压滤机增压系统改进方案

（1）解决方案。

使用工况比较合理的其他型号泵代替 ARO 气动柱塞增压泵，考虑到泵出口压力不超过

0.35 MPa，选用气动隔膜泵（DL252SL2T2T2Q）做试验。

气动隔膜泵（DL252SL2T2T2Q）为双作用泵，增压比为 1。其工作原理如图 6-1-7 所示。气源从气控换向阀 2 左位的压力口进入，经过气控换向阀 2 出口后分成两路：一路作为气控换向阀 1 的控制气路进 1 左侧控制腔，使气控换向阀 1 处于图示工作位置左位；另一路经增压泵左端口③进入增压泵 A 腔，推动活塞及活塞杆向右移动，增压泵 C 腔进液，D 腔排液。当气缸活塞运动过气控口②时，高压气体经阀口②和气控换向阀 1 左位到达气控换向阀 2 的右侧控制腔，使气控换向阀 2 换向，气源从气控换向阀 2 右位进入气控换向阀 1 右侧控制腔，气控换向阀 1 换右位，另外气源还从气控换向阀 2 右位经气控口④进入气缸 B 腔，活塞换向，向左移动，D 腔吸液，C 腔排液。当气缸活塞运动向左超气控口①时，高压气体经气控口①和气控换向阀 1 右位到达气控换向阀 2 的左侧控制腔，使气控换向阀 2 换向，气源从气控换向阀 2 左位进入气控换向阀 1 左侧控制腔，气控换向阀 1 换左位，另外气源还从气控换向阀 2 左位经气控口③进入气缸 A 腔，活塞换向，向右移动。如此反复，连续不断输出胶液。分析气动隔膜泵（DL252SL2T2T2Q）流量性能曲线可知，当需要控制液体压力 0.25 MPa，流量 1 500 L/h 时，可以得出压缩空气压力需设定 0.3 MPa。理论上可以满足要求。

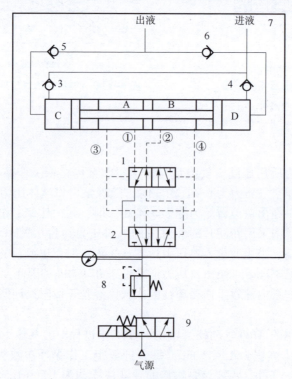

图 6-1-7　气液增压系统改进

1，2—气控换向阀；3，4，5，6—单向阀；7—气动隔膜泵；8—减压阀；9—换向阀

在胶液打完后，压滤机滤片未取出之前进行试验，压缩空气压力设定 0.35 MPa，以水为媒体试验，压滤机入口压力正常，流量较气动柱塞增压泵大。利用配胶间现有气动隔膜泵进打胶试验成功，可以替换现有气动柱塞泵。

"十四五"职业教育国家规划教材

液压与气动系统组建与维修

（工作页）

主　编　罗洪波
副主编　苏　磊　刘方平
　　　　黄许来　范然然
参　编　谭　琛　强　壮

北京理工大学出版社
BEIJING INSTITUTE OF TECHNOLOGY PRESS

工作页目录

项目一　液压传动系统组建 ... 1

任务1.1　认识液压传动系统（工作页） ... 1
　　任务描述 ... 1
　　知识目标 ... 2
　　技能目标 ... 2
　一、应知应会 ... 2
　二、工作过程 ... 2
　三、评价 ... 5
　四、总结反思 ... 6
　五、拓展项目 ... 6

任务1.2　认识手动液压千斤顶液压传动系统（工作页） ... 7
　　任务描述 ... 7
　　知识目标 ... 7
　　技能目标 ... 7
　一、应知应会 ... 8
　二、工作过程 ... 8
　三、评价 ... 11
　四、总结反思 ... 12
　五、拓展项目 ... 12

任务1.3　工件推出装置控制系统的构建（工作页） ... 13
　　任务描述 ... 13
　　知识目标 ... 13
　　技能目标 ... 13
　一、应知应会 ... 13
　二、工作过程 ... 14
　三、评价 ... 17
　四、总结反思 ... 18
　五、拓展项目 ... 18

任务1.4　汽车起动机支腿液压传动系统的构建（工作页） ... 19
　　任务描述 ... 19

知识目标 ·· 19
　　技能目标 ·· 19
　一、应知应会 ·· 20
　二、工作过程 ·· 20
　三、评价 ·· 23
　四、总结反思 ·· 24
　五、拓展项目 ·· 24
任务 1.5　粘压机液压传动系统的构建（工作页） ·· 25
　　任务描述 ·· 25
　　知识目标 ·· 25
　　技能目标 ·· 25
　一、应知应会 ·· 25
　二、工作过程 ·· 26
　三、评价 ·· 30
　四、总结反思 ·· 31
　五、拓展项目 ·· 31
任务 1.6　喷漆室传动带装置液压传动系统的构建（工作页） ·································· 33
　　任务描述 ·· 33
　　知识目标 ·· 33
　　技能目标 ·· 33
　一、应知应会 ·· 33
　二、工作过程 ·· 34
　三、速度换接回路 ·· 35
　四、评价 ·· 38
　五、总结反思 ·· 39
　六、拓展项目 ·· 39
任务 1.7　夹紧装置液压传动系统的构建（工作页） ··· 41
　　任务描述 ·· 41
　　知识目标 ·· 41
　　技能目标 ·· 41
　一、应知应会 ·· 41
　二、工作过程 ·· 42
　三、评价 ·· 46
　四、总结反思 ·· 47
　五、拓展项目 ·· 47
任务 1.8　专用刨削设备液压传动系统的构建（工作页） ····································· 49
　　任务描述 ·· 49
　　知识目标 ·· 49
　　技能目标 ·· 49

一、应知应会 ··· 49
　　二、工作过程 ··· 50
　　三、评价 ··· 53
　　四、总结反思 ··· 54
　　五、拓展项目 ··· 54
任务1.9　钻床液压传动系统的构建（工作页） ·· 55
　　任务描述 ·· 55
　　知识目标 ·· 55
　　技能目标 ·· 55
　　一、应知应会 ··· 56
　　二、工作过程 ··· 56
　　三、评价 ··· 61
　　四、总结反思 ··· 62
　　五、拓展项目 ··· 62

项目二　液压传动系统原理图的识读 ··· 65
任务　注塑机液压传动系统工作原理图的识读 ··· 65
　　任务描述 ·· 65
　　知识目标 ·· 65
　　一、应知应会 ··· 66
　　二、工作过程 ··· 66

项目三　液压传动系统故障诊断与维修 ··· 77
任务　组合机床动力滑台液压传动系统故障诊断与维修 ··· 77
　　任务描述 ·· 77
　　知识目标 ·· 78
　　技能目标 ·· 78
　　一、应知应会 ··· 78
　　二、工作过程 ··· 79

项目四　气压传动系统组建 ··· 83
任务4.1　认识气压传动系统（工作页） ··· 83
　　任务描述 ·· 83
　　知识目标 ·· 83
　　技能目标 ·· 84
　　一、应知应会 ··· 84
　　二、工作过程 ··· 84
　　三、评价 ··· 86
　　四、总结反思 ··· 86
任务4.2　机械手抓取机构气压传动系统的组建（工作页） ································· 87
　　任务描述 ·· 87

知识目标 ·· 87
　　　技能目标 ·· 87
　　一、应知应会 ·· 87
　　二、工作过程 ·· 88
　　三、评价 ·· 91
　　四、总结反思 ·· 92
　　五、拓展项目 ·· 92

任务4.3　剪切装置气压传动系统的组建（工作页） ·· 93
　　　任务描述 ·· 93
　　　知识目标 ·· 93
　　　技能目标 ·· 93
　　一、应知应会 ·· 93
　　二、工作过程 ·· 94
　　三、评价 ·· 96
　　四、总结反思 ·· 97
　　五、拓展项目 ·· 98

任务4.4　自动送料装置气压传动系统的组建（工作页） ···································· 99
　　　任务描述 ·· 99
　　　知识目标 ·· 99
　　　技能目标 ·· 99
　　一、应知应会 ·· 99
　　二、工作过程 ·· 99
　　三、评价 ·· 102
　　四、总结反思 ·· 103
　　五、拓展项目 ·· 104

任务4.5　剪板机气压传动系统的组建（工作页） ·· 105
　　　任务描述 ·· 105
　　　知识目标 ·· 105
　　　技能目标 ·· 105
　　一、应知应会 ·· 105
　　二、工作过程 ·· 106
　　三、评价 ·· 109
　　四、总结反思 ·· 109
　　五、拓展项目 ·· 110

任务4.6　压模机气压传动系统的组建（工作页） ·· 111
　　　任务描述 ·· 111
　　　知识目标 ·· 111
　　　技能目标 ·· 111
　　一、应知应会 ·· 111

二、工作过程 …………………………………………………………………… 111
　　三、评价 ………………………………………………………………………… 114
　　四、总结反思 …………………………………………………………………… 115
　　五、拓展项目 …………………………………………………………………… 116
　任务4.7　压印机气压传动系统的组建（工作页） ………………………………… 117
　　任务描述 ………………………………………………………………………… 117
　　知识目标 ………………………………………………………………………… 117
　　技能目标 ………………………………………………………………………… 117
　　一、应知应会 …………………………………………………………………… 117
　　二、工作过程 …………………………………………………………………… 117
　　三、评价 ………………………………………………………………………… 120
　　四、总结反思 …………………………………………………………………… 121
　　五、拓展项目 …………………………………………………………………… 122
　任务4.8　钻床夹紧与钻孔装置气压传动系统的组建（工作页） ………………… 123
　　任务描述 ………………………………………………………………………… 123
　　知识目标 ………………………………………………………………………… 123
　　技能目标 ………………………………………………………………………… 123
　　一、应知应会 …………………………………………………………………… 123
　　二、工作过程 …………………………………………………………………… 124
　　三、评价 ………………………………………………………………………… 126
　　四、总结反思 …………………………………………………………………… 127
　　五、拓展项目 …………………………………………………………………… 128

项目五　气压传动系统原理图的识读 ……………………………………………… 129
　任务　气动机械手气压传动系统原理图的识读 …………………………………… 129
　　任务描述 ………………………………………………………………………… 129
　　知识目标 ………………………………………………………………………… 130
　　应知应会 ………………………………………………………………………… 130
　　一、工作过程 …………………………………………………………………… 130

项目六　气压传动系统故障分析与改进 …………………………………………… 135
　任务　气压传动系统的安装、使用、维修及改进 ………………………………… 135
　　任务描述 ………………………………………………………………………… 135
　　知识目标 ………………………………………………………………………… 136
　　技能目标 ………………………………………………………………………… 136
　　一、应知应会 …………………………………………………………………… 136
　　二、工作过程 …………………………………………………………………… 136

项目一 液压传动系统组建

任务1.1 认识液压传动系统(工作页)

任务描述

图1-1-1所示为磨床工作台液压传动系统工作原理。请分析该回路的工作原理,在试验台上完成该回路的搭建与调试。

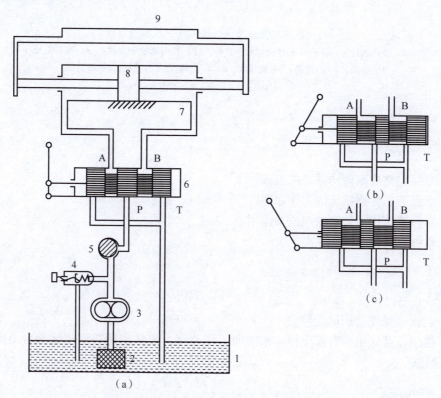

图1-1 磨床工作台液压传动系统工作原理

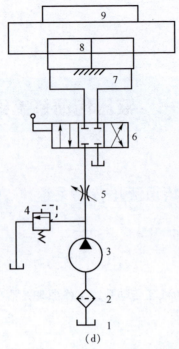

图 1-1 磨床工作台液压传动系统工作原理（续）

（a）换向阀处于中位；（b）换向阀处于右腔；（c）换向阀处于左腔；（d）图形符号

1—油箱；2—过滤器；3—液压泵；4—溢流阀；5—节流阀；6—换向阀；

7—液压缸；8—活塞；9—工作台

 知识目标

（1）掌握完整液压传动系统的组成。
（2）掌握液压传动系统的工作原理。
（3）掌握液压传动装置的组成及作用。
（4）掌握液压传动的优缺点。

 技能目标

（1）能正确操作液压试验台。
（2）能根据磨床工作台液压传动系统的工作原理，模仿老师在液压试验台上完成回路的搭建与调试。

一、应知应会

简单低压电气控制电路的设计。

二、工作过程

（一）课前准备

为完成该任务，请检验你是否已掌握以下知识或能力。

1. 液压传动系统的组成

请写出一个完整的液压传动系统由哪 5 部分组成，并简单描述其在液压传动系统中的作用。

组成部分	在液压传动系统中的作用
1	
2	
3	
4	
5	

2. 液压传动系统的工作原理

下图为磨床工作台液压传动系统的工作原理，请写出图中各元件的名称，并描述该液压传动系统的工作原理。

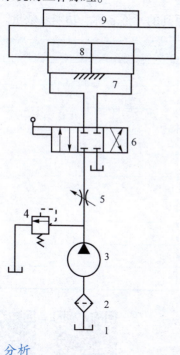

1. _____
2. _____
3. _____
4. _____
5. _____
6. _____
7. _____
8. _____
9. _____

工作原理：

3. 分析

液压传动相比于机械、电气传动，具有哪些优点和缺点？请简要分析。

优点：_____

缺点：_____

4. 填空

（1）液压传动是以_____为传动介质，必须在_____进行，利用液体的_____来实现运动和动力传递的一种传动方式。

（2）在液压传动中，液压泵是_____元件，它将输入的_____能转换成_____能，向系统提供动力。

(3) 在液压传动中，液压缸是_____元件，它将输入的_____能转换成_____能。

(4) 图形符号表示元件的_____，而不表示元件的_____和_____；反映各元件在油路连接上的_____，不反映其空间_____；只反映_____的工作状态，不反映其过渡过程。

(二) 计划

1. 小组分工

小组信息	班　级		日　期	
	小组名称		组　长	
	岗位分工			
	成　员			

2. 计划讨论

小组成员共同讨论工作计划，列出本次任务需要用到的元件名称、功能及数量。

序号	元件名称	功能	数量	备注
1				
2				
3				
4				
5				
6				
7				
8				
9				
10				

(三) 实施

1. 项目实施

模仿老师搭建液压传动回路，并进行调试。

2. 成果分享

每个小组将实施结果上传到线上教学平台，由2~3个小组分别展示和讲解搭建好的液压回路。

3. 问题反思

(1) 实施过程中，出现了压力无法调节的情况，你认为是何种原因？

(2) 实施过程中,液压缸活塞杆伸出过慢,你认为是何原因?

(四) 检查

序号	检查内容	检查结果	备注
1	液压是否能调节到 2 MPa		
2	元器件是否安装牢固,位置合理		
3	各液压元件的连接是否稳固,不漏油		
4	扳动手柄,液压缸活塞杆是否伸出		
5	反向扳动手柄,液压缸活塞杆是否缩回		
6	液压缸活塞杆伸出缩回是否顺畅		

三、评价

小组成员各自完成"自我评价",组长完成"小组评价",教师完成"教师评价"。整理实训设备和元器件,做好5S管理工作。

任务评价表

序号	评价内容	自我评价	小组评价	教师评价	分值分配
1	遵守安全操作规范				5
2	态度端正,工作认真				5
3	能提前进行课前学习,完成项目信息相关练习				20
4	能熟练、多渠道地查找参考资料				5
5	能正确地搭建回路,搭建的回路能实现项目所要求的功能				20
6	方案优化,选型合理				5
7	能正确回答指导老师的问题				15
8	能在规定的时间内完成任务				10
9	能与他人团结协作				5
10	做好5S管理工作				10
	合计				100
	拓展项目				
	总分				

评分说明:
①评分项目3为"课前准备"部分评分分值。
②总分="自我评价"×20%+"小组评价"×20%+"教师评价"×60%+拓展项目。
③如有拓展项目,每完成一个拓展项目,总分加10分。

四、总结反思

(1) 学到的新知识点。

(2) 掌握的新技能点。

(3) 你对自己在本次任务中的表现是否满意？写出课后反思。

五、拓展项目

请将上述磨床系统更改为电控的，按下按钮 SB1，液压缸活塞杆伸出，按下按钮 SB2，液压缸活塞杆缩回。请画出液压回路图、电气控制图，列出元器件清单。（请自行附纸）

任务1.2 认识手动液压千斤顶液压传动系统（工作页）

任务描述

请根据图1-2-1描述手动液压千斤顶的工作原理，并分析液压千斤顶两活塞之间力的关系、运动关系和功率关系。

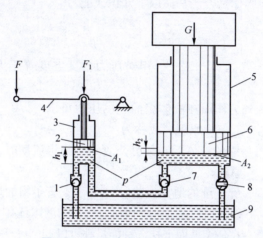

图1-2-1 手动液压千斤顶工作原理

1—进油单向阀；2—小活塞；3—小缸体；4—手动杠杆；5—大缸体；
6—大活塞；7—排油单向阀；8—截止阀；9—油箱

知识目标

（1）掌握压力与流量的概念。
（2）掌握流体静力学基本原理。
（3）掌握流体动力学基本原理。
（4）掌握液压介质的特性与分类。
（5）掌握手动液压千斤顶的工作原理。
（6）掌握液压泵的分类与工作原理。

技能目标

（1）能正确描述手动液压千斤顶的工作原理。
（2）能正确计算液压回路中压力、面积、流量、流速和功率。
（3）能分辨各种液压泵，并根据情况选用适当的液压泵。
（4）能分辨液压油，并根据情况选用适当的液压油。

一、应知应会

(1) 液压传动系统的组成。
(2) 液压缸的分类及结构。
(3) 中学物理压力、功率等力学常识。

二、工作过程

(一) 课前准备

为完成该任务，请检验你是否已掌握以下知识或能力。

1. 压力与流量

(1) 表压力又叫_____。
(2) 绝对压力等于大气压力_____相对压力，真空度等于大气压力_____绝对压力。
(3) 在密闭容器中由外力作用在液体表面上的压力可以_____传递到液体内部的所有各质点，这就是著名的_____原理，或称为_____原理。
(4) 理想液体（不可压缩的液体）在无分支管路中稳定流动时，流过任一通流截面的流量相等，这称为_____原理。
(5) 根据连续性原理，管子细的地方流速_____，管子粗的地方流速_____。
(6) 理想液体伯努利方程的物理意义：管内稳定流动的液体具有_____、_____和_____三种形式的能量，在任意截面上这三种能量都可以_____，但总和为一定值。

2. 液压油

(1) 液体流动时，分子之间的_____阻碍分子的相对运动的性质称为液体的_____，大小用_____表示。温度越高，液体的黏度越_____；液体所受的压力越大，其黏度越_____。
(2) 液体黏度随温度变化的特性叫_____。
(3) 液压油的牌号是用_____表示的。N32 表示_____。

3. 液压泵

(1) 下面哪个选项中的泵不适合做成变量泵？(　　)
A. 单作用叶片泵　　　　　　　B. 轴向柱塞泵
C. 双作用叶片泵　　　　　　　D. 径向柱塞泵
(2) 液压泵是液压传动系统的_____装置，其作用是将原动机的_____转换为油液的_____，其输出功率用公式_____表示。
(3) 容积式液压泵的工作原理是：容积增大时实现_____，容积减小时实现_____，用_____表示。
(4) 液压泵按结构不同分为_____、_____和_____三种，叶片泵按转子每转一转，每个密封容积吸压油次数的不同分为_____式和_____式两种；液压泵按排量是否可调分为_____和_____两种。其中，_____和_____能做成变量泵，_____和_____只能做成定量泵。
(5) 轴向柱塞泵是通过改变_____实现变量的，单作用叶片泵是通过改变_____实现变量的。

（6）单作用叶片泵转子每转一周，完成吸、排油各_____次，改变_____的大小，可以改变它的排量，因此称其为_____量泵。

（7）双作用叶片泵一般为_____量泵；单作用叶片泵一般为_____量泵。

（8）齿轮泵的泄漏方式有哪些？主要解决方法是什么？

（9）什么是齿轮泵的困油现象？如何消除？径向不平衡力问题如何解决？（请自行上网查询）

（10）请填写齿轮泵的组件名称，并描述其工作原理。

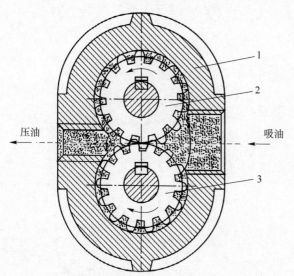

1._____
2._____
3._____
齿轮泵的工作原理：

（11）请填写双作用叶片泵的组件名称，并描述其工作原理。

1._____
2._____
3._____
4._____
5._____
双作用叶片泵的工作原理：

（12）请填写柱塞泵的组件名称，并描述其工作原理。

1. _____ 2. _____ 3. _____
4. _____ 5. _____ 6. _____

柱塞泵的工作原理：

（13）描述关于泵的下列概念。
工作压力：
额定压力：
排量：
理论流量：
实际流量：

（14）根据所给的元器件名称画出职能符号。
单向定量泵：
单向变量泵：
双向定量泵：
双向变量泵：

（二）计划

1. 小组分工

小组信息	班　　级		日　　期	
	小组名称		组　　长	
	岗位分工			
	成　　员			

2. 计划讨论

小组成员共同讨论工作计划，查找相应的信息。

（三）实施

1. 项目实施

描述手动液压千斤顶的工作原理，并分析液压千斤顶两活塞之间力的关系、运动关系和功率关系。

2. 成果分享

每个小组将实施结果上传到线上教学平台,由 2~3 个小组分别展示和讲解。

3. 问题反思

(1) 液压缸有效面积一定时,其活塞运动的速度由什么来决定?

(2) 为什么说液压传动系统的工作压力取决于外负载?

(四) 检查

序号	检查内容	检查结果	备注
1	描述是否合理,组员是否认同		
2	两活塞之间力的关系是否能推演		
3	两活塞之间的运动关系是否能推演		
4	两活塞之间的功率关系是否能推演		
5	辅助讲解文档资料是否已准备完整		

三、评价

小组成员各自完成"自我评价",组长完成"小组评价",教师完成"教师评价"。整理实训设备和元器件,做好 5S 管理工作 。

任务评价表

序号	评价内容	自我评价	小组评价	教师评价	分值分配
1	遵守安全操作规范				5
2	态度端正,工作认真				5
3	能提前进行课前学习,完成项目信息相关练习				20
4	能熟练、多渠道地查找参考资料				5
5	能正确地搭建回路,搭建的回路能实现项目所要求的功能				20
6	方案优化,选型合理				5
7	能正确地回答指导老师的问题				15
8	能在规定的时间内完成任务				10
9	能与他人团结协作				5

续表

序号	评价内容	自我评价	小组评价	教师评价	分值分配
10	做好 5S 管理工作				10
	合计				100
	拓展项目				
	总分				

评分说明：
①评分项目 3 为"课前准备"部分评分分值。
②总分＝"自我评价"×20%＋"小组评价"×20%＋"教师评价"×60%＋拓展项目。
③如有拓展项目，每完成一个拓展项目，总分加 10 分。

四、总结反思

（1）学到的新知识点有哪些？

（2）掌握的新技能点有哪些？

（3）你对自己在本次任务中的表现是否满意？写出课后反思。

五、拓展项目

如图所示液压千斤顶在压油过程中，已知活塞 1 的直径 $d = 30$ mm，活塞 2 的直径 $D = 100$ mm，管道 5 的直径 $d_1 = 15$ mm。假定大活塞的下压速度为 200 mm/s，试求小活塞上升速度和管道内液体的平均流速。

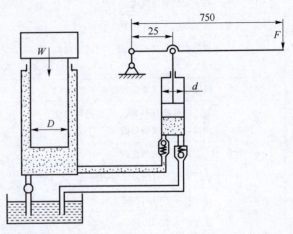

任务 1.3　工件推出装置控制系统的构建（工作页）

任务描述

图 1-3-1 所示为工件推出装置示意图。按下伸出按钮，双作用液压缸活塞杆伸出，将一传送装置送来的中型金属工件推到另一与其垂直的传送装置进行进一步加工；按下缩回按钮后，液压缸活塞杆缩回。在此过程中，随时按下停止按钮，活塞杆都会停止。请设计出此装置的液压控制回路。

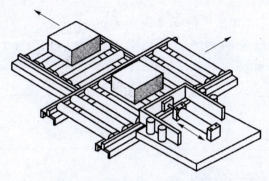

图 1-3-1　工件推出装置示意图

知识目标

（1）掌握液压油箱的结构及作用。
（2）掌握液压辅助元件的种类及作用。
（3）掌握方向控制阀的结构及工作原理。
（4）掌握三位换向阀的中位机能。
（5）掌握常用换向回路的结构及工作原理。

技能目标

（1）能正确绘制换向回路的工作原理图。
（2）能正确选用换向回路中所用的元器件。
（3）能根据回路原理图，在液压试验台上完成换向回路的搭建与调试。
（4）能按照工作流程完成整个项目的计划、实施、检查、评价 4 个环节。
（5）能提交相应的技术文档。

一、应知应会

（1）简单低压电气控制电路的设计。

(2) 西门子 S7-200 PLC 的基本控制应用（位逻辑、计时、计数等）。
(3) 溢流阀的压力流量特性。

二、工作过程

（一）课前准备

为完成该任务，请检验你是否已掌握以下知识或能力。

1. 换向阀

(1) 换向阀利用阀芯相对于阀体的_____，使与阀体相连的几个油路之间接通、关断，或变换油流的方向，从而改变液压执行元件_____、_____或_____运动方向。

(2) 按阀芯运动的控制方式不同，换向阀可分为_____、_____、_____、_____和_____换向阀。

(3) 请补充下列换向阀的图形符号。

名称	图形符号	名称	图形符号
二位二通换向阀		三位四通换向阀	
二位三通换向阀		二位五通换向阀	
二位四通换向阀		三位五通换向阀	

(4) 请补充下列图形符号的名称。

图形符号	名称	图形符号	名称
（图）		（图）	
（图）		（图）	

(5) 请补充三位换向阀的中位机能、符号和性能特点。

中位机能	O	H	Y	P	M
符号					
性能特点					

(6) 若某三位换向阀的阀芯在中间位置，压力油与油缸两腔连通、回油封闭，则此阀的中位机能为（　　）。
A. P 型　　　　B. Y 型　　　　C. M 型　　　　D. O 型

(7) 使三位四通换向阀在中位工作时泵能卸荷，应采用（　　）。
A. P 型　　　　B. Y 型　　　　C. M 型　　　　D. O 型

（8）为使三位四通换向阀在中位工作时能使液压缸闭锁，应采用（　　　）。
A. P 型　　　　　　B. Y 型　　　　　　C. M 型　　　　　　D. O 型

（9）一水平放置的双伸出杆液压缸，采用三位四通电磁换向阀，要求阀处于中位时，液压泵卸荷，且液压缸浮动，其中位机能应选用（　　　）。
A. H 型　　　　　　B. Y 型　　　　　　C. M 型　　　　　　D. O 型

2. 直动式溢流阀

（1）画出直动式溢流阀的职能符号，并说明职能符号中各个部分所代表的含义。

（2）以变量泵为油源时，在泵的出口并联溢流阀是为了起到_____。
A. 溢流定压作用　　　　　　　　B. 过载保护作用
C. 令油缸稳定运动的作用　　　　D. 控制油路通断的作用

（3）直动式溢流阀结构简单，灵敏度高，但因压力直接与调压弹簧力平衡，故不适合在高压、大流量下工作。因为 $F=PA$，在高压的环境下，压力 P 高，故油液给阀芯的推力 F 大。为了实现比较大的开启压力，这种结构的阀必须增大调压弹簧的弹性系数来增加弹簧给阀芯的力，这会造成阀的结构尺寸非常大。请问：在高压的环境下可不可以通过减小阀口的有效作用面积 A 来减小油液给阀芯的推力，从而达到减小阀尺寸的目的？

3. 过滤器

请说明为什么在泵的吸油口不可以用精过滤器，而在出油口可以。（提示：从容积泵的工作原理及过滤器的压降两方面加以阐述）

（二）计划

1. 小组分工

小组信息	班　　级		日　　期	
	小组名称		组　　长	
	岗位分工	项目经理	记录员	技术员	安装工
	成　　员				

2. 计划讨论

小组成员共同讨论工作计划，列出本次任务需要用到的元件名称、符号及数量。

序号	元件名称	符号	数量	备注
1				
2				
3				
4				
5				
6				
7				
8				

3. 画出项目液压传动系统回路图

4. 画出项目电气控制回路图

5. 编写项目 PLC 控制程序

（三）实施

1. 项目实施

模仿老师搭建液压传动回路，并进行调试。

2. 成果分享

每个小组将实施结果上传到线上教学平台，由 2~3 个小组分别展示和讲解搭建好的气动回路。

3. 问题反思

（1）实施过程中，按下伸出按钮，液压缸活塞杆伸出，但一松开活塞杆就停止了，你认为可能是什么问题。

（2）本项目中，溢流阀的开启压力应该设置为多大？溢流阀起什么作用？

（四）检查

序号	检查内容	检查结果	备注
1	液压是否调节到 2 MPa		
2	元器件是否安装牢固，位置合理		
3	各液压元件的连接是否稳固，不漏油		
4	按下按钮，液压缸活塞杆是否伸出		
5	松开按钮，液压缸活塞杆是否缩回		
6	液压缸活塞杆伸出缩回是否顺畅		

三、评价

小组成员各自完成"自我评价"，组长完成"小组评价"，教师完成"教师评价"。整理实训设备和元器件，做好5S管理工作。

任务评价表

序号	评价内容	自我评价	小组评价	教师评价	分值分配
1	遵守安全操作规范				5
2	态度端正，工作认真				5
3	能提前进行课前学习，完成项目信息相关练习				20
4	能熟练、多渠道地查找参考资料				5
5	能正确搭建回路，搭建的回路能实现项目所要求的功能				20
6	方案优化，选型合理				5
7	能正确回答指导老师的问题				15
8	能在规定的时间内完成任务				10
9	能与他人团结协作				5
10	做好5S管理工作				10
	合计				100
	拓展项目				
	总分				

评分说明：
①评分项目3为"课前准备"部分评分分值。
②总分="自我评价"×20%+"小组评价"×20%+"教师评价"×60%+拓展项目。
③如有拓展项目，每完成一个拓展项目，总分加10分。

四、总结反思

(1) 学到的新知识点有哪些？

(2) 掌握的新技能点有哪些？

(3) 你对自己在本次任务中的表现是否满意？写出课后反思。

五、拓展项目

拓展项目 1：请设计一个液压控制系统，实现对一个液压缸的如下控制：按下液压缸伸出控制按钮 SB1（用点动按钮，下同），液压缸活塞杆伸出；活塞杆伸到终点，碰到放置在行程终点的行程开关 SQ 后活塞杆缩回；任何时候按下停止按钮 SB2，活塞杆回到起点后停止。再按下 SB1，能重复上述动作。写出您的解决方案（继电器、PLC 双控制方案），要求给出：(1) 液压回路图；(2) 继电器控制电路；(3) PLC 控制程序。

拓展项目 2：请设计一个液压控制系统，实现对一个液压缸的如下控制：按下液压缸伸出控制按钮 SB1（用点动按钮，下同），液压缸活塞杆伸出；液压缸活塞杆伸到终点，碰到放置在行程终点的行程开关 SQ，延时 5 s 后，活塞杆缩回；任何时候按下停止按钮 SB2，活塞杆回到起点后停止。再按下 SB1，能重复上述动作。写出您的解决方案（继电器、PLC 双控制方案），要求给出：(1) 液压回路图；(2) 继电器控制电路；(3) PLC 控制程序。

任务1.4　汽车起动机支腿液压传动系统的构建（工作页）

任务描述

图1-4-1所示为汽车起重机，由于汽车轮胎的支撑面积小，支撑能力有限，而且为弹性变形体，作业很不安全，故作业前必须放下前后支腿，使汽车轮胎架空，用支腿承受重力。在行驶时又必须将支腿收起来，让轮胎着地。要确保支腿停放在任意位置，并且能可靠地锁定，不受外界影响而发生漂移或者窜动。根据工作要求构建起重机支腿的控制回路，要求采用电控。

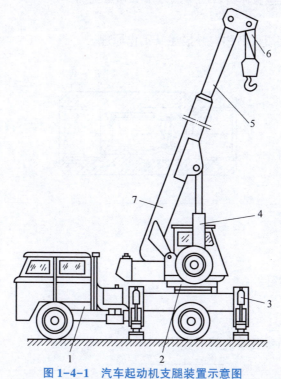

图1-4-1　汽车起动机支腿装置示意图

1—车身；2—转塔；3—支撑腿；4—角度调整缸；5—伸缩缸；6.吊钩；7—起吊臂

知识目标

（1）掌握普通单向阀的结构及工作原理。
（2）掌握液控单向阀的结构及工作原理。
（3）掌握锁紧回路的工作原理。

技能目标

（1）能正确绘制锁紧回路的控制工作原理图。

(2) 能使用仿真软件搭建锁紧回路并验证成功。
(3) 能在试验台上完成锁紧回路的搭建与调试。

一、应知应会

(1) 简单低压电气控制电路的设计。
(2) 西门子 S7-200 PLC 的基本控制应用。
(3) 液压换向回路。

二、工作过程

(一) 课前准备

为完成该任务，请检验你是否已掌握以下知识或能力。

1. 普通单向阀

(1) 请填写单向阀组件名称，并描述其工作原理。

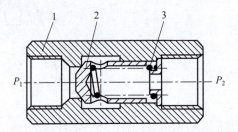

1. _____ 2. _____ 3. _____

单向阀的工作原理：

画出单向阀的职能符号：

(2) 请描述下图所示各单向阀的作用。

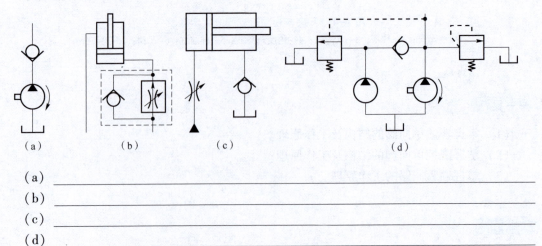

(a) _____
(b) _____
(c) _____
(d) _____

2. 液控单向阀

（1）请画出液控单向阀的职能符号。

（2）简述液控单向阀与普通单向阀的异同。

（3）结合 O 型中位机能的换向阀，说说利用该换向阀中位密封的特点，能否满足本项目的要求。

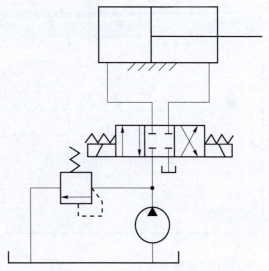

3. 锁紧回路

下图所示的锁紧回路有何问题？为什么？

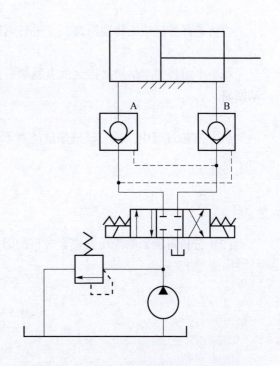

（二）计划

1. 小组分工

小组信息	班　　级		日　　期	
	小组名称		组　　长	
	岗位分工			
	成　　员			

2. 计划讨论

小组成员共同讨论工作计划，列出本次任务需要用到元件名称、功能及数量。

序号	元件名称	功能	数量	备注
1				
2				
3				
4				
5				
6				
7				
8				

（三）实施

1. 项目实施

模仿老师搭建液压传动回路，并进行调试。

2. 成果分享

每个小组将实施结果上传到线上教学平台，由2~3个小组分别展示和讲解搭建好的气动回路。

3. 问题反思

（1）实施过程中，试一试液压缸能否承受一定的轴向力，为什么？

（2）分析可能影响液压缸锁紧效果的因素。

(四) 检查

序号	检查内容	检查结果	备注
1	液压是否调节到 2 MPa		
2	元器件是否安装牢固,位置合理		
3	各气动元件的连接是否稳固,不漏油		
4	按下伸出按钮,液压缸活塞杆是否伸出		
5	按下缩回按钮,液压缸活塞杆是否缩回		
6	液压缸活塞杆是否伸出缩回顺畅		
7	伸出中途按停止按钮,液压缸能否锁紧		

三、评价

小组成员各自完成"自我评价",组长完成"小组评价",教师完成"教师评价"。整理实训设备和元器件,做好5S管理工作。

任务评价表

序号	评价内容	自我评价	小组评价	教师评价	分值分配
1	遵守安全操作规范				5
2	态度端正,工作认真				5
3	能提前进行课前学习,完成项目信息相关练习				20
4	能熟练、多渠道地查找参考资料				5
5	能正确地搭建回路,搭建的回路能实现项目所要求的功能				20
6	方案优化,选型合理				5
7	能正确回答指导老师的问题				15
8	能在规定时间内完成任务				10
9	能与他人团结协作				5
10	做好5S管理工作				10
	合计				100
	拓展项目				
	总分				

评分说明:
①评分项目3为"课前准备"部分评分分值。
②总分="自我评价"×20%+"小组评价"×20%+"教师评价"×60%+拓展项目。
③如有拓展项目,每完成一个拓展项目,总分加10分。

四、总结反思

（1）学到的新知识点有哪些？

（2）掌握的新技能点有哪些？

（3）你对自己在本次任务中的表现是否满意？写出课后反思。

五、拓展项目

拓展项目 1：请设计一个液压控制系统，实现对一个液压缸的如下控制：按下液压缸伸出控制按钮 SB1（用点动按钮，下同），液压缸活塞杆伸出；液压缸活塞杆伸到终点，碰到放置在行程终点的行程开关 SQ2，延时 10 s 后，活塞杆缩回；回到起点的位置，碰到放置在起点的行程开关 SQ1 后，自动伸出。任何时候按下停止按钮 SB2，活塞杆回到起点后停止。再按下 SB1，能重复上述动作，要求系统断电时，液压缸能在任意位置可靠锁紧。写出你的解决方案（继电器、PLC 双控制方案）。要求给出：（1）液压回路图；（2）继电器控制电路；（3）PLC 控制程序。（请自行附纸）

拓展项目 2：请设计一个液压控制系统，实现对一个液压缸的如下控制：按下液压缸伸出控制按钮 SB1（用点动按钮，下同），液压缸活塞杆伸出；液压缸活塞杆伸到终点，碰到放置在行程终点的行程开关 SQ2，延时 5 s 后，活塞杆缩回；回到起点的位置，碰到放置在起点的行程开关 SQ1，延时 4 s 后，自动伸出；任何时候按下停止按钮 SB2，活塞杆回到起点后停止。再按下 SB1，能重复上述动作，要求系统断电时，液压缸能在任意位置可靠锁紧。写出你的解决方案（继电器、PLC 双控制方案），要求给出：（1）液压回路图；（2）继电器控制电路；（3）PLC 控制程序。（请自行附纸）

其中，使用 PLC 的控制方案，在上述要求的基础上，要求能实现：循环 3 次后，液压缸活塞杆能停在起点位置。

任务 1.5　粘压机液压传动系统的构建（工作页）

任务描述

图 1-5-1 所示为工业粘压机的工作示意图，通过液压缸伸出，将材料粘贴在粘帖板上，根据材料的不同需要调整压紧力，当一个动作完成后，返回准备下一个动作。这就需要液压传动系统能够提供三种不同的稳定的工作压力，同时为了保证系统安全，还必须保证系统过载时能有效地卸荷。试构建粘压机的控制回路。要求：电控。

图 1-5-1　粘压机的工作示意图

知识目标

（1）认识压力的调整对液压传动系统的作用。
（2）认识先导溢流阀的结构和工作原理。
（3）熟悉溢流阀的用途。
（4）熟悉多级调压回路的工作原理。

技能目标

（1）能正确绘制一、二、三级调压回路的工作原理图。
（2）能正确选用调压回路中所用的元器件。
（3）能根据调压回路原理图，在液压试验台上完成三级调压回路的搭建与调试。
（4）能按照工作流程完成整个项目的计划、实施、检查、评价 4 个环节。
（5）能提交相应的技术文档。

一、应知应会

（1）简单低压电气控制电路的设计。
（2）西门子 S7-200 PLC 的基本控制应用。

(3)液压换向回路、锁紧回路。

二、工作过程

(一)课前准备

为完成该任务,请检验你是否已掌握以下知识或能力。

1. 先导式溢流阀

(1)根据对先导式溢流阀结构及工作原理的文字描述,在空格中填入图中的数字(字母):

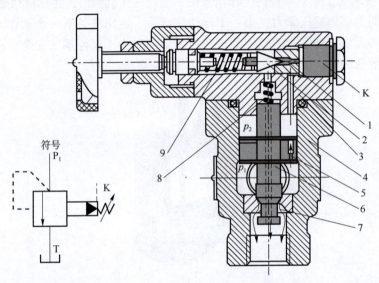

先导式溢流阀由先导阀_____和主阀_____两个部分组成。先导阀_____是一个小型的直动式溢流阀,先导阀阀芯_____是锥阀,用来调节阀的开启压力;主阀阀芯_____是滑阀,用来控制溢流流量。开启压力的大小由调压弹簧_____调整。

当进油口压力小于调定压力时,液压油在先导阀阀口_____处给先导阀阀芯_____的推力不足以打开先导阀阀芯,在阀体内部,主阀阀芯_____上的阻尼孔_____内的液压油没有流动的现象。主阀阀芯两侧的压力 p_1、p_2 相等,油液给主阀阀芯的作用力相互抵消。在主阀弹簧_____的作用下,主阀阀芯被往下推,主阀阀口_____关闭。

当进油口的压力大于等于调定压力时,液压油在先导阀阀口_____处给先导阀阀芯_____的推力足以打开先导阀阀芯,液压油通过空心的主阀阀芯内部_____形成流动。压力油在流过主阀阀芯上的阻尼孔_____时,由于阻尼孔的阻尼作用,压力油产生了压力降,使得主阀阀芯两侧产生了压力差,即 $p_2<p_1$。压力油对主阀阀芯的向上作用力大于向下的作用力,所产生的合力克服主阀弹簧的作用力,使得主阀向上移动,于是主阀阀口_____打开,实现溢流。

(2)为什么先导式溢流阀可以用弹性系数比较小的调压弹簧来调定压力,从而调节很高的控制压力,而直动式溢流阀不可以?

（3）简述先导式溢流阀控制口 K 的作用。

2. 溢流阀的用途

（1）液压传动系统中常见的溢流阀按结构分为_____和_____两种。前者一般用于_____，后者一般用于_____。

（2）溢流阀_____。

A．常态下阀口是常开的　　　　　　　B．阀芯随着系统压力的变动而移动

C．进出油口均有压力　　　　　　　　D．一般连接在液压缸的回油油路上

（3）写出各溢流阀的作用。

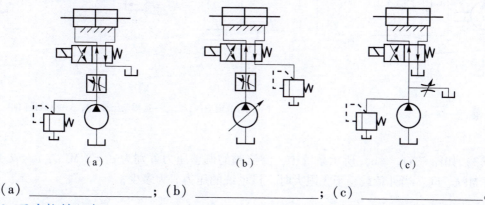

(a) _____；(b) _____；(c) _____。

3. 压力控制回路

（1）右图所示为_____级调压回路，当电磁阀 2 _____（通、断）电时，系统压力由先导式溢流阀的先导阀来调节；当电磁阀 2 _____（通、断）电时，系统压力由直动式溢流阀_____（填数字）来调节。能实现_____级调压的前提条件是，直动式溢流阀的调定压力_____（大于、小于）先导式溢流阀的先导阀的调定压力。

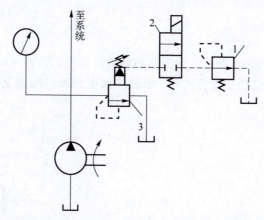

1—先导式溢流阀；2—电磁换向阀；3—远程调压阀

（2）图 1 中当电磁阀通电时，泵处于_____状态。图 2 中当电磁线圈 1YA 得电时，系统压力由阀_____调节；当电磁线圈 2YA 得电时，系统压力由阀_____调节。当 1YA、2YA 均断电时，泵处于_____状态。

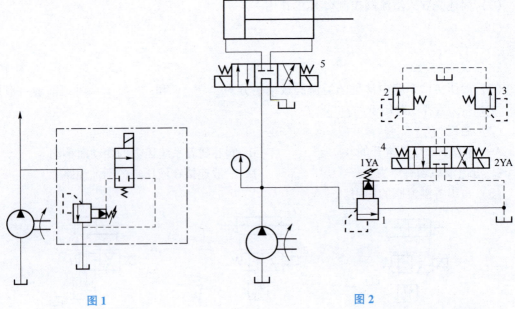

图1　　　　　　　　　　　　　图2

1—先导式溢流阀；2，3—远程调压阀；4，5—电磁换向阀

(3) 如图 (a)、(b) 所示系统中，溢流阀的调整压力分别为 $p_A = 3$ MPa，$p_B = 2$ MPa，$p_C = 4$ MPa。问：当外负载趋于无限大时，该系统的压力 p 为多少？

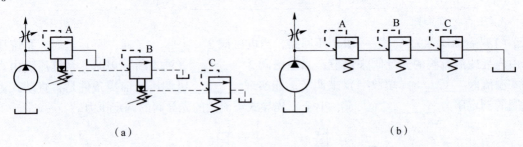

(a)　　　　　　　　　　　　　(b)

(4) 下图所示液压传动系统，各溢流阀的调整压力分别为 $P_1 = 9$ MPa，$P_2 = 3$ MPa，$P_3 = 4$ MPa，问：当系统的负载趋于无穷大时，电磁铁通电和断电的情况下，油泵出口压力各为多少？

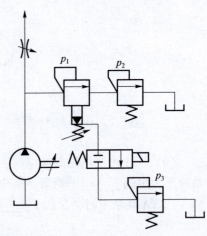

（二）计划

1. 小组分工

小组信息	班　　级			日　　期	
	小组名称			组　　长	
	岗位分工				
	成　　员				

2. 计划讨论

小组成员共同讨论工作计划，列出本次任务所需要用到的元件名称、功能及数量。

序号	元件名称	功能	数量	备注
1				
2				
3				
4				
5				
6				
7				
8				
9				

（三）实施

1. 项目实施

模仿老师搭建液压传动回路，并进行调试。

2. 成果分享

每个小组将实施结果上传到线上教学平台，由2~3个小组分别展示和讲解搭建好的气动回路。

3. 问题反思

（1）实施过程中，为了方便检测压力和阀压力值的设定，要在相应的位置安装压力表，要装几个？装在何处？

（2）实施过程中，几个溢流阀的开启压力是怎么设定的？

（四）检查

序号	检查内容	检查结果	备注
1	元器件是否安装牢固，位置合理		
2	各气动元件的连接是否稳固，不漏油		
3	按下伸出按钮，液压缸活塞杆是否伸出		
4	按下缩回按钮，液压缸活塞杆是否缩回		
5	液压缸活塞杆是否伸出缩回顺畅		
6	按下对应按钮，系统压力能否调整为低压		
7	按下对应按钮，系统压力能否调整为中压		
8	按下对应按钮，系统压力能否调整为高压		

三、评价

小组成员各自完成"自我评价"，组长完成"小组评价"，教师完成"教师评价"。整理实训设备和元器件，做好5S管理工作。

任务评价表

序号	评价内容	自我评价	小组评价	教师评价	分值分配
1	遵守安全操作规范				5
2	态度端正，工作认真				5
3	能提前进行课前学习，完成项目信息相关练习				20
4	能熟练、多渠道地查找参考资料				5
5	能正确搭建回路，搭建的回路能实现项目所要求的功能				20
6	方案优化，选型合理				5
7	能正确回答指导老师的问题				15
8	能在规定时间内完成任务				10
9	能与他人团结协作				5
10	做好5S管理工作				10
	合计				100
	拓展项目				
	总分				

评分说明：

①评分项目3为"课前准备"部分评分分值。

②总分="自我评价"×20%+"小组评价"×20%+"教师评价"×60%+拓展项目。

③如有拓展项目，每完成一个拓展项目，总分加10分。

四、总结反思

（1）学到的新知识点有哪些？

（2）掌握的新技能点有哪些？

（3）你对自己在本次任务中的表现是否满意？写出课后反思。

五、拓展项目

拓展项目 1： 请设计一个液压控制系统，实现对一个液压缸的如下控制：按下液压缸伸出控制按钮 SB1（用点动按钮，下同），液压缸活塞杆伸出；活塞杆伸到行程中的某个位置，碰到放置在该处的行程开关 SQ1 后，系统压力上升；活塞杆继续前进，碰到放置在行程终点的行程开关 SQ2 后，延时 5 s 后，缩回。任何时候按下停止按钮 SB2，活塞杆回到起点后停止。再按下 SB1，能重复上述动作。写出你的解决方案（继电器、PLC 双控制方案），要求给出：（1）元器件清单；（2）液压回路图；（3）继电器控制电路；（4）PLC 控制程序。

拓展项目 2：

请设计一个液压控制系统，实现对一个液压缸的如下控制：

要求 1：换向阀采用三位四通电磁换向阀，换向阀在中位时，执行机构浮动。

要求 2：物料冲压单元油路系统断电时，液压缸能在任意位置可靠锁紧。

要求 3：冲压缸下行（或上行）到底，液压缸无杆腔（或有杆腔）压力可调且系统压力同步变化。

写出你的解决方案（继电器、PLC 双控制方案），要求给出：（1）元器件清单；（2）液压回路图；（3）电磁阀顺序动作图。

任务1.6 喷漆室传动带装置液压传动系统的构建（工作页）

任务描述

图1-6-1所示为喷漆室工作示意图，工作时用一台圆周运动的传动链将部件传过喷漆室，传送带由液压马达通过一个锥齿轮传动装置来带动。根据工作要求，传送带运行时，其速度必须能够进行调节，工作压力在2.5 MPa以下，请构建其液压控制回路，要求：电控换向，可调速，有过载保护。

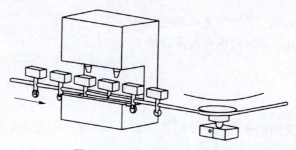

图1-6-1 喷漆室工作示意图

知识目标

（1）认识流量控制阀的种类、结构和工作原理。
（2）熟悉节流口流量特性公式。
（3）熟悉速度控制回路的分类、应用和工作原理。

技能目标

（1）能正确绘制节流调速回路的工作原理图。
（2）能正确选用节流调速回路中所用的元器件。
（3）能根据调速原理图，在液压试验台上完成本项目的搭建与调试。
（4）能按照工作流程完成整个项目的计划、实施、检查、评价4个环节。
（5）能提交相应的技术文档。

一、应知应会

（1）简单低压电气控制电路的设计。
（2）西门子S7-200 PLC的基本控制应用。
（3）液压换向回路。
（4）流体静力学、动力学基本原理。

二、工作过程

(一) 课前准备

为完成该任务，请检验你是否已掌握以下知识或能力。

1. 节流阀

(1) 大量试验证明，节流口的流量特性可以用下式表示：

$$q_v = KA_0(\Delta P)^n$$

流量控制阀是通过改变节流口的_____或_____来改变流量的大小，从而实现对流量进行控制的。从式中可以看出，当压力差一定时，节流口的_____越大，通过节流口的流量就越大。在节流口通流面积一定的情况下，节流口前后压力差变化，流量也会产生变化。

(2) 调速阀能在负载变化时使通过调速阀的_____不变。

(3) 与节流阀相比，调速阀的显著特点是_____。

A. 调节范围大　　　　　　　　B. 结构简单，成本低

C. 流量稳定性好　　　　　　　D. 最小压差的限制较小

2. 调速回路

(1) 请列举出常见的调速方法，并简要说明它们的特点和应用场合。

(2) 图1所示的进口节流调速回路（简化图）中，所使用的泵是_____（定量泵、变量泵）。在转速一定的情况下，泵的流量是_____（不变的，变化的）。溢流阀是_____（常开、常闭）的，在回路中作为_____使用。用这种方式调速，会有一部分高压油经过_____直接放回油箱，存在_____损失。

(3) 图2所示为_____节流调速回路，溢流阀是_____（常开、常闭）的，在回路中作为_____使用。用这种方式调速，会有一部分高压油经过_____直接放回油箱。存在_____损失。图1、图2所示的调速回路中，_____更不容易出现液压缸活塞前冲的现象（超速现象），因为节流阀除了调速，还起到_____的作用。

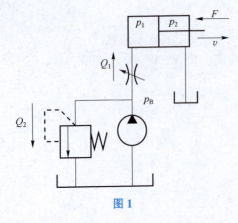

图1

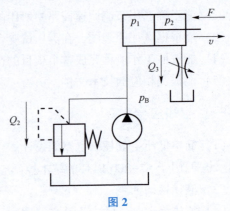

图2

（4）图 3 所示为_____节流调速回路，溢流阀是_____（常开、常闭）的，在回路中作为_____使用。_____阀在回路中作为分流阀使用。用这种方式调速，会有一部分高压油经过_____直接放回油箱，存在_____损失。

（5）图 4 所示的调速回路中，4 为_____（变量泵、定量泵），6 为_____；在 4 转速一定的情况下，为了调节 6 的转速，可以调节 4 的_____，从而调节 4 的_____，来实现调速的目的。理论上，这种调速方式_____（有、没有）节流损失。其中 5 是_____，在回路中起_____作用。1 是_____（变量泵、定量泵），在回路中起_____作用。3 是_____，在回路中起_____作用。2 是_____，在回路中起_____作用。

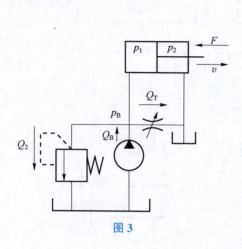

图 3

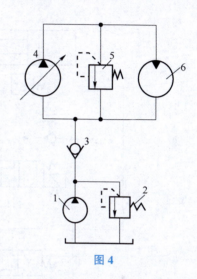

图 4

三、速度换接回路

（一）课前准备

（1）读懂以下速度换接回路，填写电磁阀动作顺序表。

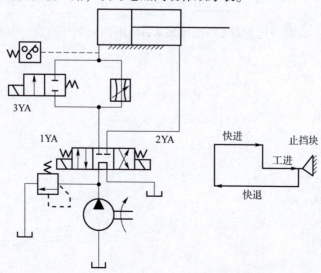

动作顺序	1YA	2YA	3YA
快进			
工进			
快退			

（2）下图所示的液压传动系统，动作顺序为快进→工进Ⅰ→工进Ⅱ→快退。读懂图示液压传动系统原理图，分别写出液压缸快进、工进Ⅰ、工进Ⅱ和快退时系统的进油、回油路线。（通过换向阀，应注明左、右位置）并填写动作循环表。

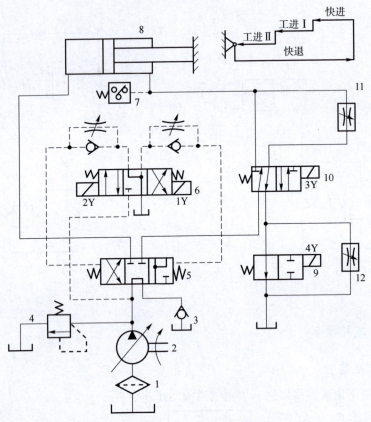

快进进油路线：油箱→过滤器1→液压泵2→电液换向阀5右位→（请继续填写）

快进回油路线：

工进Ⅰ进油路线：

工进Ⅰ回油路线：

工进Ⅱ进油路线：

工进Ⅱ回油路线：

快退进油路线：

快退回油路线：

动作循环表

动作顺序	1Y	2Y	3Y	4Y
快进				
工进Ⅰ				
工进Ⅱ				
快退				
停止				

（二）计划

1. 小组分工

小组信息	班　　级		日　　期	
	小组名称		组　　长	
	岗位分工			
	成　　员			

2. 计划讨论

小组成员共同讨论工作计划，列出本次任务需要用到的元件名称、功能及数量。

序号	元件名称	功能	数量	备注
1				
2				
3				
4				
5				
6				
7				
8				
9				
10				

（三）实施

1. 项目实施

模仿老师搭建液压传动回路，并进行调试。

2. 成果分享

每个小组将实施结果上传到线上教学平台，由 2~3 个小组分别展示和讲解搭建好的气动回路。

3. 问题反思

（1）实施过程中，如果出现了负指负载液压缸活塞杆前冲现象，你认为是何原因？

（2）实施过程中，液压缸活塞杆伸出速度过快，应该如何处理？

（四）检查

序号	检查内容	检查结果	备注
1	元器件是否安装牢固，位置合理		
2	各气动元件的连接是否稳固，不漏油		
3	按下伸出按钮，液压缸活塞杆是否伸出		
4	按下缩回按钮，液压缸活塞杆是否缩回		
5	液压缸活塞杆是否伸出缩回顺畅		
6	触发相应条件，速度能否调整为低速		
7	触发相应条件，速度能否调整为高速		

四、评价

小组成员各自完成"自我评价"，组长完成"小组评价"，教师完成"教师评价"。整理实训设备和元器件，做好 5S 管理工作。

任务评价表

序号	评价内容	自我评价	小组评价	教师评价	分值分配
1	遵守安全操作规范				5
2	态度端正，工作认真				5
3	能提前进行课前学习，完成项目信息相关练习				20
4	能熟练、多渠道地查找参考资料				5
5	能正确搭建回路，搭建的回路能实现项目所要求的功能				20
6	方案优化，选型合理				5

续表

序号	评价内容	自我评价	小组评价	教师评价	分值分配
7	能正确回答指导老师的问题				15
8	能在规定的时间内完成任务				10
9	能与他人团结协作				5
10	做好 5S 管理工作				10
	合计				100
	拓展项目				
	总分				

评分说明：

①评分项目 3 为"课前准备"部分评分分值。

②总分＝"自我评价"×20%＋"小组评价"×20%＋"教师评价"×60%＋拓展项目。

③如有拓展项目，每完成一个拓展项目，总分加 10 分。

五、总结反思

（1）学到的新知识点有哪些？

（2）掌握的新技能点有哪些？

（3）你对自己在本次任务中的表现是否满意？写出课后反思。

六、拓展项目

拓展项目 1：请设计一个液压传动系统，要求实现以下动作：按下启动按钮 SB1，液压缸活塞杆伸出；伸到碰到放置在中点的第 1 个行程开关 SQ1 的位置时，活塞杆的速度降低；活塞杆继续伸出，伸到碰到设在终点的第 2 个行程开关 SQ2 时，延时 5 s，活塞杆缩回。回到起点后，再按下启动按钮 SB1，能重复实现上一循环所有的动作。在液压缸动作的过程中，如果遇到紧急情况，按下停止按钮 SB2，要求液压缸能回到起点后停止。要求：

（1）控制按钮只能用点动按钮；

（2）液压缸的换向，要求用三位阀电磁阀来控制；

（3）速度高低的变化要明显可见。

写出你的解决方案（继电器、PLC 控制方案），要求给出：（1）元器件清单；（2）液压回路图、电磁阀动作顺序表；（3）继电器控制电路图；（4）PLC 控制程序、I/O 分配表。

拓展项目 2：请设计一个液压传动系统，要求能实现以下动作：按下启动按钮 SB1，液压缸活塞杆伸出；伸到碰到放置在中点的第 1 个行程开关 SQ1 的位置时，活塞杆的速度降低，同时系统压力升高；活塞杆继续伸出，伸到碰到设在终点的第 2 个行程开关 SQ2 时，延时5 s，系统压力恢复低压，活塞杆快速缩回。回到起点后，再按下启动按钮 SB1，能重复实现上一循环所有的动作。在液压缸动作的过程中，如果遇到紧急情况，按下停止按钮 SB2，要求液压缸能回到起点后停止。要求：

（1）控制按钮只能用点动按钮；
（2）液压缸的换向，要求用三位阀电磁阀来控制；
（3）在正确的位置安装压力表，以观察系统的压力；低压和高压的变化要明显可见；
（4）速度高低的变化要明显可见。

写出你的解决方案（继电器、PLC 控制方案），要求给出：（1）元器件清单；（2）液压回路图、电磁阀动作顺序表；（3）继电器控制电路图；（4）PLC 控制程序、I/O 分配表。

任务 1.7　夹紧装置液压传动系统的构建（工作页）

任务描述

图 1-7-1 所示为夹紧装置工作示意图。通过一个液压缸对工件进行夹紧。为保证在加工时工件不会发生移动，要求在加工期间夹紧装置应保持足够的夹紧力。同时为避免液压泵频繁开关，泵应始终处于运转状态，为了节约能源，暂停加工期间（如测量工件或拆卸工件等）液压泵应处于卸压运行状态，构建该夹紧装置的液压控制回路。

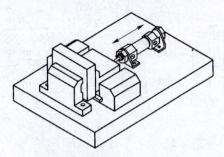

图 1-7-1　夹紧装置工作示意图

知识目标

（1）掌握减压阀和先导式减压阀的结构、工作原理和用途。
（2）掌握蓄能器的结构、工作原理和用途。
（3）掌握减压回路的组成及工作原理。
（4）掌握卸荷回路的组成及工作原理。
（5）掌握保压回路的组成及工作原理。

技能目标

（1）能正确绘制一、二级减压回路的工作原理图。
（2）能正确选用减压回路中所用的元器件。
（3）能根据减压回路原理图，在液压试验台上完成二级减压回路的搭建与调试。
（4）能根据本项目任务，在液压试验台上完成夹紧装置液压传动系统的搭建与调试。
（5）能按照工作流程完成整个项目的计划、实施、检查、评价 4 个环节。
（6）能提交相应的技术文档。

一、应知应会

（1）简单低压电气控制电路的设计。
（2）西门子 S7-200 PLC 的基本控制应用。

（3）液压换向回路、调压回路。

二、工作过程

（一）课前准备

为完成该任务，请检验你是否已掌握以下知识或能力。

1. 减压阀

（1）减压阀是利用液流通过_____产生压降的原理，使出口压力_____进口压力，并使出口压力保持_____的压力控制阀。

（2）根据对先导式减压阀结构、工作原理及职能符号的文字描述，在空格中填入图中的数字（字母）：

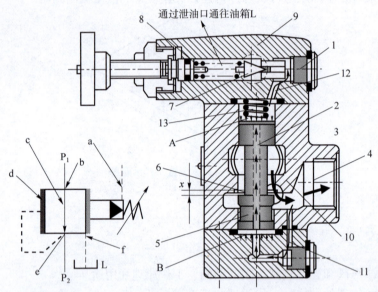

先导式减压阀由先导阀_____和主阀_____两部分组成。调节先导弹簧_____的预压缩量，得到调定压力。工作时液压传动系统主油路的高压油从进油口_____进入减压阀，经过减压口_____。减压口对油液的流动形成阻碍，油液流经减压口时，压力能被消耗掉，变成热能，油液压力减小。经减压口减压后，低压油从出油口_____输出。同时低压油经主阀阀芯下端通油槽_____、主阀阀芯的阻尼孔_____，进入主阀阀芯上端油腔_____，且经通道_____进入先导阀锥阀_____端油腔，给锥阀一个向左的液压力。该液压力与调压弹簧的弹簧力相平衡。

当减压阀口出口压力 p_2 小于调定压力时，先导阀阀芯_____在弹簧力的作用下关闭，阻尼孔_____无油液流过，由于静止液体内部的压力处处相等，主阀阀芯_____上下腔、_____两处的压力相等。主阀阀芯在弹簧_____的作用下，处于最下端位置。此时，主阀阀芯进出油口之间的通道间隙_____最大，主阀阀芯全开，油液流经减压口时，阻力很小，几乎没有压力损失，不起减压作用，减压阀进出口压力相等。

当阀的出口压力达到调定值时，先导阀阀芯_____打开，空心的主阀阀芯内的油液经泄油口_____流回油箱，这部分油液流经阻尼孔_____时产生压差，主阀阀芯上下腔_____、_____压力不等，下腔_____压力大于上腔_____压力，其差值克服主阀弹簧_____的作用使阀芯上抬，此时减压口间隙_____减小，减压阻尼增加，减压作用增强，使出口压力 p_2 低于进口压力 p_1，直到作用在主阀阀芯上合力相平衡，主阀阀芯便处于新的平衡位置。减压口_____保持一定的开启量，从而控制出口低压油 p_2 基本保持恒定压力，该恒定压力等于先导弹簧的调定压力。

减压阀的职能符号中，_____为进油口，与结构图中的_____相对应；_____为出油口，与结构图中的_____相对应；_____为主阀阀芯，与结构图中的_____相对应；_____为阀体，与结构图中的_____相对应；_____为控制口，与结构图中的_____相对应；_____为泄油口，与结构图中的_____相对应。

（3）简述先导式减压阀控制口 K 的作用。

（4）简述先导式减压阀泄油口 L 的作用。

（5）减压阀_____。
A．常态下的阀口是常闭的　　　　B．出口压力低于进口压力并保持近于恒定
C．阀芯为二节杆　　　　　　　　D．不能看作稳压阀

（6）在先导式减压阀工作时，先导阀的作用主要是_____，而主阀的作用主要是_____。
A．减压　　　　　　　　　　　　B．增压
C．调压

（7）在液压传动系统中，减压阀能够_____。
A．用于控制油路的通断　　　　　B．使油缸运动平稳
C．保持进油口压力稳定　　　　　D．保持出油口压力稳定

2. 减压回路

（1）在液压传动系统中，减压阀能够（　　）。
A．用于控制油路的通断　　　　　B．使油缸运动平稳
C．保持进油口压力稳定　　　　　D．保持出油口压力稳定

（2）为使减压回路可靠地工作，其最高调整压力应（　　）系统压力。
A．大于　　　　　　　　　　　　B．小于
C．等于

（3）下图所示的减压回路中单向阀4的作用是_____。阀5替换成"得电夹紧"式的电磁阀是否可以？为什么？本回路可以实现_____级调压。为了实现这个功能，阀2的调定压力必须_____（大于、小于、等于）先导式减压阀的调定压力。

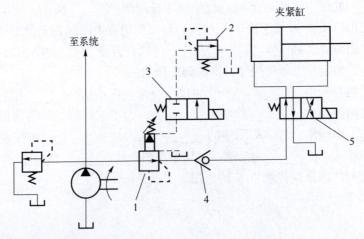

（4）下图所示的减压回路中，若溢流阀的调整压力为 6 MPa，减压阀的调定压力为 2 MPa，至系统的主油路截止，活塞运动时夹紧缸无杆腔的压力为 0.5 MPa，夹紧缸活塞直径为 40 mm，活塞杆直径为 25 mm。

①活塞在运动时 A、B 处的压力值：$p_A =$ _____，$p_B =$ _____。
②夹紧工件其动动停止时 A、B 处的压力值：$p_A =$ _____，$p_B =$ _____。
③图中单向阀有何作用？为何采用失电夹紧？
④求出工件所受到的夹紧力。

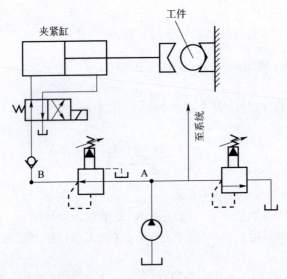

3. 保压与卸荷回路

什么是保压回路？为何利用液控单向阀可以实现系统的保压回路？
液压传动系统的卸荷方法有哪些？

（二）计划

1. 小组分工

小组信息	班　级		日　期	
	小组名称		组　长	
	岗位分工			
	成　员			

2. 计划讨论

小组成员共同讨论工作计划，列出本次任务需要用到的元件名称、功能及数量。

序号	元件名称	功能	数量	备注
1				
2				
3				
4				
5				
6				
7				
8				
9				
10				

（三）实施

1. 项目实施

模仿老师搭建液压传动回路，并进行调试。

2. 成果分享

每个小组将实施结果上传到线上教学平台，由 2~3 个小组分别展示和讲解搭建好的气动回路。

3. 问题反思

（1）设计中能否去掉单向节流阀？如果不能，它的作用是什么？

（2）保压回路中，出现蓄能器频繁充压的现象，你认为是何原因？

（四）检查

序号	检查内容	检查结果	备注
1	元器件是否安装牢固，位置合理		
2	各气动元件的连接是否稳固，不漏油		
3	按下伸出按钮，液压缸活塞杆是否伸出		
4	按下缩回按钮，液压缸活塞杆是否缩回		
5	液压缸活塞杆是否伸出缩回顺畅		
6	活塞杆伸出到位后，夹紧装置是否能保持足够的夹紧力		

三、评价

小组成员各自完成"自我评价"，组长完成"小组评价"，教师完成"教师评价"。整理实训设备和元器件，做好5S管理工作。

任务评价表

序号	评价内容	自我评价	小组评价	教师评价	分值分配
1	遵守安全操作规范				5
2	态度端正，工作认真				5
3	能提前进行课前学习，完成项目信息相关练习				20
4	能熟练、多渠道地查找参考资料				5
5	能正确搭建回路，搭建的回路能实现项目所要求的功能				20
6	方案优化，选型合理				5
7	能正确回答指导老师的问题				15
8	能在规定时间内完成任务				10
9	能与他人团结协作				5
10	做好5S管理工作				10
	合计				100
	拓展项目				
	总分				

评分说明：
①评分项目3为"课前准备"部分评分分值。
②总分＝"自我评价"×20%+"小组评价"×20%+"教师评价"×60%+拓展项目。
③如有拓展项目，每完成一个拓展项目，总分加10分。

四、总结反思

(1) 学到的新知识点有哪些？

(2) 掌握的新技能点有哪些？

(3) 你对自己在本次任务中的表现是否满意？写出课后反思。

五、拓展项目

拓展项目1：请设计一个液压控制系统，实现对铣床夹紧缸和工作缸两个缸的如下控制：按下伸出控制按钮 SB1（用点动按钮，下同），夹紧缸活塞杆伸出；活塞杆伸出到位后，碰到放置在该处的行程开关 SQ2 后，工作缸活塞杆伸出，伸出到位后碰到行程开关 SQ4 后，延时 5 s 后，缩回，缩回到位碰到行程开关 SQ3 后夹紧缸活塞杆缩回。任何时候按下停止按钮 SB2，两个活塞杆均回到起点后，停止。再按下 SB1，能重复上述动作。要求夹紧缸工作的压力为 2 MPa，工作缸的工作压力为 3 MPa。写出你的解决方案（继电器、PLC 双控制方案），要求给出：(1) 元器件清单；(2) 液压回路图；(3) 继电器控制电路；(4) PLC 控制程序。

拓展项目2：请设计一个液压控制系统，实现对铣床夹紧缸和工作缸两个缸的如下控制：按下伸出控制按钮 SB1（用点动按钮，下同），夹紧缸活塞杆伸出；活塞杆伸出到位后，碰到放置在该处的行程开关 SQ2 后，工作缸活塞杆伸出，伸出到位后碰到行程开关 SQ4 后，延时 5 s 后，缩回，缩回到位碰到行程开关 SQ3 后夹紧缸活塞杆缩回，夹紧缸活塞杆缩回到位后碰到放置在该处的行程开关 SQ2 后，夹紧缸活塞杆又继续伸出，重复上述动作，循环 3 次后停止。碰到任何时候按下停止按钮 SB2，两个活塞杆均回到起点后，停止。再按下 SB1，能重复上述动作。要求夹紧缸工作的压力为 2 MPa，工作缸的工作压力为 3 MPa。写出你的解决方案（继电器、PLC 双控制方案），要求给出：(1) 元器件清单；(2) 液压回路图；(3) 继电器控制电路；(4) PLC 控制程序。

任务 1.8　专用刨削设备液压传动系统的构建（工作页）

任务描述

图 1-8-1 所示为专用刨削设备刀架运动系统。刀架的往复运动由一个液压缸带动。在按下启动按钮后，液压缸两个工作腔构成差动连接，带动刀架快速靠近工件。当刀架运动到预定位置时，开始切削加工，液压缸工作进给。当刀架运动到末端时，液压缸带动刀架高速返回。构建其液压控制回路。

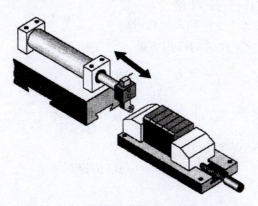

图 1-8-1　专用刨削设备刀架运动系统

知识目标

（1）掌握单活塞杆液压缸的三种不同连接方式。
（2）掌握单活塞杆液压缸两端推力、速度的计算。
（3）掌握各种速度换接回路的工作原理。

技能目标

（1）能正确绘制差动连接快速运动回路的工作原理图。
（2）能正确计算单活塞杆液压缸两端推力、速度的计算。
（3）能读懂其他速度换接回路的工作原理图。
（4）能根据回路原理图，在液压试验台上完成本项目回路的搭建与调试。
（5）能按照工作流程完成整个项目的计划、实施、检查、评价 4 个环节。
（6）能提交相应的技术文档。

一、应知应会

（1）简单低压电气控制电路的设计。

（2）西门子 S7-200 PLC 的基本控制应用。
（3）液压换向回路、锁紧回路、压力回路、流量回路。

二、工作过程

（一）课前准备

为完成该任务，请检验你是否已掌握以下知识或能力。

1. 差动连接

（1）单出杆活塞式液压缸的特点是（　　）。
A. 活塞两个方向的作用力相等
B. 活塞有效作用面积为活塞杆面积 2 倍时，工作台往复运动速度相等
C. 其运动范围是工作行程的 3 倍
D. 常用于实现机床的快速退回及工作进给

（2）液压缸差动连接工作时的作用力是（　　）。

A. $F = p \dfrac{\pi}{2}(D^2 - d^2)$　　　　B. $F = p \dfrac{\pi}{2} d^2$

C. $F = p \dfrac{\pi}{4}(D^2 - d^2)$　　　　D. $F = p \dfrac{\pi}{4} d^2$

（3）要实现快速运动可采用（　　）回路。
A. 差动连接　　　　　　　　B. 调速阀调速
C. 大流量泵供油

（4）如图（a）所示，一单活塞杆液压缸，无杆腔的有效工作面积为 A_1，有杆腔的有效工作面积为 A_2，且 $A_1 = 2A_2$。当供油流量 $q = 100$ L/min 时，回油流量是多少？若液压缸差动连接，如图（b）所示，其他条件不变，则进入液压缸无杆腔的流量为多少？

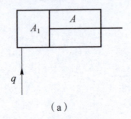
(a)

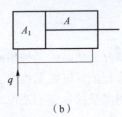
(b)

2. 速度换接回路

（1）下图所示的液压传动系统，该图能实现快进→工进Ⅰ→工进Ⅱ→快退→停止并卸荷的工作循环，工进Ⅰ比工进Ⅱ速度快，仔细阅读并回答以下问题：
①写出序号为 2、3、5、6 的液压元件名称。
②写出 1YA-，2YA-，3YA+，4YA- 时进油和回油路线，并指出为哪一种工况。
③写出 1YA-，2YA+，3YA-，4YA- 时进油和回油路线，并指出为哪一种工况。

④该系统包含哪些基本回路？基本回路中由哪些阀组成？（至少写出3个）

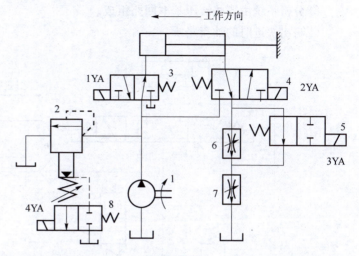

（2）如图所示，该液压传动系统能实现快进→工进→快退→停止→泵卸荷的工作要求，完成以下要求：
①完成电磁铁动作顺序表（通电用"+"，断电用"-"）。
②标出每个液压元件的名称。

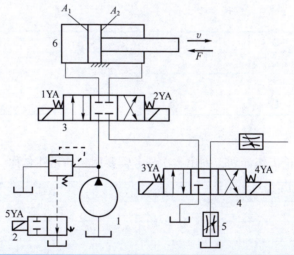

电磁铁 动作顺序	1YA	2YA	3YA	4YA	5YA
快进					
工进Ⅰ			-		
工进Ⅱ					
快退					
停止					
泵卸荷					

（3）阅读下图所示液压传动系统，完成如下任务：
①写出元件2、3、4、6、9的名称及在系统中的作用。

②填写电磁铁动作顺序表（通电"+"，断电"-"）。
③分析系统由哪些液压基本回路组成。
④写出快进时的油流路线。

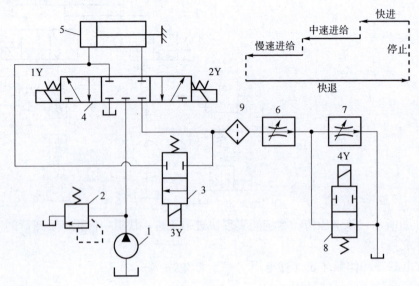

（二）计划

1. 小组分工

小组信息	班　　级		日　　期	
	小组名称		组　　长	
	岗位分工			
	成　　员			

2. 计划讨论

小组成员共同讨论工作计划，列出本次任务需要用到的元件名称、功能及数量。

序号	元件名称	功能	数量	备注
1				
2				
3				
4				
5				
6				
7				
8				
9				
10				

（三）实施

1. 项目实施

模仿老师搭建液压传动回路，并进行调试。

2. 成果分享

每个小组将实施结果上传到线上教学平台，由 2~3 个小组分别展示和讲解搭建好的气动回路。

3. 问题反思

分析为什么单活塞杆液压缸处于差动连接的状态时，活塞杆的移动速度会变快。

（四）检查

序号	检查内容	检查结果	备注
1	元器件是否安装牢固，位置合理		
2	各气动元件的连接是否稳固，不漏油		
3	按下启动按钮，活塞杆是否能实现快进运动		
4	碰到工进开关，活塞杆是否能实现工进运动		
5	碰到返回开关，活塞杆是否能实现快退运动		
6	活塞杆伸出到底后，溢流阀是否开启		
5	液压缸活塞杆是否伸出缩回顺畅		

三、评价

小组成员各自完成"自我评价"，组长完成"小组评价"，教师完成"教师评价"。整理实训设备和元器件，做好 5S 管理工作。

任务评价表

序号	评价内容	自我评价	小组评价	教师评价	分值分配
1	遵守安全操作规范				5
2	态度端正，工作认真				5
3	能提前进行课前学习，完成项目信息相关练习				20
4	能熟练多渠道查找参考资料				5
5	能正确搭建回路，搭建的回路能实现项目所要求的功能				20
6	方案优化，选型合理				5
7	能正确回答指导老师的问题				15
8	能在规定时间内完成任务				10
9	能与他人团结协作				5
10	做好 5S 管理工作				10
	合计				100
	拓展项目				
	总分				

评分说明：
① 评分项目 3 为"课前准备"部分评分分值。
② 总分 = "自我评价"×20%+"小组评价"×20%+"教师评价"×60%+拓展项目。
③ 如有拓展项目，每完成一个拓展项目，总分加 10 分。

四、总结反思

（1）学到的新知识点有哪些？

（2）掌握的新技能点有哪些？

（3）你对自己在本次任务中的表现是否满意？写出课后反思。

五、拓展项目

拓展项目 1：请设计一个液压控制系统，实现对一个液压缸的如下控制：按下液压缸启动按钮 SB1（用点动按钮，下同），液压缸活塞杆缓慢伸出；活塞杆伸到行程中的某个位置，碰到放置在该处的行程开关 SQ1 后，系统压力上升，速度加快；活塞杆继续前进，碰到放置在行程终点的行程开关 SQ2 后，延时 5 s 后，快速缩回。任何时候按下停止按钮 SB2，活塞杆回到起点后，停止。再按下 SB1，能重复上述动作。写出你的解决方案（继电器、PLC 双控制方案），要求给出：（1）元器件清单；（2）液压回路图；（3）继电器控制电路；（4）PLC 控制程序。

拓展项目 2：请设计物料的轧制加工单元，采用液压缸带动轧辊，实现物料的滚轧加工。

要求 1：换向阀采用三位四通电磁换向阀，换向阀在中位时，液压泵不卸荷，执行机构浮动。

要求 2：双缸轧制单元油路系统断电时，液压缸能在任意位置可靠锁紧。

要求 3：液压缸下行（或上行）到底，液压缸无杆腔（或有杆腔）压力可调。

要求 4：液压缸下行采用进油调速，且液压双缸下行速度基本不受负载波动影响。

要求 5：液压缸上行采用进油节流调速。

要求 6：调试出液压双缸下行到底，无杆腔压力值为 4.6 MPa，并在液压回路图中找出测压点并标注为 P_1。

要求 7：采用 PLC，通过编程控制实现液压缸的快速下行与慢速下行，下行到位后延时 5 s 后快速上行到位停止。设计一个停止按钮、一个启动按钮。

写出你的解决方案（继电器、PLC 双控制方案），要求给出：（1）元器件清单；（2）液压回路图；（3）继电器控制电路；（4）PLC 控制程序。

任务1.9 钻床液压传动系统的构建（工作页）

任务描述

图1-9-1所示为液压钻床示意图。对不同材料的工件进行钻孔加工。工件的夹紧和钻头的升降由两个双作用液压缸驱动，这两个液压缸都由一个液压泵来供油。

由于工件材料不同，加工所需要的夹紧力也不同，所以工作时夹紧缸的夹紧力必须能调节并稳定在不同的压力值，同时为了保证安全，进给缸必须在夹紧缸夹紧力达到规定值时才能推动钻头进给，构建其液压控制回路。

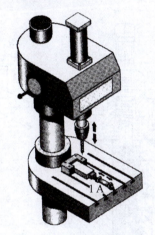

图1-9-1 液压钻床示意图

知识目标

（1）掌握顺序阀的结构和工作原理。
（2）掌握压力继电器的结构和工作原理。
（3）掌握常见的顺序动作回路的工作原理。
（4）掌握多种同步回路的工作原理。
（5）掌握多种多缸快慢速互不干涉回路的工作原理。

技能目标

（1）能正确绘制利用顺序阀或行程开关等构成的顺序动作回路的工作原理图。
（2）能正确选用顺序动作回路中所用的元器件。
（3）能根据顺序动作回路原理图，在液压试验台上完成本项目回路的搭建与调试。
（4）能按照工作流程完成整个项目的计划、实施、检查、评价4个环节。
（5）能提交相应的技术文档。

一、应知应会

（1）简单低压电气控制电路的设计。
（2）西门子 S7-200 PLC 的基本控制应用。
（3）液压换向回路、锁紧回路、压力回路、速度换接回路。

二、工作过程

（一）课前准备

为完成该任务，请检验你是否已掌握以下知识或能力。

1. 顺序阀

根据对直动式顺序阀结构、工作原理及职能符号的文字描述，在空格中填入图中的数字（字母）：

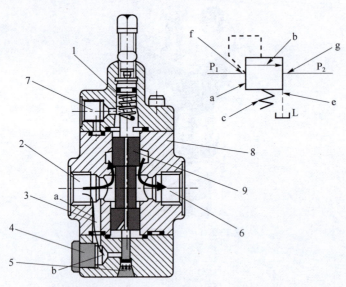

如图所示为直动式顺序阀，其结构和工作原理都与直动式溢流阀相似。调节调压弹簧_____的预压缩量，得到调定压力。工作时压力油从进油口 P_1 _____进入阀体，经阀体及阀盖中间小孔_____流入主阀阀芯底部油腔_____，对阀芯产生一个向上的液压作用力。当进口油液的压力低于调定压力时，作用在阀芯_____上的液压力小于弹簧力，在弹簧力作用下，阀芯处于最下端位置，P_1 _____和 P_2 _____两油口被隔开，油路关闭。当油液的压力升高到大于等于调定压力时，作用于阀芯底端的液压力大于调定的弹簧力，在液压力的作用下，阀芯_____上移，使进油口 P_1 _____和出油口 P_2 _____相通，压力油液从 P_2 口流出，通往执行元件，打开以后若系统的压力增大，则其进口和出口压力也会随之增大，即顺序阀并不起稳压作用，仅仅是个压力控制的油路开关。

与溢流阀的不同之处在于，顺序阀的出油口 P_2 不接油箱，而通向某一压力回路，为了避免从阀芯和阀体之间的间隙渗漏到调压弹簧空腔处的油液妨碍阀芯的移动，其泄油口_____必须单独接回油箱，把渗漏的油液导走。这种卸荷方式称为_____（外泄、内泄）；如泄油口经内部通道并入出油口接回油箱，称_____（外泄、内泄）。若打开外控口 C_____的螺塞，控制压力油另外从外部引入，称_____（外控、内控）。外控顺序阀的开启与否，与阀的进口压力大小没有关系，仅仅取决于控制压力大小。

顺序阀的职能符号中，_____为进油口，与结构图中的_____相对应；_____为出油口，与结构图中的_____相对应；_____为阀体，与结构图中的_____相对应；_____为阀芯，与结构图中的_____相对应；_____为调压弹簧，与结构图中的_____相对应；_____为泄油口，与结构图中的_____相对应。

_____为_____式顺序阀；　　　　_____为_____式顺序阀。

2. 压力继电器

简述压力继电器的工作原理，并画出其职能符号。

3. 顺序动作回路

（1）顺序动作回路可用（　　）来实现

A. 减压阀　　　　B. 溢流阀　　　　C. 顺序阀

（2）在下列液压阀中，（　　）不能作为背压阀使用。

A. 单向阀　　　B. 顺序阀　　　C. 减压阀　　　D. 溢流阀

（3）（　　）在常态时，阀口是常开的，进、出油口相通；（　　）在常态状态时，阀口是常闭的，进、出油口不通。

A. 溢流阀　　　B. 减压阀　　　C. 顺序阀

（4）采用顺序阀的顺序动作回路中，其顺序阀的调整压力应比先动作液压缸的最大工作压力_____。

（5）从结构原理图和图形符号上说明溢流阀、减压阀和顺序阀的异同点及各自的特点。

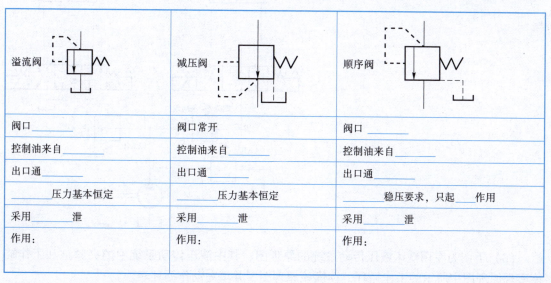

溢流阀	减压阀	顺序阀
阀口_____	阀口常开	阀口_____
控制油来自_____	控制油来自_____	控制油来自_____
出口通_____	出口通_____	出口通_____
_____压力基本恒定	_____压力基本恒定	_____稳压要求，只起_____作用
采用_____泄	采用_____泄	采用_____泄
作用：	作用：	作用：

4. 多缸动作回路

（1）图 1 所示回路（简图），利用压力继电器实现 A 缸先运动到终点，系统压力上升，压力继电器动作，电磁阀线圈得电，完成 B 缸进油伸出的顺序动作。如果把压力继电器移动一个位置，装在如图 2 所示的位置，能否实现同样的顺序动作？为什么？

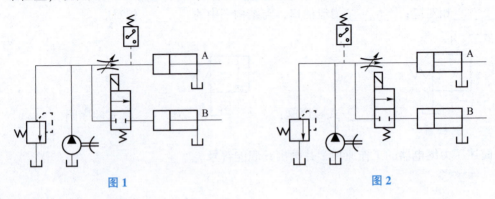

图 1　　　　　　　　　　图 2

（2）下图所示的液压传动系统，两液压缸有效面积为 $A_1 = A_2 = 100$ cm^2，缸 I 的负载 $F_L = 35\,000$ N，缸 II 运动时负载为零，不计摩擦阻力、惯性力和管路损失。溢流阀、顺序阀（外泄）和减压阀的调整压力分别为 4 MPa，3 MPa 和 2 MPa。求下列三种情况下 A、B 和 C 点的压力。

①液压泵启动后，两换向阀处于中位时；
②1YA 通电，液压缸 I 活塞移动时及活塞运动到终点时；
③1YA 断电，2YA 通电，液压缸 II 活塞运动时及活塞杆碰到固定挡铁时。

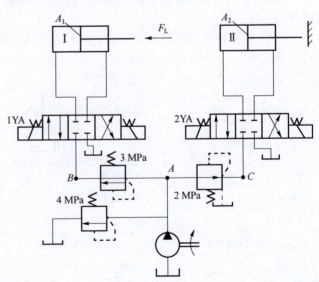

（3）下图为专用铣床液压传动系统的原理图，其中液压传动系统中的夹紧缸和工作缸能实现原理图中所示的工作循环，读懂该原理图，并填写动作循环表。

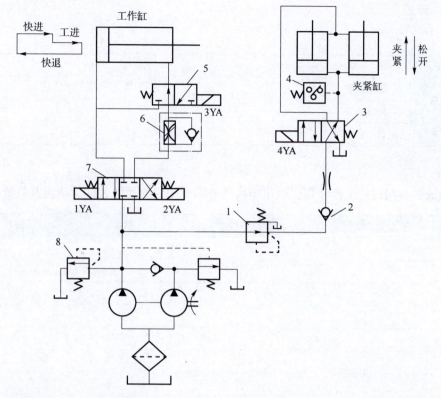

① 请列出图中 1~8 阀的名称。

② 夹紧缸为什么采用失电夹紧？

③ 工作缸的快进时的调速回路属于何种形式？

④ 请补充电磁铁动作顺序表。

动作循环	电磁铁动作顺序表			
	1YA	2YA	3YA	4YA
夹紧缸夹紧				
工作缸快进				
工作缸工进				
工作缸快退				
夹紧缸松开				

(二) 计划

1. 小组分工

小组信息	班　　级		日　　期	
	小组名称		组　　长	
	岗位分工			
	成　　员			

2. 计划讨论

小组成员共同讨论工作计划，列出本次任务需要用到的元件名称、功能及数量。

序号	元件名称	功能	数量	备注
1				
2				
3				
4				
5				
6				
7				
8				
9				
10				

(三) 实施

1. 项目实施

模仿老师搭建液压传动回路，并进行调试。

2. 成果分享

每个小组将实施结果上传到线上教学平台，由 2~3 个小组分别展示和讲解搭建好的气动回路。

3. 问题反思

(1) 实施过程中，夹紧缸已经伸出到位，但工作缸活塞杆并未动作，你认为是何原因？

(2) 实施过程中，顺序阀、减压阀、溢流阀几个阀的开启压力是如何设置的？为什么？

（四）检查

序号	检查内容	检查结果	备注
1	元器件是否安装牢固，位置合理		
2	各气动元件的连接是否稳固，不漏油		
3	按下启动按钮，加紧缸活塞杆是否伸出		
4	夹紧缸伸出到位，工作缸活塞杆是否伸出		
5	按下停止按钮，工作缸活塞杆是否缩回		
6	工作杠缩回到位后，夹紧缸活塞杆是否缩回		
7	夹紧缸工作压力是否比工作缸工作压力低		

三、评价

小组成员各自完成"自我评价"，组长完成"小组评价"，教师完成"教师评价"。整理实训设备和元器件，做好5S管理工作。

任务评价表

序号	评价内容	自我评价	小组评价	教师评价	分值分配
1	遵守安全操作规范				5
2	态度端正，工作认真				5
3	能提前进行课前学习，完成项目信息相关练习				20
4	能熟练、多渠道地查找参考资料				5
5	能正确搭建回路，搭建的回路能实现项目所要求的功能				20
6	方案优化，选型合理				5
7	能正确回答指导老师的问题				15
8	能在规定时间内完成任务				10
9	能与他人团结协作				5
10	做好5S管理工作				10
	合计				100
	拓展项目				
	总分				

评分说明：
①评分项目3为"课前准备"部分评分分值。
②总分="自我评价"×20%+"小组评价"×20%+"教师评价"×60%+拓展项目。
③如有拓展项目，每完成一个拓展项目，总分加10分。

四、总结反思

（1）学到的新知识点有哪些？

（2）掌握的新技能点有哪些？

（3）你对自己在本次任务中的表现是否满意？写出课后反思。

五、拓展项目

拓展项目1：请设计一个液压控制系统，控制两个液压缸的顺序动作，要求：按下启动按钮SB1（点动，下同），液压缸Ⅰ的活塞杆伸出；液压缸Ⅰ的活塞杆伸到碰到放置在液压缸Ⅰ终点的行程开关SQ1的位置，延时3 s后，液压缸Ⅱ的活塞杆伸出；液压缸Ⅱ的活塞杆伸到碰到放置在液压缸Ⅱ终点的行程开关SQ2的位置，延时5 s后，液压缸Ⅰ和液压缸Ⅱ的活塞杆同时缩回；回到起点后，液压缸Ⅰ的活塞杆碰到放置在液压缸Ⅰ起点的行程开关SQ3，重复实现上述所有的动作。在液压缸动作的过程中，如果遇到紧急情况，按下停止按钮SB2，要求两个液压缸均能回到起点后停止。写出你的解决方案（PLC控制方案），要求给出：（1）元器件清单；（2）液压回路图、电磁阀动作顺序表；（3）PLC控制程序、I/O分配表。

拓展项目2：请设计一个液压控制系统，控制两个液压缸的顺序动作，要求：按下启动按钮SB1（点动，下同），液压缸Ⅰ的活塞杆伸出；液压缸Ⅰ的活塞杆伸到终点后（顺序阀动作），液压缸Ⅱ的活塞杆伸出；液压缸Ⅱ的活塞杆伸到终点后（压力继电器动作），液压缸Ⅰ和液压缸Ⅱ的活塞杆同时缩回；回到起点后，液压缸Ⅰ的活塞杆碰到放置在液压缸Ⅰ起点的行程开关SQ1，重复实现上述所有的动作。在液压缸动作的过程中，如果遇到紧急情况，按下停止按钮SB2，要求两个液压缸均能回到起点后停止。写出你的解决方案（PLC控制方案），要求给出：（1）元器件清单；（2）液压回路图、电磁阀动作顺序表；（3）PLC控制程序、I/O分配表。

拓展项目 3：请设计一个继电器控制的液压控制系统，控制两个液压缸动作。要求，按下启动按钮 SB1，液压缸 I 的活塞杆伸出；液压缸 I 的活塞杆伸到终点后，停止在终点的位置，同时，液压缸 II 的活塞杆伸出。液压缸 II 伸到终点后自动缩回，液压缸 II 往返 3 次后，液压缸 I 与 II 同时缩回。在两缸动作的过程中，不管在何种状态下，按下停止按钮 SB2，两缸都能回起点后停止。再次按下启动按钮 SB1，能重复循环实现上述所有的动作。液压缸的往返控制（位置检测）必须利用压力继电器来实现，液压缸的换向必须使用三位阀控制。

写出你的解决方案（PLC 控制方案），要求给出：(1) 元器件清单；(2) 液压回路图、电磁阀动作顺序表；(3) PLC 控制程序、I/O 分配表。

拓展项目 4：请设计一个 PLC 控制的液压控制系统，实现以下动作：用按钮 SB1 和 SB2 的组合来输入控制代码。输入的代码为"13"（按钮 SB1 按一下，按钮 SB2 按三下）时，液压缸 A 的活塞杆先伸出；伸到碰到放置在 A 缸终点的行程开关 SQ1，延时 5 s 后，液压缸 B 的活塞杆伸出；B 缸伸出到碰到放置在 B 缸终点的行程开关 SQ2，延时 6 s 后，两缸同时缩回到起点停止；输入的代码为"25"（按钮 SB1 按两下，按钮 SB2 按五下）时液压缸 B 的活塞杆先伸出；伸到碰到放置在 B 缸终点的行程开关 SQ2，延时 3 s 后，液压缸 A 的活塞杆伸出；A 缸伸出到碰到放置在 A 缸终点的行程开关 SQ1，延时 8 s 后，两缸同时缩回到起点停止。要求上述动作能循环（即重复操作能重复实现）。

在缸动作时，不管在何种状态下，按停止按钮 SB3，两缸都能回起点后停止。

如果在 10 s 内控制代码输入错误，则系统卸荷，限制两缸的动作。

写出你的解决方案（PLC 控制方案），要求给出：(1) 元器件清单；(2) 液压回路图、电磁阀动作顺序表；(3) PLC 控制程序、I/O 分配表。

项目二　液压传动系统原理图的识读

任务　注塑机液压传动系统工作原理图的识读

塑料注射成形机（简称注塑机）是热塑性塑料制品注射成形设备，它通过预塑装置将颗粒或粉状塑料加热熔化到流动状态，通过注射筒将其高压快速注入合模后的模具型腔中，保压一定时间，经冷却后成形为塑料制品。图 2-1-1 所示为注塑机结构。

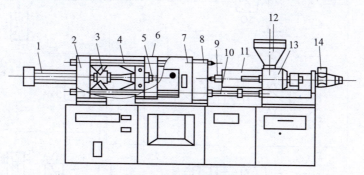

图 2-1-1　注塑机结构

1—合模液压缸；2—后固定模板；3—曲轴连杆机构；4—拉杆；5—顶出缸；
6—动模板；7—安全门；8—前固定模板；9—注射螺杆；10—注射座移动缸；
11—机筒；12—料斗；13—注射缸；14—液压马达

阅读并分析知识库中的注塑机液压传动系统工作原理图。

（1）掌握典型液压传动系统工作原理图的分析技巧。
（2）弄清各个液压元件的类型、性能、规格及功用。
（3）学会分析并写出各执行元件的动作循环和相应液流所经路线。
（4）学会填写液压传动系统动作循环图顺序表。
（5）了解液压传动系统所在设备的任务、工作、循环、特性和对液压传动系统的各种要求。

一、应知应会

（1）常用液压元件的结构及工作原理。
（2）常用液压基本回路的组成及工作原理。
（3）流体静力学、动力学的基本原理。

二、工作过程

（一）课前准备

为完成该任务，请检验你是否已掌握以下知识或能力：
（1）下图所示为某一组合机床液压传动系统原理图。试回答：
①根据其动作循环图填写液压传动系统的电磁铁动作顺序表；
②说明此系统由哪些基本回路组成。

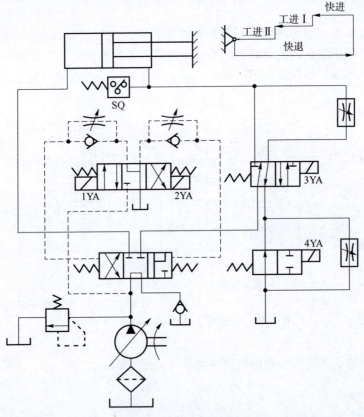

动作	1YA	2YA	3YA	4YA	SQ
快进					
工进Ⅰ					
工进Ⅱ					
快退					
停止卸载					

（2）下图所示为深孔钻床液压传动系统原理图。图中，工件 18 可实现旋转运动，滑座 20 带动钻头 19 实现"快进–工进–快退–停止（并卸荷）"的进给运动；钻头 19 工进时，若出现不断屑或排屑困难的现象，可通过元件 15 设定的压力实现快退运动，从而对元件 17 起到扭矩保护作用。已知液压泵 3 的型号为 YB-10，额定压力为 6.3 MPa，液压泵的总效率为 0.8；液压缸 16 的无杆腔面积为 0.02 m^2，有杆腔面积为 0.01 m^2。试回答下列问题。

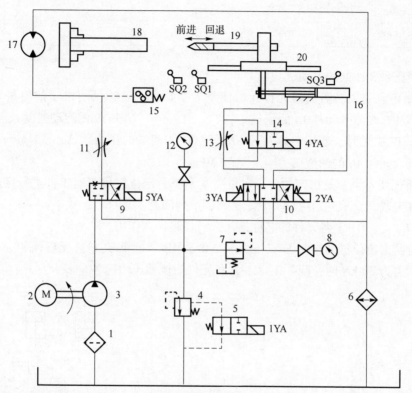

① 元件 9 的名称是_____，元件 11 的名称是_____，元件 6 的名称是_____。

② 元件 17 的名称是_____。若改用摆动式液压缸_____（填"能"或"不能"）实现同样的功能。

③ 元件 15 的名称是_____。它可以控制电磁铁 3YA_____（填"得电"或"失电"）、电磁铁 4YA_____（填"得电"或"失电"）。

④ 工件 18 的转速是通过_____（填"进油路"或"回油路"）节流调速回路实现的，钻头 19 的工进速度是通过_____（填"进油路"或"回油路"）节流调速回路实现的。这两种基本回路相比较，_____（填"前者"或"后者"）的运动平稳性好。

⑤ 最大钻削力是通过元件_____（填元件序号）控制的。该元件正常情况下阀口_____（填"常开"或"常闭"）。

⑥ 液压传动系统的供油压力可通过元件_____（填元件序号）调定。

⑦ 填写下表（电磁铁得电为"+"，失电为"-"；行程开关动作并发出信号为"+"，反之为"-"）。

动作	电磁铁					行程开关		
	1YA	2YA	3YA	4YA	5YA	SQ1	SQ2	SQ3
工件旋转								
钻头快进								
钻头工进								
钻头快退								
钻头停止并卸荷								

⑧与液压泵 3 匹配的电动机功率 $P=$ ____ kW。

⑨钻头 19 快进时，若流过元件 4 的流量为 2 L/min，流过元件 11 的流量为 5 L/min，各种损失不计，则流入元件 16 的流量 $q_{v16}=$ ____ L/min，钻头 19 的运动速度 $v_{19}=$ ____ m/s。

⑩钻头 19 工进时，若切削力为 10 kN，元件 13 两端的压力差 Δq 为 1 MPa，各种损失不计，则流入元件 16 的油液压力 $p_{16}=$ ____ MPa。

（3）下图所示系统是机床的液压定位夹紧系统，定位缸用于对工件进行定位，夹紧缸用于对工件夹紧，要求先定位后夹紧。试回答下列问题：

①A、B、C、D、F 各元件的名称是什么？各起什么作用？

②如若测出定位缸动作时 E 点压力 $p_E=0.5$ MPa，且知夹紧缸无杆面积 $A_1=100$ cm^2，要求的夹紧力为 30 kN 时，问：B、C、D 各元件的调整压力应各是多少？

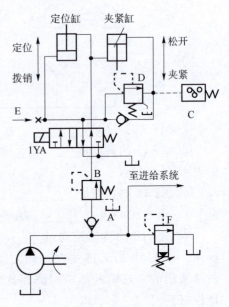

（4）下图所示为某组合机床液压传动系统，分析并回答：
①写出图中注有序号 7、8、12、18 的液压元件的名称；
②按系统的动作循环写出电磁铁的动作顺序表；
③该液压传动系统的功能；
④快进时系统的进回油路。

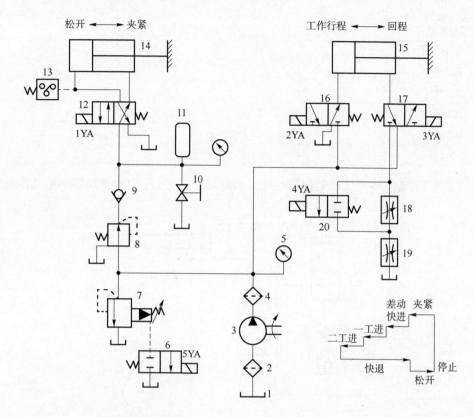

(5) 读懂下图车床液压传动系统工作原理图,填写各工作阶段电磁铁的动作顺序表。

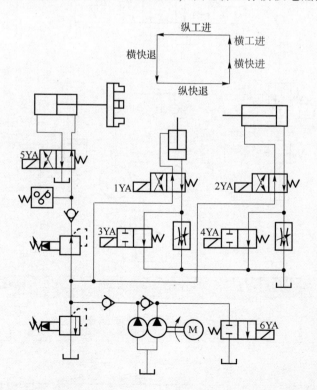

项目二 液压传动系统原理图的识读

电磁铁 动作	1YA	2YA	3YA	4YA	5YA	6YA
装件夹紧						
横快进						
横工进						
纵工进						
横快退						
纵快退						
卸下工件						

（6）读懂下图钻孔专用机床液压传动系统工作原理图，填写各工作阶段电磁铁的动作顺序表：

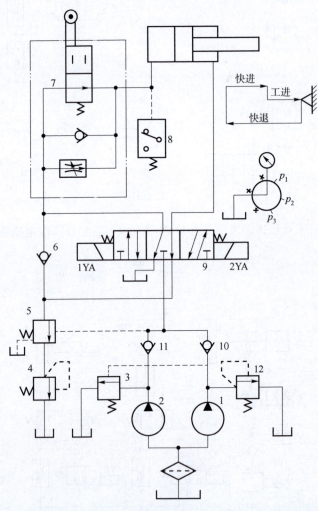

顺序动作	1YA	2YA	行程换向阀
快进			
工进			
快退			
停止			

（7）下图压力机液压传动系统能实现"快进—慢进—保压—快退—停止"的工作循环，读懂该液压传动系统图，并写出：

①各工况的油液流动情况；

②标出各元件的名称并说明其功用。

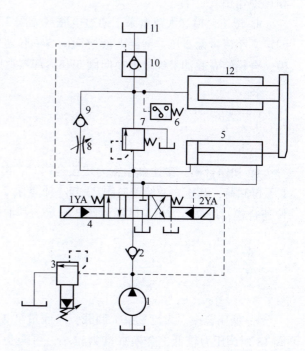

(二) 计划

1. 小组分工

小组信息	班　　级		日　　期	
	小组名称		组　　长	
	岗位分工	项目经理	信息员	技术员1	技术员2
	成　　员				

2. 小组讨论

（1）讨论课前准备信息。

（2）搜集项目相关信息，并讨论。

3. 决策

确定工作方法和工作步骤。

4. 实施

（1）根据以下引导文信息，对注塑机液压传动系统原理图进行分析，并填写各动作油路（主油路和控制油路分开写）。

①关安全门。为保证操作安全，注塑机都装有安全门。关安全门，行程阀6恢复正常，合模缸才能动作，开始整个动作循环。

项目二　液压传动系统原理图的识读　71

②合模。动模板慢速启动,快速前移,接近定模板时,液压传动系统转为低压、慢速机构。在确认模具内没有异物存在后,系统转为高压使模具闭合。本型号采用了液压-机械式合模机构,合模缸通过对称五连杆机构推动动模板进行开模和合模,连杆机构具有增力和自锁作用。

  a. 慢速合模。大流量泵1通过电磁溢流阀3卸载,小流量泵2的压力由电磁溢流阀22调定,小流量泵2压力油经电液换向阀5右位进入合模缸左腔,推动活塞带动连杆慢速合模,合模缸右腔油液经电液换向阀5和冷却器返回油箱。其油路为:

  b. 快速合模。慢速合模转为快速合模时,由行程开关发出指令使1YA通电,大流量泵1不再卸荷,其压力油经单向阀23与小流量泵2的压力油合并,同时向合模缸供油,实现快速合模,最高压力由电磁溢流阀3限定。其油路为:

  c. 低压合模。大流量泵1卸载,小流量泵2的压力由远程调压阀18控制。因远程调压阀18所调压力较低,合模缸推力较小,可避免两模板间的硬质异物损坏模具表面。其油路为:

  d. 高压合模。大流量泵1卸载,小流量泵2供油,系统压力由电磁溢流阀22控制,高压合模并使连杆产生弹性变形,牢固地锁紧模具。其油路为:

③注射座前移。小流量泵2的压力油经电磁换向阀9右位进入注射座移动缸右腔,注射座前移使喷嘴与模具接触,注射座移动缸左腔油液经电磁换向阀9右位回油箱。其油路为:

④注射。注射螺杆以一定的压力和速度将料筒前段的熔料经喷嘴注入模腔,分慢速注射和快速注射两种。

a. 慢速注射。小流量泵 2 的压力油经电液换向阀 15 左位和单向节流阀 14 进入注射缸右腔，左腔油液经电液换向阀 11 中位回油箱，注射缸活塞带动注射螺杆慢速注射，注射速度由单向节流阀 14 调节，远程调压阀 20 起定压作用。其油路为：

b. 快速注射。大流量泵 1 和小流量泵 2 的压力油经电液换向阀 11 右位进入注射缸右腔，左腔油液经电液换向阀 11 右位回油箱。由于两个泵同时供油，且不经单向节流阀 14，注射速度加快。此时，远程调压阀 20 起安全作用。其油路为：

⑤冷却保压。高温的熔料进入铁制的模具中，立刻冷却；同时，模具内的冷却水通道通以冷却水，更加快了冷却速度。注射缸对模腔内的熔料实行保压并补塑，此时，只需少量油液，所以大流量泵 1 卸载，小流量泵 2 单独供油，多余的油液经电磁溢流阀 22 溢回油箱，保压压力由远程调压阀 19 调节。其油路为：

⑥预塑。保压完毕，从料斗加入的物料随着螺杆的转动被带至料筒前端，进行加热塑化，并建立起一定压力。当螺杆头部熔料压力达到能克服注射缸活塞退回的阻力时，螺杆开始后退。后退到预定位置，即螺杆头部熔料达到所需注射量时，螺杆停止转动和后退，准备下一次注射。与此同时，在模腔内的制品冷却成形。

螺杆转动由预塑液压马达通过齿轮机构驱动。大流量泵 1 和小流量泵 2 的压力油经电液换向阀 15 右位、旁通型调速阀 13 和单向阀 12 进入马达。马达的转速由旁通型调速阀 13 控制，电磁溢流阀 22 为安全阀。螺杆头部熔料压力迫使注射缸后退时，注射缸右腔油液经单向节流阀 14、电液换向阀 15 右位和背压阀 16 回油箱，其背压力由背压阀 16 控制。同时注射缸左腔产生局部真空，油箱的油液在大气压作用下经电液换向阀 11 中位进入其内。预塑马达的油路为：

上述油路使螺杆旋转送料进行预塑，其速度由旁通型调速阀 13 调节。而注射缸油路为：

⑦防流涎。采用直通开敞式喷嘴时，预塑加料结束，要使螺杆后退一小段距离，减小料筒前端压力，防止喷嘴端部物料流出。大流量泵 1 卸载，小流量泵 2 压力油一方面经电磁换向阀 9 右位进入注射座移动缸右腔，使喷嘴与模具保持接触，一方面经电液换向阀 11 左位进入注射缸左腔，使螺杆强制后退。注射座移动缸左腔和注射缸右腔油液分别经电磁换向阀 9 和电液换向阀 11 回油箱。其油路为：

⑧注射座后退。保压结束，注射座后退。大流量泵 1 卸载，小流量泵 2 压力油经电磁换向阀 9 左位使注射缸后退。其油路为：

⑨开模。开模速度一般为慢—快—慢。
a. 慢速开模。大流量泵 1（或小流量泵 2）卸载，小流量泵 2（或大流量泵 1）压力油经电液换向阀 5 左位进入模缸右腔，左腔油液经电液换向阀 5 回油箱。其油路为：

b. 快速开模。大流量泵 1 和小流量泵 2 共同向合模缸右腔供油，开模速度加快。其油路为：

⑩顶出。
a. 顶出缸前进。大流量泵 1 卸载，小流量泵 2 压力油经电磁换向阀 8 左位、单向节流阀 7 进入顶出缸左腔，推动顶出杆顶出制品，其运动速度由单向节流阀 7 调节。其油路为：

b. 顶出缸后退。小流量泵 2 的压力油经电磁换向阀 8 常态位使顶出缸后退。其油路为：

（2）根据整个工作循环，填写电磁铁动作顺序表。

动作循环		电磁铁（YA）通电												
		1	2	3	4	5	6	7	8	9	10	11	12	13	14
合模	慢速														
	快速														
	低压慢速														
	高压														
注射座前移															
注射	慢速														
	快速														
保压															
预塑															
防流涎															
注射座后退															
开模	慢速1														
	快速														
	慢速2														
顶出	前进														
	后退														
螺杆后退															

5. 检查

小组成员自己检查，并相互检查分析结果，是否符合注塑机的动作情况，并记录发现的问题。

6. 评价

1）填写任务评价表

小组成员各自完成"自我评价"，组长完成"小组评价"，教师完成"教师评价"。

任务评价表

序号	评价内容	自我评价	小组评价	教师评价	分值分配
1	学习方法得当				5
2	态度端正，工作认真				5
3	能提前进行课前学习，完成项目信息相关练习				20

续表

序号	评价内容	自我评价	小组评价	教师评价	分值分配
4	能熟练、多渠道地查找参考资料				5
5	能正确分析注塑机液压传动系统原理图，并写出各动作油路				20
6	分析合理				5
7	能正确回答指导老师的问题				15
8	能在规定时间内完成任务				10
9	能与他人团结协作				5
10	遵守教学场所的管理规定				10
	合计				100
	拓展项目				
	总分				

评分说明：

①评分项目3为"课前准备"部分评分分值。

②总分＝"自我评价"分值×20％＋"小组评价"×20％＋"教师评价"×60％＋拓展项目分值。

2）总结反思

（1）学到的新知识点。

（2）你对自己在本次任务中的表现是否满意？写出课后反思。

项目三　液压传动系统故障诊断与维修

任务　组合机床动力滑台液压传动系统故障诊断与维修

任务描述

动力滑台是组合机床实现直线进给运动的动力部件，它由滑座、滑鞍、液压缸和各种挡铁所构成。滑座固定在床身上，滑鞍则安装在滑座上，并在液压缸活塞的驱动下，借助于滑座上导轨的准确导向完成直线往复运动。为了控制滑鞍的运动，在滑座左右两侧固定着电气行程开关和液压行程阀，在其前端固定着一个轴向位置可调的螺钉式挡铁，而在滑鞍两侧压板和支撑板的T形槽内安装相应的电气和液压挡铁。随着滑鞍的运动，挡铁对电气行程开关或行程阀压合与脱开就可引发液压传动系统相应元件动作而实现对滑鞍运动的控制。图3-1-1所示为由滑台等部件组合而成的机床外形。

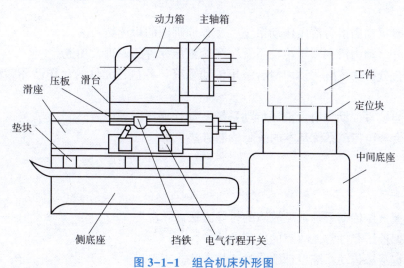

图3-1-1　组合机床外形图

滑台的工作循环根据被加工零件的要求，可以在滑台面安装动力箱或各种不同的切削头，以完成不同的工作循环。通常实现的工作循环为"快进→工进Ⅰ→工进Ⅱ→死挡铁停留→快退"。

组合机床动力滑台液压传动系统工作原理如图3-1-2所示。

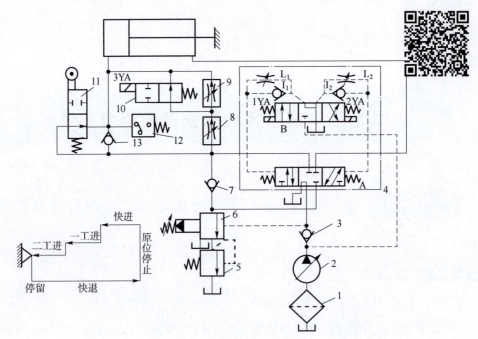

图 3-1-2 组合机床动力滑台液压传动系统工作原理

在工作过程中动力滑台可能会出现速度失调、油温过高、爬行、振动严重等故障。请读懂动力滑台液压传动系统工作原理图,分析出现上述故障的可能原因,并提出维修方案。

知识目标

(1) 掌握"动力滑台液压传动系统"工作原理图的识读技巧。
(2) 弄清"动力滑台液压传动系统"各个液压元件的原理及功能。
(3) 学会分析并写出"动力滑台液压传动系统"各执行元件的动作循环和相应液流所经路线。
(4) 学会填写"动力滑台液压传动系统"动作循环图顺序表。
(5) 学会液压传动系统基本的故障诊断方法。

技能目标

(1) 掌握液压传动系统常见故障的排除方法。
(2) 掌握液压元件常见故障的处理办法。
(3) 掌握液压传动系统设计缺陷的改进方法。

一、应知应会

(1) 常用液压元件的结构及工作原理。
(2) 常用液压基本回路的组成及工作原理。
(3) 流体静力学、动力学的基本原理。
(4) 中等复杂程度的典型液压传动系统工作原理图的分析方法。

二、工作过程

（一）课前准备

为完成该任务，请检验你是否已掌握以下知识或能力：

（1）下图所示回路，采用了液控单向阀锁紧执行机构。在使用过程中，发现有时达不到锁紧的目的，请分析原因，并提出解决方案。

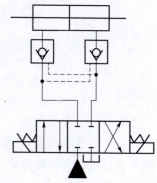

（2）某设备液压缸在使用过程中出现低速移动时速度时断时续的"爬行"现象。请分析原因，并提出解决方案。

（3）下图所示的换向回路，出现了换向阀处于中位时液压缸缓慢伸出的现象。请分析原因，并提出解决方案。

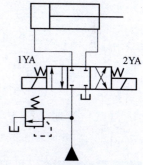

（4）下图所示液压摆动马达驱动的摆动负载运动方向急剧变化时，会在摆动马达的进出油口两腔产生高压，造成冲击现象。请分析原因，并提出解决方案。

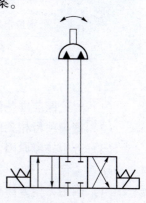

（5）下图所示的工件夹紧液压传动系统，出现工件松动甚至脱落的现象。请分析原因，并提出解决方案。

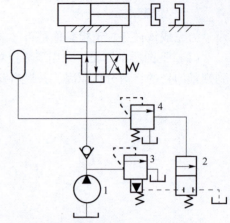

（6）下图所示的大型液压机系统，主缸在回程时产生强烈的冲击和巨大的"炮鸣"声响，造成设备和管路振动，影响液压机正常工作。请分析原因，并提出解决方案。

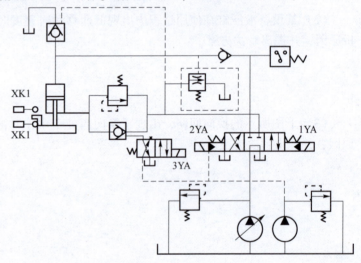

（二）计划

1. 小组分工

小组信息	班　　级		日　　期	
	小组名称		组　　长	
	岗位分工			
	成　　员			

2. 小组讨论

（1）讨论课前准备信息。

（2）搜集项目相关信息，并讨论。

（3）分析故障原因，并提出各自的解决方案。

3. 决策

（1）确定工作方法和工作步骤。

（2）比较各方案的优劣，确定最终解决方案。

4. 实施

（1）对组合机床动力滑台液压传动系统原理图进行分析，填写电磁铁动作顺序表。

动作顺序	电磁铁和液压元件工作状态								信号来源
	1YA	2YA	3YA	顺序阀	先导阀	换向阀	电磁阀	行程阀	
快进	+	-	-	关	左位	左位	右位	右位	启动按钮或夹紧完成信号
Ⅰ工进									液压挡块压下行程阀信号
Ⅱ工进									电气挡铁压下行程阀信号
死挡铁停留									死挡铁
快退									压力继电器发信号
停止									原位挡铁压原位开关

（2）记录各小组的分析结果，以及最终解决方案。

5. 检查

小组成员自己检查，相互检查分析结果，并记录发现的问题。

6. 评价

1）填写任务评价表

小组成员各自完成"自我评价"，组长完成"小组评价"，教师完成"教师评价"。

任务评价表

序号	评价内容	自我评价	小组评价	教师评价	分值分配
1	学习方法得当				5
2	态度端正，工作认真				5
3	能提前进行课前学习，完成项目信息相关练习				20
4	能熟练、多渠道地查找参考资料				5

续表

序号	评价内容	自我评价	小组评价	教师评价	分值分配
5	能正确分析动力滑台液压传动系统原理图，并正确填写电磁铁动作顺序表				20
6	故障分析合理，解决方案切实可行				10
7	能正确回答指导老师的问题				10
8	能在规定时间内完成任务				10
9	能与他人团结协作				5
10	遵守教学场所的管理规定				10
	合计				100
	拓展项目				
	总分				

评分说明：
①评分项目 3 为"课前准备"部分评分分值。
②总分="自我评价"分值×20%+"小组评价"×20%+"教师评价"×60%+拓展项目分值。

2) 总结反思

（1）学到的新知识点有哪些？

（2）你对自己在本次任务中的表现是否满意？写出课后反思。

项目四　气压传动系统组建

任务 4.1　认识气压传动系统（工作页）

任务描述

图 4-1-1 所示为气动剪切机工作原理。该气动回路能实现工料的自动剪切动作，请分析该回路的工作原理，在试验台上完成该回路的搭建与调试。

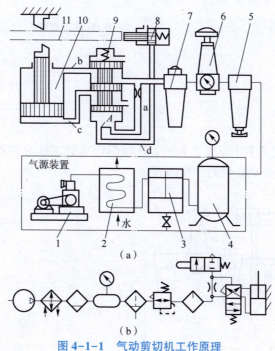

图 4-1-1　气动剪切机工作原理
(a) 结构原理；(b) 图形符号

知识目标

（1）认识完整气压传动系统的组成。
（2）理解气压传动系统的工作原理。
（3）了解气源装置的组成及作用。

（4）了解气动辅助元件的种类及作用。
（5）熟悉气压传动的优缺点。

技能目标

（1）能正确操作气动试验台。
（2）能根据气动剪切机工作原理图，在气动试验台上完成回路的搭建与调试。

一、应知应会

（1）流体力学基本知识。
（2）识图能力。

二、工作过程

（一）课前准备

为完成该任务，请检验你是否已掌握以下知识或能力。

（1）气压传动系统的组成。请写出一个完整的气压传动系统由哪5部分组成，并简单描述其在气压传动系统中的作用。

组成部分	在气压传动系统中的作用
1	
2	
3	
4	
5	

（2）气压传动系统的工作原理。下图为气动剪切机的工作原理图，请写出图中各元件的名称，并描述该气压传动系统的工作原理。

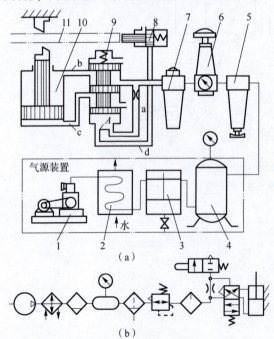

1.
2.
3.
4.
5.
6.
7.
8.
9.
10.
11.
工作原理：

(3) 请列举 9 个你知道的液压辅助元件。

(4) 气压传动相比于液压传动而言，具有哪些优点和缺点？请简要分析。
优点：

缺点：

（二）计划
1. 小组分工

小组信息	班　　级		日　　期	
	小组名称		组　　长	
	岗位分工	项目经理	记录员	技术员	安装工
	成　　员				

2. 计划讨论
小组成员共同讨论工作计划，列出本次任务需要用到的元件名称、符号及数量。

序号	元件名称	符号	数量	备注
1				
2				
3				
4				
5				
6				
7				
8				
9				
10				

（三）实施
1. 项目实施
搭建气压传动回路，并进行调试。
2. 成果分享
每个小组将实施结果上传到线上教学平台，由 2~3 个小组分别展示和讲解搭建好的气动回路。
3. 问题反思
气动回路搭建时元件怎样布局更合理？怎样提高效率？

（四）检查

序号	检查内容	检查结果	备注
1	气压是否能正常调节（如 0.2 MPa）		
2	元器件是否安装牢固，位置合理		
3	各气动元件的连接是否稳固，不漏气		
4	气动回路调试是否正常		

三、评价

小组成员各自完成"自我评价"，组长完成"小组评价"，教师完成"教师评价"。整理实训设备和元器件，做好 5S 管理工作。

任务评价表

序号	评价内容	自我评价	小组评价	教师评价	分值分配
1	遵守安全操作规范				5
2	态度端正，工作认真				5
3	能提前进行课前学习，完成项目信息相关练习				20
4	能熟练、多渠道地查找参考资料				5
5	能正确搭建回路，搭建的回路能实现项目所要求的功能				20
6	方案优化，选型合理				5
7	能正确回答指导老师的问题				15
8	能在规定的时间内完成任务				10
9	能与他人团结协作				5
10	做好 5S 管理工作				10
	合计				100
	拓展项目				
	总分				

评分说明：
① 评分项目 3 为"课前准备"部分评分分值。
② 总分="自我评价"分值×20%+"小组评价"×20%+"教师评价"×60%+拓展项目分值。
③ 如有拓展项目，每完成一个拓展项目，总分加 10 分。

四、总结反思

（1）学到的新知识点有哪些？

（2）掌握的新技能点有哪些？

（3）你对自己在本次任务中的表现是否满意？写出课后反思。

任务4.2　机械手抓取机构气压传动系统的组建（工作页）

任务描述

图4-2-1所示为机械手抓取机构示意图，工作要求为：按下抓取按钮，机械手将工件抓紧；松开抓取按钮，机械手将工件松开。请设计出此机械手抓取动作的气动控制回路，并在试验台上完成调试。

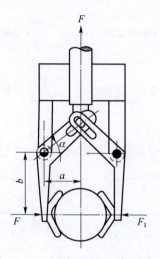

图4-2-1　机械手抓取机构示意图

知识目标

（1）熟悉气动执行元件的分类及工作原理。
（2）理解各方向控制阀的结构特点及工作原理。
（3）理解溢流阀的工作原理。
（4）能熟练绘制气缸、方向控制阀、溢流阀的图形符号。

技能目标

（1）能根据任务要求完成机械手抓取机构气压传动系统气动回路的设计与调试。
（2）利用电气控制实现气动回路的电气控制改造。

一、应知应会

（1）简单低压电气电路设计与调试。
（2）低压电气电路故障检测与排查。

二、工作过程

(一) 课前准备

为完成该任务，请检验你是否已掌握以下知识或能力。

1. 气动执行元件

请绘制相应气缸的图形符号，补充下表。

类型	单作用气缸	双作用气缸	
		普通气缸	缓冲气缸
图形符号	单杆弹簧复位缩回气缸	单杆活塞气缸	不可调单向气缸	可调单向气缸
	单杆弹簧复位伸出气缸	双杆活塞气缸	不可调双向气缸	可调双向气缸

2. 方向控制阀

_____有两个气口，气流只能向一个方向流动而不能反方向流动。

换向阀按操控方式主要分为_____、_____、_____和_____4类。

请查阅资料，补充下表。

名称	图形符号	名称	图形符号
二位二通手动换向阀			4 2 5 1 3
二位三通机动换向阀		二位五通单侧电磁控制换向阀	
	2 W ⧸ ↑ ⊤ 1 2 3 1	二位五通双侧气控换向阀	
二位三通脚踏式弹簧复位换向阀		三位五通双侧电磁控制换向阀（弹簧对中）	

3. 溢流阀

溢流阀做安全阀在系统中起_____作用。

溢流阀的图形符号为：_____。

溢流阀按控制方式分为_____和_____两种。先导式溢流阀一般用于_____的场合。

4. 方向控制回路

方向控制回路中可采用单控换向回路、双控换向回路、自锁式换向回路三种回路进行控制。请分别举例，绘制控制回路图。

单控换向回路：

双控换向回路：

自锁式换向回路：

5. 直接控制与间接控制

通过_____或_____直接控制换向阀来实现执行元件动作控制，这种控制方式称为直接控制。间接控制则指的是执行元件的动作由_____来控制，人力、机械外力等外部输入信号只是用来控制_____，不直接控制执行元件动作。

直接控制所用的元件少，回路简单，主要用于_____或_____的简单控制，但无法满足换向条件比较复杂的控制要求；而且由于直接控制是由人力和机械外力直接操控换向阀换向的，操作力比较小，故只适用于所需_____和_____的尺寸相对较小的场合。

间接控制的适用场合是_____和_____。

6. 真空发生器与真空吸盘

真空发生器是利用正压气源快速方便地获得_____的一种小型真空元器件，其广泛运用于机械、包装、印刷、码垛、机器人等领域。真空发生器一般需要与_____配合，用以各种物料的_____。

请绘制出真空发生器和真空吸盘的图形符号，并描述其工作原理。

(二) 计划

1. 小组分工

小组信息	班　　级		日　　期	
	小组名称		组　　长	
	岗位分工	项目经理	记录员	技术员	安装工
	成　　员				

2. 计划讨论

小组成员共同讨论工作计划，列出本次任务需要用到的元件名称、符号及数量。

序号	元件名称	符号	数量	备注
1				
2				
3				
4				
5				
6				
7				
8				
9				
10				

3. 绘制气压传动系统回路图（采用纯气动和继电器控制两种方案）

4. 绘制电气控制电路图

（三）决策

1. 确定方案

小组讨论，将各组员的方案进行仿真，比较各方案的优劣，确定实施方案，并列出选择的原因。

2. 方案展示

将实施方案上传至线上教学平台展示。

（四）实施

1. 项目实施

搭建气压传动回路，并进行调试。

2. 成果分享

每个小组将实施结果上传到线上教学平台，由2~3个小组分别展示和讲解搭建好的气动回路。

3. 问题反思

若希望按下抓取按钮后，机械手抓紧工件，但松开抓取按钮后机械手依旧抓紧工件，需如何设计纯启动回路？

（五）检查

序号	检查内容	检查结果	备注
1	气压是否能正常调节（如 0.2 MPa）		
2	元器件是否安装牢固，位置合理		
3	电路连接是否正确		
4	各气动元件的连接是否稳固，不漏气		
5	气动回路调试是否正常		

三、评价

小组成员各自完成"自我评价"，组长完成"小组评价"，教师完成"教师评价"。整理实训设备和元器件，做好 5S 管理工作。

任务评价表

序号	评价内容	自我评价	小组评价	教师评价	分值分配
1	遵守安全操作规范				5
2	态度端正，工作认真				5
3	能提前进行课前学习，完成项目信息相关练习				20
4	能熟练、多渠道地查找参考资料				5
5	能正确搭建回路，搭建的回路能实现项目所要求的功能				20
6	方案优化，选型合理				5
7	能正确回答指导老师的问题				15
8	能在规定时间内完成任务				10
9	能与他人团结协作				5
10	做好 5S 管理工作				10
	合计				100
	拓展项目				
	总分				

评分说明：

①评分项目 3 为"课前准备"部分评分分值。

②总分＝"自我评价"分值×20%＋"小组评价"×20%＋"教师评价"×60%＋拓展项目分值。

③如有拓展项目，每完成一个拓展项目，总分加 10 分。

四、总结反思

（1）学到的新知识点有哪些？

（2）掌握的新技能点有哪些？

（3）你对自己在本次任务中的表现是否满意？写出课后反思。

五、拓展项目

拓展项目 1：如图 4-2-1 所示的机械手抓取机构示意图，请分别实现以下功能需求：

（1）利用气动控制回路，实现按下抓取按钮后，抓取工件并保持住；按下松开按钮后，松开工件并保持松开状态。

（2）使用电气控制实现以下功能：①按下抓取按钮后抓取工件并保持，并在 3 s 内按下松开按钮无效。②抓取 3 s 后按下松开按钮，机械手松开并保持。

拓展项目 2：请使用元器件真空发生器与真空吸盘，完成拓展项目 1 的要求。

任务4.3 剪切装置气压传动系统的组建（工作页）

任务描述

如图4-3-1所示，剪切装置利用一个双作用气缸带动剪切刀对不同长度的木材进行剪切加工。剪切的长度用工作台上的一把标尺进行调整。为保证安全，要求切断过程的启动必须采用双手操作，即与剪切头相连的气缸活塞杆必须在两手同时按下两个按钮才会伸出。当松开任一按钮时气缸活塞即做回程运动。

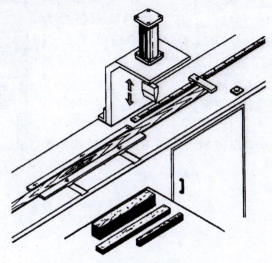

图4-3-1 木材剪切装置示意图

知识目标

（1）理解逻辑控制元件的工作原理。
（2）掌握双手同时操作回路的设计思路。

技能目标

（1）能根据任务要求完成剪切装置气压传动系统气动回路的设计与调试。
（2）能使用小型可编程控制器（如S7-200 PLC）完成任务的设计与调试。

一、应知应会

（1）小型可编程控制器（如S7-200 PLC）的编程与调试。
（2）低压电气电路故障检测与排查。

二、工作过程

（一）课前准备

为完成该任务，请检验你是否已掌握以下知识或能力。

1. 逻辑控制元件

右图中所示元件是_____，该元件的图形符号为_____。该元件有两个输入口 1(3) 和一个输出口 2。只有当_____时，输出口才有输出，从而实现了逻辑_____的功能，因此，此阀也称_____。当两个输入信号压力不等时，则输出压力相对_____的一个，因此它还有选择_____的作用。

右图中所示元件是_____，该元件的图形符号为_____。该元件有两个输入口 1(3) 和一个输出口 2。当_____时，输出口就会有输出，从而实现了逻辑_____的功能，因此，此阀也称_____。当两个输入信号压力不等时，则输出压力相对_____的一个，因此它还有选择_____的作用。

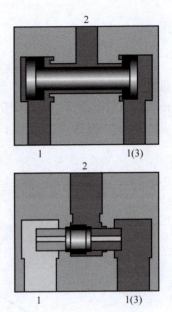

下图所示回路能否实现逻辑"或"的控制功能？为什么？

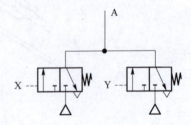

2. 双手同时操作回路

双手同时操作回路对操作人员的手起到_____作用。

请绘制两个你知道的双手同时操作回路。

方案 1：　　　　　　　　　　方案 2：

（二）计划

1. 小组分工

小组信息	班　级			日　期	
	小组名称			组　长	
	岗位分工	项目经理	记录员	技术员	安装工
	成　员				

2. 计划讨论

小组成员共同讨论工作计划,列出本次任务需要用到的元件名称、符号及数量。

序号	元件名称	符号	数量	备注
1				
2				
3				
4				
5				
6				
7				
8				
9				
10				

3. 绘制气压传动系统回路图(采用纯气动和 PLC 控制两种方案)

4. I/O 分配表

5. PLC 控制原理图

6. PLC 控制程序

(三)决策

1. 确定方案

小组讨论,将各组员的方案进行仿真,比较各方案的优劣,确定实施方案,并列出选择的原因。

2. 方案展示

将实施方案上传至线上教学平台展示。

(四)实施

1. 项目实施

搭建试验回路,并进行调试。

2. 成果分享

每个小组将实施结果上传到线上教学平台,由 2~3 个小组分别展示和讲解试验过程和结果。

3. 问题反思

剪切木材过程中,气缸伸出的速度和缩回的速度一样吗?如果不一样,请结合所学知识解释其原因。

(五)检查

序号	检查内容	检查结果	备注
1	气压是否能正常调节(如 0.2 MPa)		
2	元器件是否安装牢固,位置合理		
3	PLC 电源及控制线路是否连接正确		
4	各气动元件的连接是否稳固,不漏气		
5	纯气动回路调试功能是否正常		
6	使用 PLC 控制时调试功能是否正常		

三、评价

小组成员各自完成"自我评价",组长完成"小组评价",教师完成"教师评价"。整理实训设备和元器件,做好 5S 管理工作。

任务评价表

序号	评价内容	自我评价	小组评价	教师评价	分值分配
1	遵守安全操作规范				5
2	态度端正，工作认真				5
3	能提前进行课前学习，完成项目信息相关练习				20
4	能熟练、多渠道地查找参考资料				5
5	能正确搭建回路，搭建的回路能实现项目所要求的功能				20
6	方案优化，选型合理				5
7	能正确回答指导老师的问题				15
8	能在规定时间内完成任务				10
9	能与他人团结协作				5
10	做好 5S 管理工作				10
	合计				100
	拓展项目				
	总分				

评分说明：

①评分项目 3 为"课前准备"部分评分分值。

②总分＝"自我评价"分值×20%＋"小组评价"×20%＋"教师评价"×60%＋拓展项目分值。

③如有拓展项目，每完成一个拓展项目，总分加 10 分。

四、总结反思

（1）学到的新知识点有哪些？

（2）掌握的新技能点有哪些？

（3）你对自己在本次任务中的表现是否满意？写出课后反思。

五、拓展项目

拓展项目1：在满足任务4.3要求的同时，实现以下功能：
（1）双手同时按下操作按钮1 s后，气缸才伸出；
（2）木材上料时，只有在上料到指定长度时才能进行剪切。(可增加元器件)

拓展项目2：在满足拓展项目1全部功能的同时，增加以下功能（可根据需要增加元器件，可使用触摸屏）：
（1）增加计数功能，能显示已加工木料的数量；
（2）能设置需加工木料的数量，设置木料加工数为10根，当加工完成后，无法继续加工，需按下复位按钮后才能继续加工。

任务4.4　自动送料装置气压传动系统的组建（工作页）

任务描述

如图4-4-1所示，利用一个双作用气缸将料仓中的成品推入滑槽进行装箱。打开开关，气缸活塞杆伸出，活塞杆伸到头即将工件推入滑槽。工件推入滑槽后活塞杆自动缩回；活塞杆完全缩回后再次自动伸出，推下一个工件，如此循环，直到关闭开关，气缸活塞完全缩回后停止。

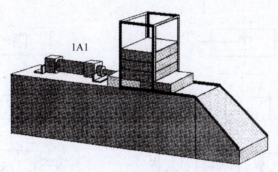

图4-4-1　自动送料装置示意图

知识目标

（1）理解位置传感器的工作原理。
（2）理解位置控制回路的工作原理。

技能目标

（1）能正确使用位置控制元件，完成位置控制元件的调试。
（2）能根据任务要求完成自动送料装置气压传动系统气动回路及电气控制电路的设计与调试。

一、应知应会

（1）小型可编程控制器（如西门子S7-200 PLC）的编程与调试。
（2）低压电气电路故障检测与排查。

二、工作过程

（一）课前准备

为完成该任务，请检验你是否已掌握以下知识或能力。

1. 位置控制元件

在气动控制回路中最常用的位置控制元件是_____；采用电气控制时，最常用的位置传感器有_____、_____、_____、_____、_____和_____。除行程开关外的各类传感器由于都采用非接触式的感应原理，所以也称为_____。

右图所示为_____，其可以直接安装在气缸缸体上，当带有_____的活塞移动到其所在位置时，其内的两个金属簧片在磁环磁场的作用下_____，发出信号。当活塞移开时，舌簧开关离开磁场，触点自动断开，信号_____。

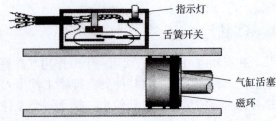

2. 位置控制回路

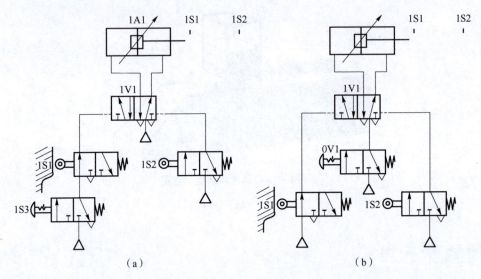

图中，(a) 和 (b) 中有一个是对的，另一个是错的，请判断哪个图是错误的，并说出你的理由。

图中，(a) 和 (b) 中有一个是对的，请简述其工作原理。

(二) 计划

1. 小组分工

小组信息	班　　级		日　　期	
	小组名称		组　　长	
	岗位分工	项目经理	记录员	技术员	安装工
	成　　员				

2. 计划讨论

小组成员共同讨论工作计划,列出本次任务需要用到的元件名称、符号及数量。

序号	元件名称	符号	数量	备注
1				
2				
3				
4				
5				
6				
7				
8				
9				
10				

3. 绘制气压传动系统回路图(采用纯气动、继电器控制、PLC 控制三种方案)

4. 继电器控制电路图

5. I/O 分配表

6. PLC 控制原理图

7. PLC 控制程序

（三）决策

1. 确定方案

小组讨论，将各组员的方案进行仿真，比较各方案的优劣，确定实施方案，并列出选择的原因。

2. 方案展示

将实施方案上传至线上教学平台展示。

（四）实施

1. 项目实施

搭建试验回路，并进行调试。

2. 成果分享

每个小组将实施结果上传至线上教学平台，由 2~3 个小组分别展示和讲解试验过程和结果。

3. 问题反思

有两种物料，一种为金属材质，另一种为非金属材质，若想利用位置传感器区分，应该如何设计？

（五）检查

序号	检查内容	检查结果	备注
1	气压是否能正常调节（如 0.2 MPa）		
2	元器件是否安装牢固，位置合理		
3	控制电路接线是否正确		
4	PLC 电源及控制线路是否连接正确		
5	各气动元件的连接是否稳固，不漏气		
6	气动回路功能调试是否正常		
7	继电器控制回路功能调试是否正常		
8	PLC 控制回路功能调试是否正常		

三、评价

小组成员各自完成"自我评价"，组长完成"小组评价"，教师完成"教师评价"。整理实训设备和元器件，做好 5S 管理工作。

任务评价表

序号	评价内容	自我评价	小组评价	教师评价	分值分配
1	遵守安全操作规范				5
2	态度端正，工作认真				5
3	能提前进行课前学习，完成项目信息相关练习				20
4	能熟练、多渠道地查找参考资料				5
5	能正确搭建回路，搭建的回路能实现项目所要求的功能				20
6	方案优化，选型合理				5
7	能正确回答指导老师的问题				15
8	能在规定的时间内完成任务				10
9	能与他人团结协作				5
10	做好 5S 管理工作				10
	合计				100
	拓展项目				
	总分				

评分说明：
①评分项目 3 为"课前准备"部分评分分值。
②总分＝"自我评价"分值×20%＋"小组评价"×20%＋"教师评价"×60%＋拓展项目分值。
③如有拓展项目，每完成一个拓展项目，总分加 10 分。

四、总结反思

（1）学到的新知识点有哪些？

（2）掌握的新技能点有哪些？

（3）你对自己在本次任务中的表现是否满意？写出课后反思。

五、拓展项目

设计一个双作用气缸动作控制回路，满足要求为：按下启动按钮 SB1，气缸的活塞杆伸出。气缸伸到终点后，停止在终点位置，2 s 后，气缸自动缩回，缩回到起点 3 s 后，气缸再次伸出，往返 3 次后，停止。在动作过程中，不管在何种状态下，按下停止按钮 SB2，气缸立刻回起点后停止。再次按下启动按钮 SB1，能重复循环实现上述所有的动作。要求：

（1）所有控制按钮只能用点动按钮；

（2）采用继电器控制、PLC 控制两种方案；

（3）绘制气动回路图、继电器控制电路图、I/O 分配表、PLC 控制接线图、PLC 控制程序；

（4）所设计的控制电路尽可能简单，使用的元件不得超过试验台所提供的范围。

任务 4.5　剪板机气压传动系统的组建（工作页）

任务描述

图 4-5-1 所示的剪板机可以对不同大小的板材进行剪裁，其剪切刀具的向下裁切以及返回通过一个双作用气缸活塞杆带动。在防护罩（图中未画出）放下后，按下一个按钮使活塞杆带动刀具伸出。活塞杆伸到头即裁切结束，活塞自动缩回。为保证裁切质量，要求刀具伸出时有较高的速度，返回时为减少冲击，速度则不应过快。

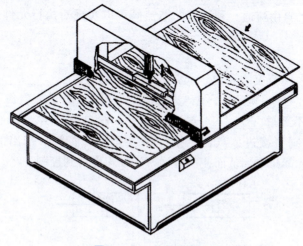

图 4-5-1　剪板机示意图

知识目标

（1）熟记流量控制阀的结构特点。
（2）理解流量控制阀的工作原理。
（3）理解各速度控制回路的工作原理及优缺点。

技能目标

（1）能正确选择流量控制阀设计速度控制回路。
（2）能根据任务要求完成剪板机气压传动系统气动回路及电气控制电路的设计与调试。

一、应知应会

（1）小型可编程控制器（如西门子 S7-200 PLC）的编程与调试。
（2）低压电气电路故障检测与排查。

二、工作过程

（一）课前准备

为完成该任务，请检验你是否已掌握以下知识或能力。

1. 流量控制阀

流量控制阀是通过改变阀的_____来实现流量控制的。凡用来控制_____的阀，均称为流量控制阀，节流阀就属于流量控制阀。节流阀依靠改变阀的流通面积来调节流量，其阀的开度与通过的流量成_____。

节流阀的图形符号是：_____；单向节流阀的图形符号是：_____。

单向节流阀是气压传动系统最常用的速度控制元件，也常称为速度控制阀，功能上它可以看成是由_____和_____并联而成的。它只在一个方向上起流量控制作用，相反方向可以通过_____自由流通。利用单向节流阀可以实现对执行元件每个方向上运动速度的_____。

2. 速度调节回路

在气动回路中，采用节流阀调速，通常有两种调速方式：_____调速和_____调速。图（a）所示为_____调速，压缩空气经节流阀调节后进入气缸，推动活塞缓慢运动；气缸排出的气体不经过_____，通过_____阀自由排出。图（b）为_____调速，压缩空气经单向阀直接进入气缸，推动活塞运动，而气缸排出的气体则必须通过_____受到节流后才能排出，从而使气缸活塞运动速度得到控制。

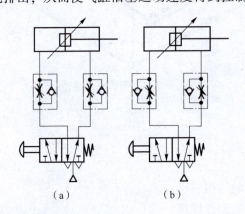

（a）　　　　（b）

3. 进气节流阀调速和排气节流阀调速比较

请比较进气节流调速和排气节流调速的特点，分析其优缺点。

4. 快速排气阀的图形符号及工作原理

请绘制快速排气阀的图形符号，并举例说明其工作原理。

(二) 计划

1. 小组分工

小组信息	班　　级			日　　期	
	小组名称			组　　长	
	岗位分工	项目经理	记录员	技术员	安装工
	成　　员				

2. 计划讨论

小组成员共同讨论工作计划，列出本次任务需要用到的元件名称、符号及数量。

序号	元件名称	符号	数量	备注
1				
2				
3				
4				
5				
6				
7				
8				
9				
10				

3. 绘制气压传动系统回路图（采用纯气动、继电器控制、PLC控制三种方案）

4. 继电器控制电路图

5. I/O分配表

6. PLC 控制原理图

7. PLC 控制程序

(三) 决策

1. 确定方案

小组讨论,将各组员的方案进行仿真,比较各方案的优劣,确定实施方案,并列出选择的原因。

2. 方案展示

将实施方案上传至线上教学平台展示。

(四) 实施

1. 项目实施

搭建试验回路,并进行调试。

2. 成果分享

每个小组将实施结果上传至线上教学平台,由 2~3 个小组分别展示和讲解试验过程和结果。

3. 问题反思

你学习了哪几种节流调速回路?各有什么特点?

(五) 检查

序号	检查内容	检查结果	备注
1	气压是否能正常调节(如 0.2 MPa)		
2	元器件是否安装牢固,位置合理		
3	控制电路接线是否正确		

续表

序号	检查内容	检查结果	备注
4	PLC 电源及控制线路是否连接正确		
5	各气动元件的连接是否稳固,不漏气		
6	气动回路功能调试是否正常		
7	继电器控制回路功能调试是否正常		
8	PLC 控制回路功能调试是否正常		

三、评价

小组成员各自完成"自我评价",组长完成"小组评价",教师完成"教师评价"。整理实训设备和元器件,做好 5S 管理工作。

任务评价表

序号	评价内容	自我评价	小组评价	教师评价	分值分配
1	遵守安全操作规范				5
2	态度端正,工作认真				5
3	能提前进行课前学习,完成项目信息相关练习				20
4	能熟练、多渠道地查找参考资料				5
5	能正确搭建回路,搭建的回路能实现项目所要求的功能				20
6	方案优化,选型合理				5
7	能正确回答指导老师的问题				15
8	能在规定时间内完成任务				10
9	能与他人团结协作				5
10	做好 5S 管理工作				10
	合计				100
	拓展项目				
	总分				

评分说明:
①评分项目 3 为"课前准备"部分评分分值。
②总分="自我评价"分值×20%+"小组评价"×20%+"教师评价"×60%+拓展项目分值。
③如有拓展项目,每完成一个拓展项目,总分加 10 分。

四、总结反思

(1)学到的新知识点有哪些?

（2）掌握的新技能点有哪些？

（3）你对自己在本次任务中的表现是否满意？写出课后反思。

五、拓展项目

拓展项目 1：设计一个双作用气缸动作控制回路，满足要求为：按下启动按钮 SB1，气缸的活塞杆快速伸出，经过行程中点时，气缸伸出速度降低，完全伸出到终点位置后，快速缩回到起点并停止。在动作的过程中，不管在何种状态下，按下停止按钮 SB2，气缸立刻回起点后停止。再次按下启动按钮 SB1，能重复循环实现刚才所有的动作。要求：

（1）所有控制按钮只能用点动按钮；

（2）可采用继电器控制或 PLC 控制；

（3）绘制气动回路图、继电器控制电路图、I/O 分配表、PLC 控制接线图、PLC 控制程序；

（4）所设计的控制电路尽可能简单，自行选用元件，所选用的元件不得超过试验台所提供的范围。

拓展项目 2：设计一个双作用气缸动作控制回路，满足要求为：按下启动按钮 SB1，气缸的活塞杆快速伸出，经过行程中点时，气缸伸出速度降低，完全伸出到终点位置后，停止 3 s 后以更慢的速度缩回，缩回至起点位置，2 s 后再次伸出。如此往复 4 次后停止。在动作过程中，不管在何种状态下，按下停止按钮 SB2，气缸立刻回起点后停止。再次按下启动按钮 SB1，能重复循环实现上述所有的动作。要求：

（1）所有控制按钮只能用点动按钮；

（2）可采用继电器控制或 PLC 控制；

（3）绘制气动回路图、继电器控制电路图、I/O 分配表、PLC 控制接线图、PLC 控制程序；

（4）所涉及的速度调节，设计为排气节流调速；

（5）所设计的控制电路尽可能简单，自行选用元件，所选用的元件不得超过试验台所提供的范围。

任务4.6 压模机气压传动系统的组建（工作页）

任务描述

图 4-6-1 所示为一个气动压膜机用于对塑料件的压模加工。为保证安全，需双手同时按下两个按钮后气缸才能伸出，对工件进行压模加工；根据加工的需要，在压紧工件后应保持 0.25 MPa 压力 10 s 后气缸活塞再自动缩回。

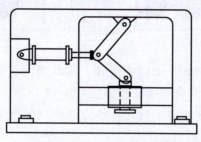

图 4-6-1 压模机示意图

知识目标

（1）理解延时阀的工作原理。
（2）理解延时控制回路的工作原理。

技能目标

（1）能正确使用延时阀，准确实现延时功能。
（2）能根据任务要求完成压模机气压传动系统气动回路及电气控制电路的设计与调试。

一、应知应会

（1）小型可编程控制器（如西门子 S7-200 PLC）的编程与调试。
（2）低压电气电路故障检测与排查。

二、工作过程

（一）课前准备

为完成该任务，请检验你是否已掌握以下知识或能力。
（1）请补充下面空格内容。

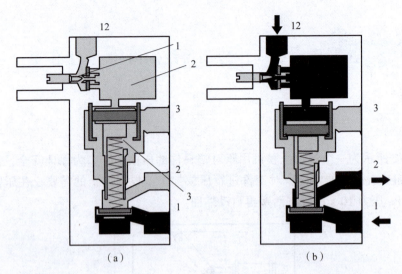

(a) (b)

上图是延时阀的工作原理图，由图中可知，延时阀由_____（写元件名称，下同）1、_____2 和_____3 组合而成。控制信号从 12 口经进入气室。由于节流阀的节流作用，_____压力上升速度较慢。当气室压力达到换向阀的动作压力时，换向阀换向，输入口 1 和输出口 2 导通，输出口 2 产生_____。

从 12 口有控制信号到输出口 2 产生信号输出有一定的时间间隔，可以用来控制气动执行元件的运动停顿时间，若要改变延时时间的长短，只要调节_____的开度即可，通过附加气室还可以进一步_____。当 12 口撤除控制信号时，气室内的压缩空气迅速通过单向阀排出，延时阀_____。

请绘制延时阀的图形符号：_____。

（2）若试验过程中发现延时阀缺少，你能使用其他元件组合起来代替延时阀完成试验吗？请写出你的思路。

（二）计划

1. 小组分工

小组信息	班　　级		日　　期	
	小组名称		组　　长	
	岗位分工	项目经理	记录员	技术员	安装工
	成　　员				

2. 计划讨论

小组成员共同讨论工作计划，列出本次任务所需要用到的元件名称、符号及数量。

序号	元件名称	符号	数量	备注
1				
2				
3				

续表

序号	元件名称	符号	数量	备注
4				
5				
6				
7				
8				
9				
10				

3. 绘制气压传动系统回路图（采用纯气动、继电器控制、PLC 控制三种方案）

4. 继电器控制电路图

5. I/O 分配表

6. PLC 控制原理图

7. PLC 控制程序

(三) 决策

1. 确定方案

小组讨论,将各组员的方案进行仿真,比较各方案的优劣,确定实施方案,并列出选择的原因。

2. 方案展示

将实施方案上传至线上教学平台展示。

(四) 实施

1. 项目实施

搭建试验回路,并进行调试。

2. 成果分享

每个小组将实施结果上传到线上教学平台,由 2~3 个小组分别展示和讲解试验过程和结果。

3. 问题反思

若要进行精确稳定的延时控制,可以使用延时阀吗?为什么?如果不能,那么你有其他更好的选择吗?

(五) 检查

序号	检查内容	检查结果	备注
1	气压是否能正常调节(如 0.2 MPa)		
2	元器件是否安装牢固,位置合理		
3	控制电路接线是否正确		
4	PLC 电源及控制线路是否连接正确		
5	各气动元件的连接是否稳固,不漏气		
6	气动回路功能调试是否正常		
7	继电器控制回路功能调试是否正常		
8	PLC 控制回路功能调试是否正常		

三、评价

小组成员各自完成"自我评价",组长完成"小组评价",教师完成"教师评价"。整理实训设备和元器件,做好 5S 管理工作。

任务评价表

序号	评价内容	自我评价	小组评价	教师评价	分值分配
1	遵守安全操作规范				5
2	态度端正，工作认真				5
3	能提前进行课前学习，完成项目信息相关练习				20
4	能熟练、多渠道地查找参考资料				5
5	能正确搭建回路，搭建的回路能实现项目所要求的功能				20
6	方案优化，选型合理				5
7	能正确回答指导老师的问题				15
8	能在规定时间内完成任务				10
9	能与他人团结协作				5
10	做好 5S 管理工作				10
	合计				100
	拓展项目				
	总分				

评分说明：

①评分项目 3 为"课前准备"部分评分分值。

②总分＝"自我评价"分值×20%＋"小组评价"×20%＋"教师评价"×60%＋拓展项目分值。

③如有拓展项目，每完成一个拓展项目，总分加 10 分。

四、总结反思

（1）学到的新知识点有哪些？

（2）掌握的新技能点有哪些？

（3）你对自己在本次任务中的表现是否满意？写出课后反思。

五、拓展项目

请设计一个双作用气缸的动作,按下启动按钮 SB1,气缸缓慢伸出,伸出到终点后保持 0.2 MPa 压力,3 s 后气缸仍处于伸出状态但不输出压力,1 s 后气缸再次输出压力(气压 0.2 MPa),如此往复 3 次后,气缸自动快速缩回。在动作过程中,不管在何种状态下,按下停止按钮 SB2,气缸立刻回起点后停止。再次按下启动按钮 SB1,能重复循环实现刚才所有的动作。要求:

(1)所有控制按钮只能用点动按钮;

(2)可采用继电器控制或 PLC 控制;

(3)绘制气动回路图、继电器控制电路图、I/O 分配表、PLC 控制接线图、PLC 控制程序;

(4)所涉及的速度调节,设计为排气节流调速;

(5)所设计的控制电路尽可能简单,自行选用元件,所选用的元件不得超过试验台所提供的范围。

任务 4.7　压印机气压传动系统的组建（工作页）

任务描述

利用一个双作用气缸对塑料件进行压印加工（见图 4-7-1）。当按下按钮时，气缸活塞伸出，当活塞伸出到达工件位置时开始对工件进行压印。当压印压力上升到 3 bar，则说明压印已经完成，气缸活塞自动缩回。压印压力应可以根据工件材料的不同进行调整。

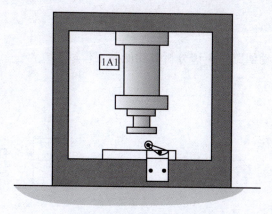

图 4-7-1　压印机示意图

知识目标

（1）理解压力控制元件的工作原理。
（2）理解压力控制回路的工作原理。

技能目标

（1）能正确选用压力控制元件。
（2）能根据任务要求完成压印机气压传动系统气动回路及电气控制电路的设计与调试。

一、应知应会

（1）小型可编程控制器（如西门子 S7-200 PLC）的编程与调试。
（2）低压电气电路故障检测与排查。

二、工作过程

（一）课前准备

为完成该任务，请检验你是否已掌握以下知识或能力。

(1) 请补充下面空格处内容。

溢流阀的作用是当系统中的压力超过_____时，使部分压缩空气从排气口溢出，并在溢流过程中保持系统中的压力_____，从而起过载保护作用（又称为安全阀）。

压力顺序阀的作用是依靠气路中压力的大小来控制机构_____，常用来控制气缸的顺序动作，简称_____。其常与单向阀并联成一体，称为_____。

压力开关是一种当输入压力达到_____时，电气触点动作，常开_____、常闭_____，输入压力低于设定值时，电气触点_____的元件。

(2) 请绘制出气动元件直动式溢流阀、顺序阀、压力开关的图形符号。

(3) 如图所示的气动回路图，请分析其功能及工作过程。

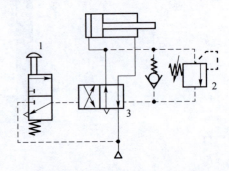

1—手动换向阀；2—顺序阀；3—气控换向阀

（二）计划

1. 小组分工

小组信息	班　　级		日　　期	
	小组名称		组　　长	
	岗位分工	项目经理	记录员	技术员	安装工
	成　　员				

2. 计划讨论

小组成员共同讨论工作计划，列出本次任务需要用到的元件名称、符号及数量。

序号	元件名称	符号	数量	备注
1				
2				
3				
4				

续表

序号	元件名称	符号	数量	备注
5				
6				
7				
8				
9				
10				

3. 绘制气压传动系统回路图（采用纯气动、继电器控制、PLC 控制三种方案）

4. 继电器控制电路图

5. I/O 分配表

6. PLC 控制接线图

7. PLC 控制程序

(三) 决策

1. 确定方案

小组讨论,将各组员的方案进行仿真,比较各方案的优劣,确定实施方案,并列出选择的原因。

2. 方案展示

将实施方案上传至线上教学平台展示。

(四) 实施

1. 项目实施

搭建试验回路,并进行调试。

2. 成果分享

每个小组将实施结果上传到线上教学平台,由 2~3 个小组分别展示和讲解试验过程和结果。

3. 问题反思

溢流阀调节的压力会造成压力损失吗?

(五) 检查

序号	检查内容	检查结果	备注
1	节气压是否能正常调节(如 0.2 MPa)		
2	元器件是否安装牢固,位置合理		
3	控制电路接线是否正确		
4	PLC 电源及控制线路是否连接正确		
5	各气动元件的连接是否稳固,不漏气		
6	气动回路功能调试是否正常		
7	继电器控制回路功能调试是否正常		
8	PLC 控制回路功能调试是否正常		

三、评价

小组成员各自完成"自我评价",组长完成"小组评价",教师完成"教师评价"。整理实训设备和元器件,做好 5S 管理工作。

任务评价表

序号	评价内容	自我评价	小组评价	教师评价	分值分配
1	遵守安全操作规范				5
2	态度端正，工作认真				5
3	能提前进行课前学习，完成项目信息相关练习				20
4	能熟练、多渠道地查找参考资料				5
5	能正确搭建回路，搭建的回路能实现项目所要求的功能				20
6	方案优化，选型合理				5
7	能正确回答指导老师的问题				15
8	能在规定时间内完成任务				10
9	能与他人团结协作				5
10	做好 5S 管理工作				10
	合计				100
	拓展项目				
	总分				

评分说明：
①评分项目 3 为"课前准备"部分评分分值。
②总分＝"自我评价"分值×20%＋"小组评价"×20%＋"教师评价"×60%＋拓展项目分值。
③如有拓展项目，每完成一个拓展项目，总分加 10 分。

四、总结反思

（1）学到的新知识点有哪些？

（2）掌握的新技能点有哪些？

（3）你对自己在本次任务中的表现是否满意？写出课后反思。

五、拓展项目

如图所示为全自动包装机中压装装置的工作示意图。它的工作要求为：当按下启动按钮 SB1 后，气缸对物品进行压装。当压装压力达到 0.3 MPa 时，气缸停留 3 s 再回缩进行第二次压装，一直如此循环 5 次后气缸缩回并停止。当工作位置上没有物品时，气缸压装到 a_1 位置后也要收回并停止。在动作的过程中，不管在何种状态下，按下停止按钮 SB2，气缸立刻回起点后停止。再次按下启动按钮 SB1，能重复循环实现上述所有的动作。要求：

(1) 所有控制按钮只能用点动按钮；

(2) 可采用继电器控制或 PLC 控制；

(3) 绘制气动回路图、继电器控制电路图、I/O 分配表、PLC 控制接线图、PLC 控制程序；

(4) 压装过程需要速度较慢，采用排气节流调速；

(5) 所设计的控制电路尽可能简单，自行选用元件，所选用的元件不得超过试验台所提供的范围。

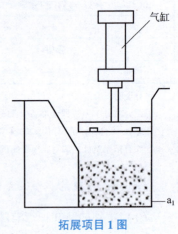

拓展项目 1 图

任务4.8　钻床夹紧与钻孔装置气压传动系统的组建（工作页）

任务描述

图 4-8-1 所示的气动钻床有夹紧气缸 A_1 和钻孔进给气缸 A_2 两个双作用气缸，S1、S2、S3、S4 为 4 个行程阀。请合理设计气动回路，使该气动钻床能实现安全可靠的钻孔加工。

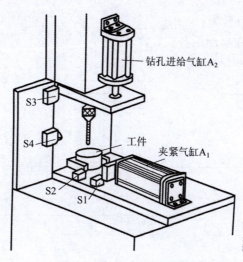

图 4-8-1　气动钻床示意图

知识目标

（1）理解减压阀的工作原理。
（2）掌握顺序动作回路的设计思路。

技能目标

（1）能正确完成减压阀、行程开关等元件的连接并调试。
（2）能根据任务要求完成钻床夹紧与钻孔装置气动回路及电气控制电路的设计与调试。

一、应知应会

（1）小型可编程控制器（如西门子 S7-200 PLC）的编程与调试。
（2）低压电气电路故障检测与排查。

二、工作过程

(一) 课前准备

为完成该任务,请检验你是否已掌握以下知识或能力。

(1) 请补充下面空格处内容。

调压阀的作用是将较高的输入压力调整到符合设备使用要求的压力并输出,并保持输出压力的_____,由于输出压力必然小于输入压力,所以调压阀也被称为_____。

调压阀的图形符号为:_____。

调压阀又称为惰轮杆行程阀,该阀只能被_____,常被用来排除回路中的_____,简化设计回路。

惰轮杆行程阀的图形符号为:_____。

(2) 试分析下图回路在启动后各缸如何动作。

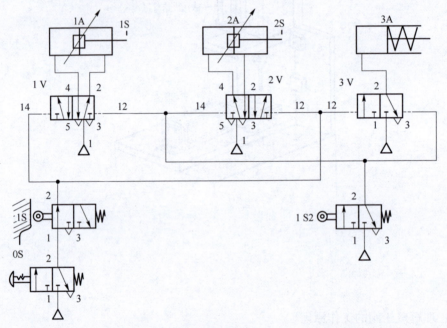

(3) 为了使任务 4-8 中的夹紧缸和进给缸的工作压力不同,需用到什么阀?请简要介绍此阀的工作原理。

(二) 计划

1. 小组分工

小组信息	班 级		日 期	
	小组名称		组 长	
	岗位分工	项目经理	记录员	技术员	安装工
	成 员				

2. 计划讨论

小组成员共同讨论工作计划，列出本次任务需要用到的元件名称、符号及数量。

序号	元件名称	符号	数量	备注
1				
2				
3				
4				
5				
6				
7				
8				
9				
10				

3. 绘制气压传动系统回路图（采用纯气动、继电器控制、PLC 控制三种方案）

4. 继电器控制电路图

5. I/O 分配表

6. PLC 控制接线图

7. PLC 控制程序

（三）决策

1. 确定方案

小组讨论，将各组员的方案进行仿真，比较各方案的优劣，确定实施方案，并列出选择的原因。

2. 方案展示

将实施方案上传至线上教学平台展示。

（四）实施

1. 项目实施

搭建试验回路，并进行调试。

2. 成果分享

每个小组将实施结果上传到线上教学平台，由 2~3 个小组分别展示和讲解试验过程和结果。

3. 问题反思

若气源压力为 0.5 MPa，能否使用调压阀调整到 0.6 MPa？若可以，请说明调整方法。若不可以，请说明原因，并通过查阅资料得出实现 0.6 MPa 的方法。

（五）检查

序号	检查内容	检查结果	备注
1	气压是否能正常调节（如 0.25 MPa）		
2	元器件是否安装牢固，位置合理		
3	控制电路接线是否正确		
4	PLC 电源及控制线路是否连接正确		
5	各气动元件的连接是否稳固，不漏气		
6	气动回路功能调试是否正常		
7	继电器控制回路功能调试是否正常		
8	PLC 控制回路功能调试是否正常		

三、评价

小组成员各自完成"自我评价"，组长完成"小组评价"，教师完成"教师评价"。整理实训设备和元器件，做好 5S 管理工作。

任务评价表

序号	评价内容	自我评价	小组评价	教师评价	分值分配
1	遵守安全操作规范				5
2	态度端正，工作认真				5
3	能提前进行课前学习，完成项目信息相关练习				20
4	能熟练、多渠道地查找参考资料				5
5	能正确搭建回路，搭建的回路能实现项目所要求的功能				20
6	方案优化，选型合理				5
7	能正确回答指导老师的问题				15
8	能在规定时间内完成任务				10
9	能与他人团结协作				5
10	做好 5S 管理工作				10
	合计				100
	拓展项目				
	总分				

评分说明：

①评分项目 3 为"课前准备"部分评分分值。

②总分＝"自我评价"分值×20%＋"小组评价"×20%＋"教师评价"×60%＋拓展项目分值。

③如有拓展项目，每完成一个拓展项目，总分加 10 分。

四、总结反思

（1）学到的新知识点有哪些？

（2）掌握的新技能点有哪些？

（3）你对自己在本次任务中的表现是否满意？写出课后反思。

五、拓展项目

在满足本次任务的气动钻床控制过程的前提下,增加部分功能:设置夹紧气压达到 0.2MPa 时进给缸才开始伸出;为防止进给缸过载,当进给缸气压达到 0.3 MPa 时,进给缸和夹紧缸提前按照顺序缩回并停止;设置停止按钮,在动作过程中,不管在何种状态下,按下停止按钮 SB2,两气缸按照合理的顺序缩回并停止。再次按下启动按钮,能再次启动。

要求:

(1) 所有控制按钮只能用点动按钮;

(2) 可采用继电器控制或 PLC 控制;

(3) 绘制气动回路图、继电器控制电路图、I/O 分配表、PLC 控制接线图、PLC 控制程序;

(4) 速度的调节采用排气节流调速;

(5) 所设计的控制电路尽可能简单,自行选用元件,所选用的元件不得超过试验台所提供的范围。

项目五　气压传动系统原理图的识读

任务　气动机械手气压传动系统原理图的识读

任务描述

图 5-1-1 所示为一种在无线电元器件生产线广泛使用的可移动式通用气动机械手。它由真空吸头、水平缸、垂直缸、齿轮齿条副、回转机构缸及小车等组成，一般可用于装卸轻质、薄片工件，若更换适当的手指部件，还能完成其他工作。它的基本工作循环是：垂直缸上升→水平缸伸出→回转机构缸置位→回转机构缸复位→水平缸退回→垂直缸下降。

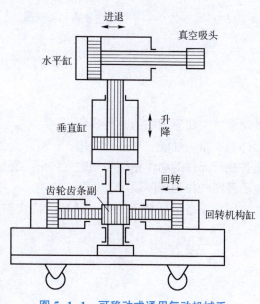

图 5-1-1　可移动式通用气动机械手

其气压传动系统原理，如图 5-1-2 所示。试分析其工作原理。

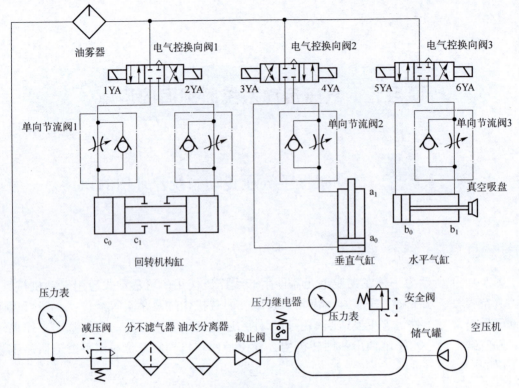

图 5-1-2　气动机械手气压传动系统原理图

知识目标

(1) 掌握典型气压传动系统工作原理图的分析技巧。
(2) 弄清各个气动元件的类型、性能、规格及功用。
(3) 学会分析并写出各执行元件的动作循环和相应气体所经路线。
(4) 学会填写气压传动系统动作循环图顺序表。
(5) 了解气压传动系统所在设备的任务、工作、循环、特性和对气压传动系统的各种要求。

应知应会

(1) 常用气动元件的结构及工作原理。
(2) 常用气动基本回路的组成及工作原理。
(3) 流体静力学、动力学的基本原理。

一、工作过程

(一) 课前准备

为完成该任务，请检验你是否已掌握以下知识或能力。

（1）分析下图所示回路，回答问题：
①元件2、3、4的名称分别是_____、_____、_____。
②该回路的作用是_____。

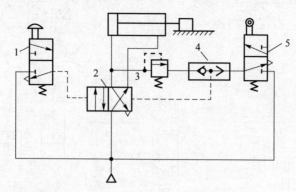

（2）分析下图所示回路的工作过程，并指出各元件的名称。

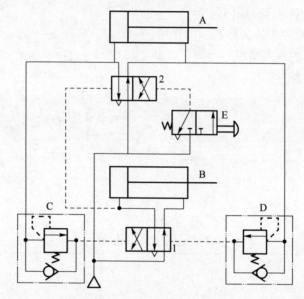

（3）下图所示为两台冲击气缸的铆接回路，试分析其动作原理，并说明三个手动阀的作用。

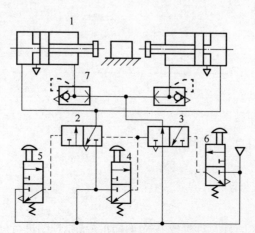

（4）分析下图所示气压传动系统，回答下列问题：

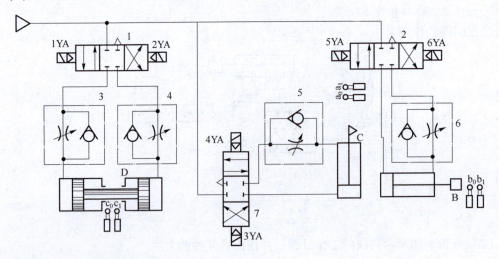

①各缸的运动速度与行程如何调节？
②写出元件 2、元件 4 的名称和 a_1 的作用。
③写出 A 缸右行的气路情况。
④填写动作顺序表：

电磁铁 动作	1YA	2YA	3YA	4YA	5YA	6YA
缸 C 上升						
缸 B 伸出						
缸 D 转位						
缸 D 复位						
缸 B 退回						
缸 C 下降						

（二）计划

1. 小组分工

小组信息	班　　级			日　　期	
	小组名称			组　　长	
	岗位分工				
	成　　员				

2. 小组讨论

（1）讨论课前准备信息。
（2）搜集项目相关信息，并讨论。

3. 决策

确定工作方法和工作步骤。

4. 实施

（1）根据以下引导文信息，对机械手气压传动系统原理图进行分析，并填写各动作气路。

空气压缩机输出的压缩空气进入储气罐后，经安全阀和压力继电器的共同作用获得压力等于压力继电器调定值的稳定压力（安全阀用于限制储气罐的最高压力）。储气罐内一定压力的压缩空气由截止阀流出，经油水分离器和分水滤气器的过滤和净化，再经减压阀减压获得系统所需的压力气源。只要相应的气路打开，具有一定压力的压缩空气便从该气源流出，途经油雾器把润滑油雾化吸入气流中，分送至有关气缸。

①垂直缸上升。按下启动按钮，4YA 通电，电气控换向阀 2 处于右位，其气路为：

垂直缸活塞在其挡块碰到电气行程开关 a_1 时，4YA 断电而停止。

②水平缸伸出。当电气行程开关 a_1 被垂直缸上挡块碰撞发出信号使 4YA 断电、5YA 通电时，电气控换向阀 3 处于左位，其气路为：

当水平缸活塞伸至预定位置挡块碰行程开关 b_1 时，5YA 断电而停止，真空吸头吸取工件。

③回转机构缸置位。当行程开关 b 发出信号使 5YA 断电、1YA 通电时，电气控 2 换向阀 1 处于左位，其气路为：

当齿条活塞到位时，真空吸头工件在下料点下料，挡块碰开关 c_1，使 1YA 断电、2YA 通电，回转机构缸停止后又向反方向复位。

从回转机构缸复位动作→水平缸退位→垂直缸下降至原位，全部动作均由电气行程开关发讯引发相应的电磁铁使换向阀换向后得到，其气路与上述正好相反。到垂直缸复原位时，碰行程开关 a_0，使 3YA 断电而结束整个工作循环。如再给启动信号，将进行上述同样的工作循环。

（2）根据整个工作循环，填写电磁铁动作顺序表

电磁铁 动作顺序	1YA	2YA	3YA	4YA	5YA	6YA	信号来源
垂直缸上升							按钮
水平缸伸出							行程开关 a_1
回转机构缸置位							行程开关 b_1
回转机构缸复位							行程开关 c_1
水平缸退回							行程开关 c_0
垂直缸下降							行程开关 b_0
原位停止							行程开关 a_0

5. 检查

小组成员自己检查,并相互检查分析结果,是否符合气动机械手的动作情况,并记录发现的问题。

6. 评价

1) 填写任务评价表

小组成员各自完成"自我评价",组长完成"小组评价",教师完成"教师评价"。

任务评价表

序号	评价内容	自我评价	小组评价	教师评价	分值分配
1	学习方法得当				5
2	态度端正,工作认真				5
3	能提前进行课前学习,完成项目信息相关练习				20
4	能熟练、多渠道地查找参考资料				5
5	能正确分析气动机械手气压传动系统原理图,并写出各动作气路				20
6	分析合理				5
7	能正确回答指导老师的问题				15
8	能在规定时间内完成任务				10
9	能与他人团结协作				5
10	遵守教学场所的管理规定				10
	合计				100
	拓展项目				
	总分				

评分说明:

①评分项目3为"课前准备"部分评分分值。

②总分="自我评价"分值×20%+"小组评价"×20%+"教师评价"×60%+拓展项目分值。

2) 总结反思

(1) 学到的新知识点有哪些?

(2) 你对自己在本次任务中的表现是否满意?写出课后反思。

项目六 气压传动系统故障分析与改进

任务 气压传动系统的安装、使用、维修及改进

任务描述

图 6-1-1 所示为某气动振动搅拌机构示意图。将各种物料倒入料桶中，按下启动按钮，气缸可以在一定范围里做往复运动，带动料桶振动，进行搅拌。振动的幅度和频率可调。

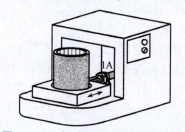

图 6-1-1 气动振动搅拌机构示意图

气动振动搅拌机构气动回路如图 6-1-2 所示。请根据回路图以及该机构的功能描述，对该回路的不合理之处进行改进。

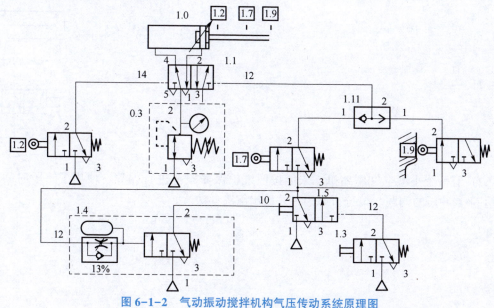

图 6-1-2 气动振动搅拌机构气压传动系统原理图

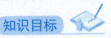 **知识目标**

（1）掌握"振动搅拌机构气压传动系统"工作原理图的识读技巧。
（2）弄清"振动搅拌机构气压传动系统"各个液压元件的原理及功能。
（3）学会分析并写出"振动搅拌机构气压传动系统"各执行元件的动作循环和相应液流所经路线。
（4）学会气压传动系统基本的故障诊断方法。

 **技能目标**

（1）掌握气压传动系统常见故障的排除方法。
（2）掌握气压元件常见故障的处理办法。
（3）掌握气压传动系统设计缺陷的改进方法。

一、应知应会

（1）常用气动元件的结构及工作原理。
（2）常用气动基本回路的组成及工作原理。
（3）流体静力学、动力学的基本原理。
（4）中等复杂程度的典型气压传动系统工作原理图的分析方法。

二、工作过程

（一）课前准备

为完成该任务，请检验你是否已掌握以下知识或能力。

（1）如图所示换向回路，换向阀处于左位工作一段时间后，右边电磁铁得电，但阀芯卡死，无法切换到右位，请分析原因，并提出解决方案。

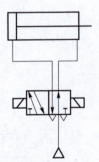

（2）有一个小型空气压缩机，未能按照维护保养规范进行保养，使用了一段时间后，出现了频繁冲压的问题。请分析原因，并提出解决办法。

（3）下图所示气动回路，试图实现把手动换向阀切换到左位，后气缸能在行程阀1S1和1S2限定的范围内自动往复动作；手动换向阀切换到右位后，气缸能回到缩进的状态后停止。请分析该气动回路的设计缺陷，并提出改进方案。

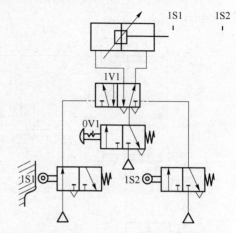

（4）塑料圆管焊接装置，利用电热熔接压铁将卷在金属滚筒上的塑料板片高温熔接成圆管（如图所示）。为了保证熔接质量，应保证两次熔接时间间隔在3 s以上，等电热熔接压铁充分加热后，再进行下一次熔接。动作选择方面，希望能实现手动/自动的选择。请分析如图所示气动回路的设计缺陷，并提出改进方案。

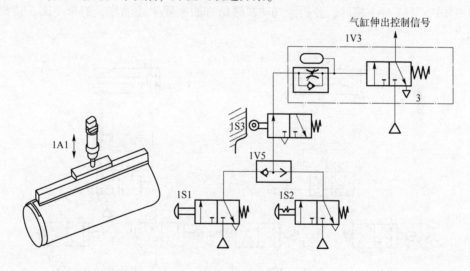

（5）请分析如图所示气动回路在启动后各缸如何动作。判断该回路可能出现什么样的故障，并提出解决办法。

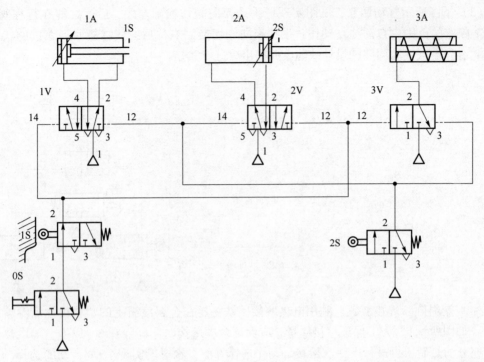

(6) 如图所示气动回路,试图实现以下动作顺序:气缸 1A1 伸出→气缸 2A1 伸出→气缸 2A1 缩回→气缸 1A1 缩回。分析该气动回路是否能实现上述动作,如果不能,请提出改进办法。

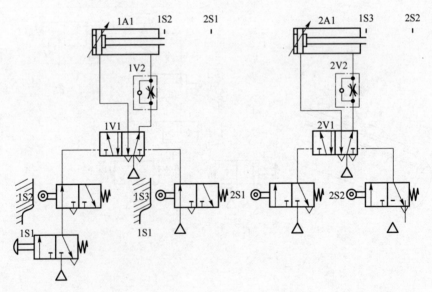

(二) 计划

1. 小组分工

小组信息	班　　级			日　　期	
	小组名称			组　　长	
	岗位分工				
	成　　员				

2. 小组讨论

(1) 讨论课前准备信息。
(2) 搜集项目相关信息，并讨论。
(3) 分析故障原因，并提出各自的解决方案。

3. 决策

(1) 确定工作方法和工作步骤。
(2) 比较各方案的优劣，确定最终解决方案。

4. 实施

(1) 对"振动搅拌机构气压传动系统原理图"进行分析。

(2) 记录各小组的分析结果，以及最终解决方案。

5. 检查

小组成员自己检查，并相互检查分析结果，并记录发现的问题：

6. 评价

1) 填写任务评价表

小组成员各自完成"自我评价"，组长完成"小组评价"，教师完成"教师评价"。

任务评价表

序号	评价内容	自我评价	小组评价	教师评价	分值分配
1	学习方法得当				5
2	态度端正，工作认真				5

续表

序号	评价内容	自我评价	小组评价	教师评价	分值分配
3	能提前进行课前学习，完成项目信息相关练习				20
4	能熟练、多渠道地查找参考资料				5
5	能正确分析"振动搅拌机构气压传动系统原理图"的设计缺陷				20
6	改进方案切实可行				10
7	能正确回答指导老师的问题				10
8	能在规定时间内完成任务				10
9	能与他人团结协作				5
10	遵守教学场所的管理规定				10
	合计				100
	拓展项目				
	总分				

评分说明：

①评分项目 3 为"课前准备"部分评分分值。

②总分="自我评价"分值×20%+"小组评价"×20%+"教师评价"×60%+拓展项目分值。

2）总结反思

（1）学到的新知识点有哪些？

（2）你对自己在本次任务中的表现是否满意？写出课后反思。